U0179773

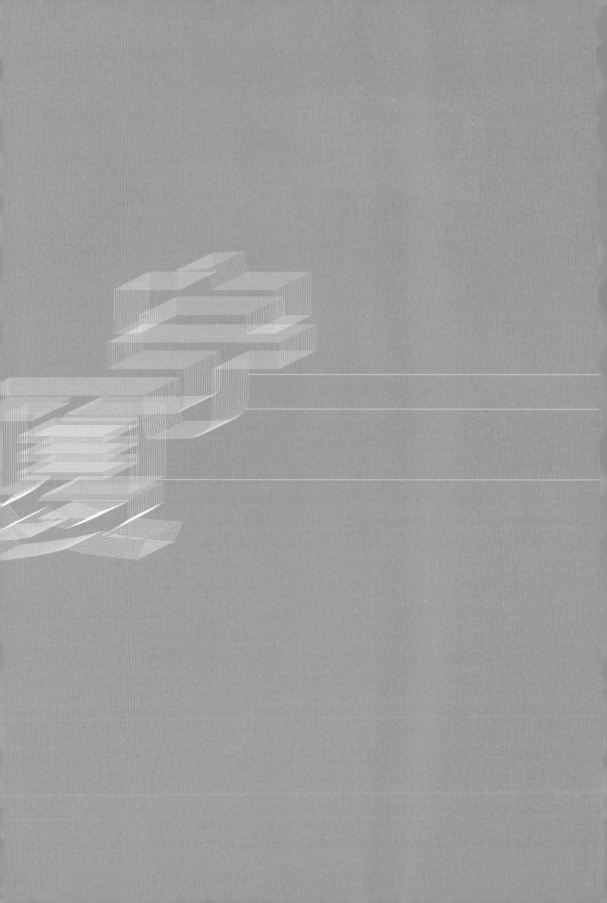

宁夏社会科学院文库

沙漠地区水资源及其开发利用
——基于阿拉善盟的研究

吴 月 著

Water resources and its development and utilization in desert area
— Based on the study of Alxa League

社会科学文献出版社
SOCIAL SCIENCES ACADEMIC PRESS (CHINA)

总　序

　　宁夏社会科学院是宁夏回族自治区唯一的综合性哲学社会科学研究机构。长期以来，我们始终把"建设成马克思主义的坚强阵地、建设成自治区党委政府重要的思想库和智囊团、建设成宁夏哲学社会科学研究的最高殿堂"作为时代担当和发展方向。长期以来，特别是党的十八大以来，在自治区党委政府的正确领导下，宁夏社会科学院坚持以习近平新时代中国特色社会主义思想武装头脑，坚持马克思主义在意识形态领域的指导地位，坚持以人民为中心的研究导向，增强"四个意识"、坚定"四个自信"、做到"两个维护"，以"培根铸魂"为己任，以新型智库建设为着力点，正本清源、守正创新，不断推动各项事业迈上新台阶。

　　2016 年 5 月 17 日，习近平总书记在哲学社会科学工作座谈会上强调，当代中国正经历着我国历史上最为广泛而深刻的社会变革，也正在进行着人类历史上最为宏大而独特的实践创新。这种前无古人的伟大实践，必将给理论创造、学术繁荣提供强大动力和广阔空间。作为哲学社会科学工作者，我们积极担负起加快构建中国特色哲学社会科学学科体系、学术体系、话语体系的崇高使命，按照"中国特色哲学社会科学要体现继承性、民族性，体现原创性、时代性，体现系统性、专业性"的要求，不断加强学科建设和理论研究工作，通过国家社科基金项目的立项、结项和博士学位论文的修改完善，产出了一批反映哲学社会科学发展前沿的研究成果。同时，以重大现实问题研究为主要抓手，建设具有地方特色的新型智库，推出了一批具有建设性的智库成果，为党委政府决策提供了有价值的参考，科研工作呈现良好的发展势头和前景。

加快成果转化，是包含多种资源转化在内的一种综合性转化。2019年，宁夏社会科学院围绕中央和自治区党委政府重大决策部署，按照"突出优势、拓展领域、补齐短板、完善体系"的原则，与社会科学文献出版社达成合作协议，分批次从已经结项的国家社科基金项目、自治区社科基金项目和获得博士学位的毕业论文中挑选符合要求的成果，编纂出版"宁夏社会科学院文库"。

优秀人才辈出、优秀成果涌现是哲学社会科学繁荣发展的重要标志。"宁夏社会科学院文库"，从作者团队看，多数是中青年科研人员；从学科内容看，有的是宁夏社会科学院的优势学科，有的是跨学科或交叉学科。无论是传统领域的研究，还是跨学科领域研究，其成果都具有一定的代表性和较高学术水平，集中展示了哲学社会科学事业为时代画像、为时代立传、为时代明德的家国情怀和人文精神，体现当代宁夏哲学社会科学工作者"为天地立心，为生民立命，为往圣继绝学，为万世开太平"的远大志向和优良传统。

"宁夏社会科学院文库"是宁夏社会科学院新型智库建设的一个窗口，是宁夏社会科学院进一步加强课题成果管理和学术成果出版规范化、制度化的一项重要举措。我们坚持以习近平新时代中国特色社会主义思想为指引，坚持尊重劳动、尊重知识、尊重人才、尊重创造，把人才队伍建设作为基础性建设，实施学科建设规划，着力培养一批年富力强、锐意进取的中青年学术骨干，集聚一批理论功底扎实、勇于开拓创新的学科带头人，造就一支立场坚定、功底扎实、学风优良的哲学社会科学人才队伍，推动形成崇尚精品、严谨治学、注重诚信的优良学风，营造风清气正、互学互鉴、积极向上的学术生态，要求科研人员在具备专业知识素养的同时，将自己的专业特长与国家社会的发展结合起来，以一己之长为社会的发展贡献一己之力，立志做大学问、做真学问，多出经得起实践、人民、历史检验的优秀成果。我们希望以此更好地服务于党和国家科学决策，服务于宁夏高质量发展。

路漫漫其修远兮，吾将上下而求索。宁夏社会科学院将以建设特色鲜明的新型智库为目标，坚持实施科研立院、人才强院、开放办院、管理兴院、文明建院五大战略，努力建设学科布局合理、功能定位突出、特色优势鲜明，在全国有影响、在西部争一流、在宁夏有大作为的社科研究机构。同时，努力建设成为研究和宣传马克思主义理论的坚强阵地，成为研究自治区经济社会发展重大理论和现实问题的重要力量，成为研究中华优秀传统文化、革命文化、社会主义先进文化的重要基地，成为开展对外学术文化交流的重要平台，成为自治区党委政府信得过、用得上的决策咨询的新型智库，为建设经济繁荣民族团结环境优美人民富裕的美丽新宁夏提供精神动力与智力支撑。

宁夏社会科学院
2020 年 12 月

前　言

阿拉善盟位于内蒙古自治区最西部，总面积 27 万平方千米，辖阿拉善左旗、阿拉善右旗和额济纳旗。阿拉善盟境内自西向东分布有巴丹吉林沙漠、腾格里沙漠和乌兰布和沙漠，面积约 7.8 万平方千米，占全盟总面积的 29%。阿拉善沙漠世界地质公园总面积为 630.37 平方千米，占全盟总面积的 0.23%。根据景观资源的类型和分布特征，阿拉善沙漠世界地质公园分为三个园区：巴丹吉林园区、腾格里园区及居延海园区，三个园区分别位于阿拉善盟三个旗——阿拉善右旗、阿拉善左旗、额济纳旗。该公园以典型的沙漠地质遗迹资源和悠久的人文历史资源、民族文化资源，向世界展示了其独特的自然魅力，具有较高的科学研究价值和旅游价值。

阿拉善盟地表水资源相对匮乏。黄河在其境内流程达 85 千米，流经阿拉善左旗的乌索图、巴彦木仁苏木，年过境流量 300 多亿立方米。黑河下游阿拉善盟境内（又称额济纳河）河道长 333 千米，流域面积 8.04 万平方千米，是盟内唯一的季节性内陆河流，年流量 10 亿立方米。贺兰山、雅布赖山、龙首山等山区许多冲沟中一般有潜水，有些出露成泉。三大沙漠中相间分布有大小不等的湖盆 500 多个，面积约 1.1 万平方千米，其中草地湖盆面积 1.07 万平方千米，集水湖面积 400 多平方千米。湖盆周围水草丰美，易形成沙漠绿洲，是良好的牧场。

阿拉善盟沙漠腹地地下水水质及来源问题一直是国内外学者研究的热点和难点，尤其拥有世界最高沙山且湖泊与沙山相间分布的巴丹吉林沙漠腹地地下水水质及来源备受关注，因此本书主要以巴丹吉林沙漠腹地典型湖泊附近地下水为研究对象，并将其与腾格里沙漠和乌兰布和沙漠地下水水化学特征、氢氧同位素含量等进行对比分析，探讨阿拉善盟沙漠腹地地下水水质与来源问题。阿拉善盟沙漠腹地湖泊和地下水的补给来源、补给量等尚无定论，本书研究以期填补该区域研究的某些空白，为阿拉善盟水资源可持续开发利用提供科学依据。

针对阿拉善盟沙漠腹地地下水和湖水的水质、水源问题，本书首先研究了巴丹吉林沙漠腹地地下水的水化学特征。显示大多数地下水的总溶解固体含量（TDS）均值介于 0.44 ~ 0.92 克/升，即 TDS < 1 克/升，表明沙漠腹地地下水水质优良；比较巴丹吉林沙漠腹地地下水与湖水的 TDS 值，显示湖水的 TDS 均值介于 109.01 ~ 295.38 克/升，地下水的 TDS < 1 克/升，由此推断湖水不可能补给地下水，相反是地下水补给湖泊；根据 Na^+（K^+）、HCO_3^-、Cl^-、Ca^{2+}、Mg^{2+}、SO_4^{2-}、CO_3^{2-} 等离子含量特征，得出巴丹吉林沙漠东南部地下水以碱金属 - 弱酸根离子为主（$Na^+ < K^+ >$、HCO_3^- 为主，Ca^{2+}、Mg^{2+} 含量逐渐降低）逐渐演替为西北部以碱金属 - 强酸根离子为主（以 Cl^- 为主），地下水水化学年际与季节变化较小；水化学型由东南部 HCO_3^- 型逐渐向西北部 Cl^- 型演化（阳离子变化不大，故而只用阴离子表示其水化学型），表明地下水流动方向由东南向西北。其次，根据 2009 ~ 2013 年巴丹吉林沙漠典型湖泊及地下水的 $\delta D - \delta^{18}O$ 关系图，可看出地下水和湖水的 δD、$\delta^{18}O$ 值基本都位于全球大气降水线以下的当地蒸发线附近，较低的斜率表明蒸发导致水体中富集重（D、^{18}O）同位素。地下水的氢氧同位素值较湖水值贫化，表明地下水与湖水的补给源基本一致，且地下水补给湖水的过程中，湖水二次蒸发明显、D 和 ^{18}O 较富集，而大气降水对其补给较少。利用郑淑蕙 $\delta^{18}O - t$ 关系式计算当地蒸发线与全球大气降水线三个交点

（初始降水）的补给温度为 2.6℃ ~8℃（指当地地面气温，而巴丹吉林沙漠地区年均气温 8℃），表明初始降水补给地下水时气温较现在低。因此，巴丹吉林沙漠地区地下水形成于温度较现在低、相对湿度较高的古气候环境下。最后，本书参考前人对腾格里沙漠和乌兰布和沙漠地下水水质及来源的研究成果，结合兰州大学资源环境学院地球系统科学研究所课题组相关实验数据，对比分析阿拉善盟境内三大沙漠赋存的水体水质差异和水源是否一致，得出初步结论，认为三大沙漠腹地地下水水质略有差异，但水源不一致。

　　本书通过研究阿拉善盟水资源开发利用现状，分析存在的主要问题，提出阿拉善盟如何依托区域有限的水资源、丰富的光热资源和土地资源、悠久的地质遗迹资源和历史文化资源，大力发展民生产业及绿色产业（如沙产业、旅游业等），在实现农牧民精准脱贫的基础上，保障水生态、土壤生态、大气生态全面达标，构筑西部生态安全屏障。本书的研究成果，可为政府及民众合理利用水资源提供理论指导。

目　录

图表目录

第一章　绪论

　　党的十八大提出"大力推进生态文明建设"，将生态文明建设贯穿经济、政治、文化和社会"五位一体"的总体战略。水资源开发、保护及水生态建设是新时代中国特色社会主义建设的一项重要内容。党的十八届五中全会提出，实现"十三五"时期发展目标，必须牢固树立创新、协调、绿色、开放、共享的发展理念。[①] 绿色是永续发展的必要条件和人民对美好生活追求的重要体现。必须坚持节约资源和保护环境的基本国策，坚持可持续发展，坚定走生产发展、生活富裕、生态良好的文明发展道路，加快建设资源节约型、环境友好型社会，形成人与自然和谐发展的现代化建设新格局。[②] 2016 年中央全面深化改革领导小组第二十九次会议审议通过 13 项方案或意见，强调建立以绿色生态为导向的农业补贴制度，强调按照山水林田湖系统保护的思路，严守生态保护红线，强调建立湿地保护修复制度，加强海岸线保护与利用。[③] 党的十九大明确提出，建设人与自然和谐共生的

[①]　《中共中央关于制定国民经济和社会发展第十三个五年规划的建议》辅导读本，人民出版社，2015，第 10~11 页。

[②]　《中共中央关于制定国民经济和社会发展第十三个五年规划的建议》辅导读本，人民出版社，2015，第 11 页。

[③]　中华人民共和国中央人民政府：《习近平主持召开中央全面深化改革领导小组第二十九次会议》，2016 年 11 月 1 日。

现代化，强调建设生态文明是中华民族永续发展的千年大计。① 建设美丽中国，为人民创造良好生产生活环境，为全球生态安全做出贡献。阿拉善盟境内沙漠、戈壁广布，如何高效、集约利用水资源，保护水生态，推进区域高质量发展，是摆在政府部门和科研工作者面前亟待解决的重点和难点问题。通过实地调研，实验分析，了解当地水质、水源情况，确定资源开发利用模式，开展水生态建设和产业发展对策研究，关系到当地人民的福祉、民族的团结和社会的进步，是实现全国精准扶贫脱贫的重要举措，是构筑西部生态安全屏障的重要措施，是实现伟大中国梦的重要组成部分。

水是生命之源，是人类赖以生存的基础，河流、湖泊和地下水更是干旱区宝贵的水资源。地下水是全球水文循环系统的重要组成部分，也是地球各圈层"水－大气－生物－岩石"物质和能量交换的载体，因此地下水系统和冰芯一样是能直接储存气候变化信息的档案。② 河流是流水作用在地表形成的各种侵蚀、堆积的形态，具有水能发电、水上运输、饮用、养殖、生产、调节气候等作用。湖泊是长期占有大陆封闭洼地的水体，并积极参与自然界的水分循环，是地表水的重要载体，也是湿地的一种类型。③ 亚洲干旱区湖泊集中在地球上最宽阔、最干旱的欧亚大陆腹地，能够积极参与到全球自然系统的水分循环过程。④ 中国湖泊众多，天然湖泊遍布全国，面积大于 1 平方千米的湖泊有 2300 余个，

---

① 习近平:《决胜全面建成小康社会 夺取新时代中国特色社会主义伟大胜利——在中国共产党第十九次全国代表大会上的报告》，2017 年 10 月 18 日，新华网，http://www. news. cn。

② Cook P. G. , Solomon D. K. , Plummer L. N. , et al. , " Chlorofluorocarbons as tracers of grounderwater transport processes in a shallow, silty sand aquifer," *Water Resources Research* 31 , 3 (1995), pp. 425 – 434; Cook P. G. , Solomon D. K. , " Recent advances in dating young groundwater: Chlorofluorocarbons, ^{3}H/^{3}He and ^{85}Kr," *Journal of Hydrology* 191 , 1 (1997), pp. 245 – 265.

③ 杨英莲、殷青军:《青海省湖泊遥感监测研究》，《青海气象》2003 年第 4 期。

④ 胡汝骥、姜逢清、王亚俊等:《论中国干旱区湖泊研究的重要意义》，《干旱区研究》2007 年第 2 期。

总面积约 8 万平方千米。① 中国北方干旱区湖泊共约有盐（咸）湖 400 个，主要分布在内蒙古、新疆一带，统称为蒙新湖区，占全国湖泊总面积的 27.8%。② 内蒙古干旱区湖泊包括巴丹吉林沙漠、腾格里沙漠、乌兰布和沙漠、毛乌素沙地等沙漠湖泊，岱海、乌拉盖高壁等。③

中国沙漠面积约 70 万平方千米，戈壁面积 50 多万平方千米，两者总面积为 128 万平方千米，占全国陆地总面积的 13%，主要分布在新疆、青海、甘肃、内蒙古、陕西、宁夏、吉林和黑龙江等省区。④ 中国西北干旱区沙漠是中国沙漠最为集中的地区，约占全国沙漠总面积的 80%，自西向东主要分布有塔克拉玛干沙漠（面积约 33.76 万平方千米）、古尔班通古特沙漠（面积约 4.88 万平方千米）、库姆塔格沙漠（面积约 2.28 万平方千米）、柴达木沙漠（面积约 3.49 万平方千米）、巴丹吉林沙漠（面积约 5.22 万平方千米）、腾格里沙漠（面积约 4.27 万平方千米）、乌兰布和沙漠（面积约 0.99 万平方千米）及库布齐沙漠（面积约 1.61 万平方千米）八大沙漠。横贯阿拉善高原全境的沙漠有巴丹吉林沙漠、腾格里沙漠、乌兰布和沙漠和亚玛雷克沙漠。其中，巴丹吉林沙漠位于内蒙古自治区阿拉善高原西部，面积为 5.22 万平方千米，实系中国第二大沙漠。⑤ 腾格里沙漠位于内蒙古自治区阿拉善左旗西南部和甘肃省中部边境，东抵贺兰山，南越长城，西至雅布赖山，

---

① 王苏民、窦鸿身：《中国湖泊志》，科学出版社，1998；陈伟民、黄祥飞、周万平等：《湖泊生态系统观测方法》，中国环境科学出版社，2005。

② 陈永福、赵志中：《干旱区湖泊沉积物中过剩^{210}Pb 的沉积特征与风沙活动初探》，《湖泊科学》2009 年第 6 期；胡汝骥、姜逢清、王亚俊等：《论中国干旱区湖泊研究的重要意义》，《干旱区研究》2007 年第 2 期。

③ 丁永建、刘时银、叶柏生等：《近 50a 中国寒区与旱区湖泊变化的气候因素分析》，《冰川冻土》2006 年第 5 期。

④ 百度百科——沙漠，百度百科——中国八大沙漠。

⑤ 朱金峰、王乃昂、陈红宝等：《基于遥感的巴丹吉林沙漠范围与面积分析》，《地理科学进展》2010 年第 9 期；张振瑜、王乃昂、马宁等：《近 40a 巴丹吉林沙漠腹地湖泊面积变化及其影响因素》，《中国沙漠》2012 年第 6 期；吴月、王乃昂、赵力强等：《巴丹吉林沙漠诺尔图湖泊水化学特征与补给来源》，《科学通报》2014 年第 12 期。

总面积约 4.27 万平方千米，是中国第四大沙漠。[①] 乌兰布和沙漠位于内蒙古自治区西部阿拉善左旗，北至狼山，南至贺兰山麓，东临黄河，向西扩展至吉兰泰盐湖，总面积接近 0.99 万平方千米，是我国八大沙漠之一。[②] 亚玛雷克沙漠位于内蒙古自治区阿拉善盟东北部，地势东高西低，面积约 0.56 万平方千米。[③]

阿拉善盟境内的沙漠以沙丘、湖盆相间分布而著称，拥有世界最高的沙山，亦拥有沙漠湖盆分布最多的沙漠。其中：巴丹吉林沙漠共有常年积水湖泊 110 多个[④]，主要分布于沙漠东南部沙山背风坡丘间洼地中，湖泊附近多泉水（spring）且地下潜水（shallow groundwater）埋藏较浅，总溶解固体含量（Total Dissolved Solids，简称 TDS）一般均在 1 克/升以下。腾格里沙漠以多淡水湖泊、湖盆、绿洲著称，水源条件很好，大小湖盆达 422 个之多，是我国拥有湖泊最多的沙漠，亦是世界上发育沙湖最多的沙漠，沙漠西南缘地下水 TDS 一般为 0.15～5.22 克/升[⑤]，沙漠腹地自流井、泉水、井水的 TDS 一般在 0.44～2.15 克/升（2012 年实验数据）。乌兰布和沙漠多咸水湖泊，浅层地下水 TDS 平均值 1.93 克/升，变化范围为 0.36～6.78 克/升，中层地下水 TDS 平均值 1.23 克/升，变化范围为 0.37～3.48 克/升，深层地下水 TDS 平均值

---

① 吴月：《阿拉善沙漠国家地质公园旅游深度开发研究》，宁夏大学硕士学位论文，2009；丁贞玉：《石羊河流域及腾格里沙漠地下水补给过程及演化规律》，兰州大学博士学位论文，2010。

② 贾鹏、王乃昂、程弘毅等：《基于 3S 技术的乌兰布和沙漠范围和面积分析》，《干旱区资源与环境》2015 年第 12 期；党慧慧：《乌兰布和沙漠地下水水化学特征和水文地球化学过程》，兰州大学硕士学位论文，2016。

③ 资料来源：百度百科——亚玛雷克沙漠。

④ 张振瑜、王乃昂、马宁等：《近 40a 巴丹吉林沙漠腹地湖泊面积变化及其影响因素》，《中国沙漠》2012 年第 6 期。

⑤ 丁贞玉、马金珠、何建华：《腾格里沙漠西南缘地下水水化学形成特征及演化》，《干旱区地理》2009 年第 6 期；丁贞玉：《石羊河流域及腾格里沙漠地下水补给过程及演化规律》，兰州大学博士学位论文，2010。

0.62 克/升，变化范围为 0.05 ~ 1.25 克/升，主要为淡水，水质较好。①

因此，本书通过研究阿拉善盟境内沙漠地区典型湖泊及附近地下水水质、补给来源问题，以及阿拉善盟地区水资源开发利用、旅游业发展现状、区域荒漠化防治及沙产业发展中存在的问题，利用已有资料，并与前人研究成果进行比较，探讨构建区域生态屏障、荒漠化防治及沙产业发展、生态旅游业深度开发的对策建议，期望为区域合理开发利用水资源和保护水生态提供科学指导。

第一节 研究背景

党的十八大、十八届五中全会、十八届六中全会、十九大将生态文明建设纳入中国特色社会主义事业"五位一体"总体布局，习近平总书记就生态文明建设提出了一系列新理论、新思想、新战略，为当前和今后一个时期我国生态文明建设工作指明了方向。我国《国民经济和社会发展第十三个五年规划纲要》指出，要"深入实施西部大开发，支持西部地区改善基础设施，发展特色优质产业，强化生态环境保护。支持革命老区、民族地区、边疆地区、贫困地区加快发展，加大对资源枯竭、产业衰退、生态严重退化等困难地区的支持力度"。内蒙古自治区阿拉善盟作为我国的边疆地区、民族地区、贫困地区、生态脆弱区，是西部典型的牧民聚居地，分析区域内的水质、水源、水资源开发利用现状及自然资源优势，探讨荒漠化防治及沙产业发展的对策，积极发展沙漠旅游业，具有重要的研究意义；依托生物措施及工程措施构建防风固沙生态屏障、湿地和地质遗迹保护带、水土保持生态屏障、生态绿洲屏障，积极构建西部生态安全屏障，对西部乃至全国全球生态环境改善

---

① 党慧慧：《乌兰布和沙漠地下水水化学特征和水文地球化学过程》，兰州大学硕士学位论文，2016。

都有积极的影响；加快建设资源节约型、环境友好型社会，形成人与自然和谐共生的现代化建设新格局，这是全国各族人民对美好生活的追求与愿景；有针对性地进行精准扶贫，提高农牧民的生活水平，争取到2020年实现该地区农牧民的全面脱贫，这是"十三五"期间的一项重要任务。阿拉善盟的经济发展，关系到当地人民的福祉、民族的团结和社会的发展，是实现全国精准扶贫脱贫的重点地区，是实现伟大中国梦的重要组成部分。

阿拉善盟境内的沙漠除了拥有世界最高的沙山外，还拥有沙山与湖泊呈交替排列分布的特殊景观，奇特的景观吸引了不少中外学者相继对高大沙山和丘间湖泊成因，及其大气降水－湖泊水－地下水循环等问题进行研究，成为国内外学术界关注和研究的热点，依托有限的水资源推动区域经济社会高质量发展亦成为亟待研究的现实问题之一。本书通过对阿拉善盟境内沙漠典型地区地下水、湖水、大气降水较系统地采样，研究其理化要素，诸如水温（℃）、浊度、水色、透明度、TDS、盐度、pH、八大离子含量及氢氧同位素含量等的测定，借以探讨地下水水质、水化学特征及水化学型的分带性，湖水及地下水的来源，以及地下水的径流方向。在水文学研究中存在一些重点和难点问题，如研究某流域水循环问题及模式等，以前的研究技术并不能满足研究需要，因此，20世纪50年代，应运产生了一门新兴学科——同位素水文学，将同位素技术广泛应用于解决水文学中一些关键性问题。[1] 本书通过测定阿拉善沙漠腹地及附近地区地下水、湖水、大气降水等水体的稳定同位素含量，了解水的成因、水体（大气降水－江河水－地下水、湖水－土壤水等）之间的相互转化、水源特征，从而使水文学研究前景更广阔。[2]

---

① 庞忠和：《同位素水文学领域的国际科研合作与发展援助》，《水文地质工程地质》2004年第2期。
② 宋献方、夏军、于静洁等：《应用环境同位素技术研究华北典型流域水循环机理的展望》，《地理科学进展》2002年第6期。

随着同位素分析技术的发展，应用多种同位素分析水循环过程已逐渐成熟，并得到广泛应用，在干旱半干旱地区运用同位素分析技术的研究优势更为突出。通过分析阿拉善盟境内沙漠腹地及周边地区水体的水质状况及水资源开发利用现状，可以为沙漠地区合理高效利用水资源进行经济开发与生态建设提供科学参考。

我国著名科学家钱学森院士于 1984 年提出了第六次产业革命的思想，并在其著作《创建农业型的知识密集产业——农业、林业、草业、海业、沙业》中提出关于沙业产业在我国发展的建议，并给出了沙产业的概念，经过试点研究及与其他学者、沙产业工作者等多次商榷后，对沙产业这一概念给予了界定。随后，宋平[①②]、刘恕[③]、朱俊凤[④]、郝诚之[⑤]、常兆丰[⑥]、彭树涛[⑦]、金炯[⑧]、闫德仁和李丽娜[⑨]、夏日[⑩]、张睿蕾[⑪]等众多学者对钱学森沙产业理论进行了深入的探索和实践，使得沙产业的概念、理论、模式不断发展和丰富。阿拉善盟境内沙漠拥有世界最高的沙山，众多的沙漠湖泊，悠久的民族文化、历史遗迹资源，丰富的光热资源与风能资源，优质的中草药资源等，可为沙漠腹地发展初级农牧业及新兴沙产业提供基础条件。

---

① 摘自 1995 年 11 月 30 日宋平同志在甘肃河西走廊沙产业开发工作会议上的讲话记录。
② 宋平：《知识密集型是中国现代化大农业发展的核心》，《西部大开发》2011 年第 9 期。
③ 刘恕：《沙产业》，中国环境科学出版社，1996；刘恕：《留下阳光是沙产业立意的根本——对沙产业理论的理解》，《西安交通大学学报》（社会科学版）2009 年第 2 期。
④ 朱俊凤：《中国沙产业》，中国林业出版社，2004。
⑤ 郝诚之：《对钱学森沙产业、草产业理论的经济学思考》，《内蒙古社会科学》2004 年第 1 期；郝诚之：《钱学森院士与中国沙草产业》，内蒙古自治区自然科学学术年会，2012。
⑥ 常兆丰：《试论沙产业的基本属性及其发展条件》，《中国国土资源经济》2008 年第 11 期。
⑦ 彭树涛：《开发西部沙漠的全新理论——论钱学森的沙产业理论》，《陇东学院学报》2008 年第 4 期。
⑧ 金炯：《中国地理学会沙漠分会成立 30 周年暨纪念钱学森"沙产业理论"学术讨论会在烟台召开》，《中国沙漠》2010 年第 5 期。
⑨ 闫德仁、李丽娜：《沙产业思考》，《内蒙古林业》2011 年第 8 期。
⑩ 夏日：《沙草产业 永恒之业——内蒙古将兴起沙产业建设高潮》，《北方经济》2012 年第 17 期。
⑪ 张睿蕾：《钱学森沙产业理论哲学思想研究》，内蒙古大学出版社，2013。

　　阿拉善沙漠地质公园拥有丰富的旅游资源，发展旅游业前景广阔。2016 年，全盟累计接待国内外旅游者 620 万人次，较 2015 年增长 40.3%；实现旅游总收入 66 亿元，较 2015 年增长 40.4%；全年旅游接待人数呈单峰状模式，以 10 月最多，单月人数占全年的 40%（见图1-1）。截至 2016 年，全盟共有 A 级景区 19 家（其中 4A 级 9 家、3A 级 5 家、2A 级 5 家），已开发旅游景区（点）30 余处；旅游星级饭店 15 家（其中四星级 2 家、三星级 6 家、二星级 7 家）；星级牧家游 54 家（五星级 3 家，四星级 7 家，三星级、二星级各 22 家）；旅行社 20 家（其中国际社 1 家、国内社 16 家、国内分社 3 家）；直接从业人员 8300 余人，间接从业人员 4.6 万余人，乡村旅游富民扶贫成效显著。[①] 2017 年，阿拉善盟以打造国际旅游目的地为目标，以创建国家全域旅游示范区为统揽，以做大做强"苍天圣地阿拉善"为全域旅游文化品牌，构筑起"大沙漠、大胡杨、大航天、大居延、大民俗"的"大旅游"格局，全年接待国内外游客 1250 万人次（较 2016 年增长一倍以上），旅游总收入 125.3 亿元（较 2016 年翻了一番）；全盟共有 A 级景区 27 家（其中 4A 级 12 家、3A 级 4 家、2A 级 11 家），重点旅游景区（景点）共用工 2129 人；旅游星级饭店 21 家（其中四星级 4 家、三星级 12 家、二星级 5 家），星级饭店共用工 1389 人；星级乡村旅游接待户 82 家（五星级 4 家、四星级 17 家、三星级 38 家、二星级 23 家），星级乡村旅游接待户共用工 328 人；旅行社 26 家（其中国际社 1 家、国内社 17 家、国内分社 6 家、网点 2 家），旅行社共用工 135 人。[②③] 2018 年，阿拉善盟积极打造祖国北疆亮丽风景线上的璀璨明珠，大力发展旅游业，全年接待国内外游客 1928.1 万人次（同比增长 54.2%），旅游总收入 174.2 亿元（同比增长

---

① 《阿拉善盟 2016 年旅游统计分析报告》，阿拉善旅游政务网，2017 年 1 月 10 日。
② 《阿拉善盟旅游发展委员会关于报送 2017 年工作总结和 2018 年工作安排的报告》，阿拉善旅游政务网，2017 年 11 月 27 日。
③ 阿拉善盟旅游发展委员会：《阿拉善盟旅游企业用工现状调研分析》，2018 年 5 月 4 日。

39.0%）；全盟共有 A 级景区 28 家（其中 4A 级 13 家、3A 级 3 家、2A 级 12 家）；全盟旅游企业计划用工 4888 人（较 2017 年用工缺口近千人），星级饭店计划用工 1494 人，星级乡村旅游接待户计划用工 368 人，旅行社计划用工 165 人。① 从以上数据资料可以看出，旅游业已成为阿拉善盟国民经济最具活力的新的增长点，成为国民经济的强力支柱产业，成为兴边富盟的主体经济。巴丹吉林沙漠、腾格里沙漠旅游目的地建设被列入国务院印发的《"十三五"旅游业发展规划》中，为今后阿拉善盟加快沙漠旅游发展提供了良好的规划依据和机遇，为打造阿拉善国际旅游目的地和创建国家全域旅游示范区提供了有利的政策支撑。

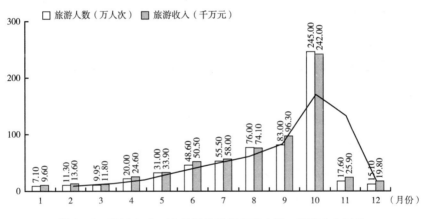

图 1 - 1　2016 年 1 ~ 12 月阿拉善盟旅游人数、旅游收入对比

第二节　基本问题、研究方法

一　基本问题

本书研究以全球气候变化、水循环理论及可持续发展理论为指导，以湖水与地下水的水质特征和水源补给为主线，围绕重点研究内容和关

---

① 《阿拉善盟旅游发展委员会关于报送 2017 年工作总结和 2018 年工作安排的报告》，阿拉善旅游政务网，2017 年 11 月 27 日。

键科学问题，通过多学科交叉、多技术联合应用，研究阿拉善盟典型地区湖水与地下水地球化学特征，以期为研究区荒漠化防治及沙产业发展、生态屏障建设及旅游业发展等提供科学依据。本书拟重点解决以下五个相互关联的关键问题。

1. 阿拉善沙漠腹地湖泊及附近地下水的水质、水源问题

对沙漠腹地部分湖泊及附近地下水连续采集水样，分析其野外理化参数特征、水化学特征、氢氧同位素特征，结合水位观测和遥感数据，基本确定沙漠地区地下水水质问题和湖水与地下水的补给来源问题，并判断地下水补给方向。

2. 比较分析三大沙漠水源是否一致

通过分析巴丹吉林沙漠、腾格里沙漠、乌兰布和沙漠地区的大气降水、湖水与地下水的氢氧稳定同位素含量特征，结合实地考察，初步判定其水源是否一致。

3. 阿拉善盟荒漠化防治及沙产业发展

通过实地调研，了解研究区荒漠化防治及沙产业发展的现状，分析区域荒漠化防治及沙产业发展存在的问题，针对问题提出科学、合理、可持续发展的治理措施及建议。沙产业的发展也是农牧民精准脱贫的一项重要措施。

4. 构建沙漠东南缘生态屏障

依托阿拉善沙漠世界地质公园建设、"三北"防护林建设、退耕还林（草）、荒漠化治理等重点工程，通过工程措施与生物措施、人工治理与自然修复相结合，构建沙漠东南缘生态屏障，为区域乃至全国生态安全做贡献。

5. 阿拉善沙漠世界地质公园旅游业的发展

通过分析阿拉善沙漠世界地质公园内的旅游资源类型，探讨沙漠地质旅游深度开发的对策建议，从而大力发展旅游业及关联产业，为实现当地经济发展、农牧民脱贫做贡献。

二　研究方法

针对以上五个关键问题，通过查阅资料、实地调研、问卷调查、野外考察及采样、遥感影像解读、定位观测实验、实验室分析、数据处理和分析等方法，基本确定阿拉善盟水资源开发利用和产业发展的模式，以期推动区域生态保护与高质量发展。

1. 规范采样

自 1996 年起，中国科学院执行的水域生态系统观测指标包括 6 大类 68 个指标，涉及水域和周边社会经济、气象、理化、水文、生物等要素。[①] 本书只涉及部分湖泊和地下水理化要素与水文要素的检测，并参考了前人的研究数据及成果，其他部分由兰州大学资源环境学院地球系统科学研究所其他科研人员完成。

根据《同位素水文学》[②]《水域生态系统观测规范》[③]《湖泊生态系统观测方法》[④] 等，对湖水和地下水样品采集、样品分析、数据处理提出严格要求。根据表 1 – 1、表 1 – 2、表 1 – 3，本书按规范确定采样点位置和个数，以及采样时间等。

表 1 – 1　不同面积水域应设采样点参考

湖泊面积/平方千米	< 5	5 ~ 20	20 ~ 50	50 ~ 100	100 ~ 500	500 ~ 1000	1000 ~ 2000	> 2000
采样点数/个	2 ~ 3	3 ~ 6	6 ~ 10	10 ~ 15	12 ~ 16	16 ~ 20	20 ~ 30	30 ~ 50

---

① 陈伟民、黄祥飞、周万平等：《湖泊生态系统观测方法》，中国环境科学出版社，2005；蔡庆华、曹明、陈伟民等：《水域生态系统观测规范》，中国环境科学出版社，2007。
② 顾慰祖、庞忠和、王全九等：《同位素水文学》，科学出版社，2011。
③ 蔡庆华、曹明、陈伟民等：《水域生态系统观测规范》，中国环境科学出版社，2007；李力、张维平、马琦杰：《水域生态系统观测规范》，中国环境科学出版社，2007。
④ 陈伟民、黄祥飞、周万平等：《湖泊生态系统观测方法》，中国环境科学出版社，2005。

表 1-2　采样频率和样品平均值估计误差的关系

年采样次数	采样频率	置信度	一般平均值的计算值
4	每季 1 次	1.5δ	0.25 ~ 1.75
6	每两月 1 次	1.0δ	0.50 ~ 1.50
12	每月 1 次	0.6δ	0.70 ~ 1.30
26	每两周 1 次	0.4δ	0.80 ~ 1.20
52	每周 1 次	0.3δ	0.85 ~ 1.15
365	每天 1 次	0.15δ	0.925 ~ 1.075

表 1-3　湖泊的采样层次

水深范围/米	采样层次	样本数/个
0 ~ 2	表层(0.3 ~ 0.5 米处)	1
2 ~ 3	表层、中层(实际水深 1/2 处)、底层(离底层 0.3 ~ 0.5 米处)	3
3 ~ 4	表层、每隔 1 米采样	3 ~ 4
4 ~ 6	表层、每隔 2 米采样	3 ~ 4
6 ~ 10	表层、每隔 3 米采样	4 ~ 5
10 ~ 20	表层、每隔 5 米采样	4 ~ 8
20 ~ 50	表层、每隔 10 米采样	4 ~ 10
50 ~ 100	表层、每隔 20 米采样	4 ~ 20

采样（sampling）是指从被分析的体系采集能够反映该体系可靠信息的一小部分样品供分析测定用。[1] 采样遵循"泉水、井水向前靠，浅水采样中层取，深水采样分层取"的原则。采样前需用样品水清洗采样瓶 2 ~ 3 次，采样时应避免样品和空气接触，装满采样瓶且密封；管路引水时不应过长，用泵提水时不能中断且尽量保持流速均匀；采集井水时若井正在使用，采样前不必洗井，否则需要洗井，洗井时排水量为井管内存水体积的 2 ~ 3 倍（标准洗井法）；采样井为自流井或采泉水样时，需测定出水流量。样品的保存应达到密封、冷藏（或常温）、防

---

① 顾慰祖、庞忠和、王全九等：《同位素水文学》，科学出版社，2011。

污染等。

依据采样规范要求，根据不同的测试项目要求，选择不同的采样量和采样瓶。分析水中阳、阴离子采 500 毫升水样。稳定同位素 $\delta^{18}O$ 和 δD 采样量为 50 毫升。其中采集水样分析阳阴离子、$\delta^{18}O$ 和 δD 时，一般用样品水洗几次采样瓶后直接装瓶、密封、标记即可。

实际中，本书测定八大离子含量及氢氧稳定同位素含量时选用 100 毫升小口径的无色聚乙烯瓶，现场采样前用原样水清洗采样瓶 2~3 次。利用德国 HYDRO-BIOS 公司 Ruttner 采水器在水面下不同深度采集湖泊水样①，采泉水时把吸管放到瓶底部，用水置换气体的方法取水，约 3~5 分钟完成。规范的样品采集方法可增加数据的准确性和可信度，从而更科学地分析问题，探讨区域水资源开发利用和产业发展的模式。

2. 文献综合研究方法

本书对地理学、气候学、水文学、同位素地球化学、荒漠化防治及沙产业、沙漠旅游及地质旅游等相关理论进行了文献检索，并对研究区的前期相关研究成果进行了文献检索和基础数据的搜集。文献资料主要包括：阿拉善盟自然条件、社会经济条件、水资源开发利用现状；阿拉善沙漠世界地质公园旅游资源概况及旅游业发展现状，内蒙古自治区及阿拉善盟旅游资料，中国统计年鉴及旅游统计年鉴；阿拉善盟荒漠化防治及沙产业发展现状；等。在对文献资料综合整理分析的基础上，确立本书研究对象及内容，进而开展深入研究，以期为当地政府部门及旅游规划部门提供科学的依据和参考。

3. 综合分析方法

本书综合运用地理学、水文学、地球化学、旅游学、经济学、

----

① 吴月、王乃昂、赵力强等：《巴丹吉林沙漠诺尔图湖泊水化学特征与补给来源》，《科学通报》2014 年第 12 期。

管理学、文化学等领域的知识对沙漠地区不同水体的水质、水源、水量及水循环进行研究，对区域沙产业及旅游业的发展进行研究，并对区域如何构建生态安全屏障进行了研究。在研究时从系统论的角度把该研究区域看成一个具有一定结构且相互联系的诸要素组成的复杂综合体，同时将区域发展与空间结构也看成一个相互影响、相互联系的整体，研究它们之间的相互关系，并对系统结构进行优化。

4. 实地调研、问卷调查

宁夏社会科学院农村经济研究所科研人员赴内蒙古阿拉善盟国土资源局、旅游局、腾格里沙漠和巴丹吉林沙漠边缘地区进行调研，并填写了调查问卷，收集了相关资料。

兰州大学资源环境学院地球系统科学研究所巴丹吉林沙漠课题组实地考察巴丹吉林沙漠地区所有常年积水湖泊及部分干湖盆，结合遥感数据，得出研究区共有常年积水湖泊110多个，湖泊面积如图1-2所示[1]，即面积都小于5平方千米。根据采样规范中的要求，采样点数应选择2~3个。课题组2013年4月沿音德尔图周边采集了5个水样，数据结果见表1-4，发现湖泊TDS变化较小，并考虑沙漠地区样品携带困难等因素，课题组一般同一湖泊采集1个水样，并根据前期GPS记录的经纬度和野外记录，尽可能保持每次采样位置一致。[2] 受到人员、经费及运输条件的限制，兰州大学资源环境学院地球系统科学研究所课题组采样频次选择每季度一次，即1、4、7、10月各一次。

---

[1] 张振瑜、王乃昂、马宁等：《近40a巴丹吉林沙漠腹地湖泊面积变化及其影响因素》，《中国沙漠》2012年第6期。

[2] 吴月、王乃昂、赵力强等：《巴丹吉林沙漠诺尔图湖泊水化学特征与补给来源》，《科学通报》2014年第12期。

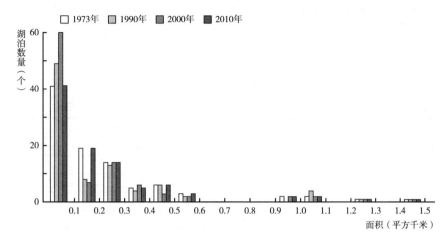

图 1 – 2 巴丹吉林沙漠湖泊个数及面积统计

表 1 – 4 2013 年 4 月音德尔图湖泊水 TDS 值

样品编号	L67 – 1	L67 – 2	L67 – 3	L67 – 4	L67 – 5	均值	均方差
TDS（克/升）	140.60	145.98	149.86	150.18	148.08	146.94	3.92
水化学型	$Na - Cl - CO_3 - (SO_4)$						

资料来源：兰州大学资源环境学院地球系统科学研究所课题组实验数据。

兰州大学资源环境学院地球系统科学研究所课题组利用 GPS、地形图、多参数水参仪、溶解氧测量仪等仪器获得了巴丹吉林沙漠地区2009 年至 2014 年大多数湖水及地下水的理化参数测量数据。根据 2009年 9 月至 2014 年 1 月的湖水及地下水水样（见表 1 – 5），在兰州大学化学化工学院测试中心实验室测定八大离子含量并计算 TDS，其中Na^+、K^+、Mg^{2+}、Ca^{2+}、Cl^-、SO_4^{2-} 使用 ICS – 1500 型（美国，戴安公司）离子色谱仪进行检测，CO_3^{2-}、HCO_3^- 使用 GDYS 103SJ 碳酸盐·重碳酸盐微量滴定器进行测定。[1] 选取典型湖泊及附近地下水样品在中国科学院地理科学与资源研究所环境同位素实验室采用同位素质谱

---

① 吴月、王乃昂、赵力强等：《巴丹吉林沙漠诺尔图湖泊水化学特征与补给来源》，《科学通报》2014 年第 12 期。

仪 Finnigan – MAT – 253 的 TC – EA 化学裂解燃烧反应仪测定氢氧同位素，结果采用 VSMOW 标准（‰），分析精度分别为 ±2‰、±0.3‰。[1]

表 1－5　历年巴丹吉林沙漠采集湖泊及地下水水样数据

单位：个

采样时间	水化学								氢氧稳定同位素							
	湖水	井水	泉水	挖坑	河水	雨水	分层	总	湖水	井水	泉水	挖坑	河水	雨水	分层	总
200909	53	15	8	2		1		79	17	11	7	2		1		38
201009	121	64	33	2		5		225	17	14	10	3		1		45
201101	19	7	9					35								
201104	133	92	25		2	1	16	269	2	5	4		1			12
201107	22	3	18				16	59								
201110	8	1	18				18	45								
201201							18	18								
201204	20	4	18				19	61	6	1	6				5	18
201208	4	18	8	2				32								
201304	37	7	11					55							8	27
201307	38	6	11				16	71								
201308	7		5		12			30								
201310	41	4	17					62		6	13					
201401	36	1	16					53								

5. 比较分析

本书对前人的研究成果与兰州大学资源环境学院地球系统科学研究所巴丹吉林沙漠课题组的实验数据进行了整理统计，比较分析了巴丹吉林沙漠、腾格里沙漠、乌兰布和沙漠地区不同水体的水化学、地球化学特征，并结合三大沙漠地区的实际情况，探讨了水体的水质、水量、水源问题，为区域合理利用水资源提供理论指导。本书对阿拉善沙漠世界地质公园的旅游资源类型及其分布特征、旅游业发展现状进行了对比分

---

[1]　吴月、王乃昂、赵力强等：《巴丹吉林沙漠诺尔图湖泊水化学特征与补给来源》，《科学通报》2014 年第 12 期。

析，提出了阿拉善沙漠世界地质公园旅游业深度开发的对策建议。

6. 层次分析法及综合评价法

20 世纪 70 年代美国运筹学家 T. L. Saaty 提出层次分析法，经过多年的发展现已成为一种较为成熟的方法。层次分析法是一种定性和定量相结合的方法，其基本原理是：将要评价系统的有关方案的各种要素分解成若干层次，并以同一层次的各种要素按照上一层要素为准则，进行两两判断比较并计算出各要素的权重，根据综合权重按最大权重原则确定最优方案。[1]

在层次分析法的基础上，对阿拉善沙漠世界地质公园的地质遗迹资源、辅助类景观、地理环境条件、客源条件和社会经济条件五方面进行综合性定量评价。

旅游地综合性评估模型为：$E = \sum_{i=1}^{n} Q_i P_i$，式中：$E$ 为综合性评估结果值；Q_i 为第 i 个评价因子的权重（运用层次分析法计算获得）；P_i 为第 i 个评价因子的评价值；n 为评价因子的数目。[2]

第三节　研究意义

阿拉善盟境内水资源匮乏。充分了解研究区的水资源状况（水源与水质特征），可以为沙漠地区沙产业的发展及生态屏障构建提供水资源保障。

阿拉善盟境内地表水资源匮乏。高效集约、合理利用黄河和黑河流域客水资源，发展当地生态农业、循环清洁产业、生态旅游，是区域经济高质量发展和人民生活水平提高的有效途径。

地下水和湖水是沙漠腹地的重要水资源。湖泊及其附近地下水具有

---

① 徐建华：《现代地理学中的数学方法》，高等教育出版社，2002。
② 徐建华：《现代地理学中的数学方法》，高等教育出版社，2002。

供水、灌溉、水产养殖、旅游及调节地方小气候等多种功能[1]，尤其在气候干旱的沙漠地区，具有极其重要的地位。阿拉善沙漠腹地及边缘地区常住居民较少，常住居民主要分布于绿洲地区，农牧民主要利用农牧业收入、旅游业收入、国家补助（如退耕还林补助等）、外出打工等维持生计。研究地下水和湖水的水化学性质（水质），对其在渔业、苇产及盐业等方面的开发利用有很大价值。沙漠腹地湖泊群附近大多形成局部绿洲，对当地人、畜的生活具有重要意义。

通过采集阿拉善沙漠腹地及周边地区大气降水、地下水、湖水水样进行稳定同位素研究，分析其分布特征及蕴含的水源信息，充分了解沙漠地区的水资源供给量，对合理开发利用地下水资源具有指导意义。

阿拉善沙漠世界地质公园拥有丰富的旅游资源，优美的自然景观，浓厚的民族风情，加之巴丹吉林庙、黑城遗址等历史文化资源，使旅游业成为该地区国民经济发展的重要产业，亦可带动沙产业的发展。旅游业的发展不仅可以带动当地经济的迅速发展，提高农牧民的生活水平，而且保护了西部脆弱的生态环境及不可再生、珍贵的地质遗迹资源。

阿拉善沙漠地区相关资料比较欠缺，一些科学问题尚未得到一致结论，本书研究以期填补某些研究的空白。

---

① 陈伟民、黄祥飞、周万平等：《湖泊生态系统观测方法》，中国环境科学出版社，2005。

第二章 基本概念、理论及国内外研究进展

第一节 基本概念及理论

一 水文学

水文学因为其年轻、在发展，所以准确界定较难。1968 年 Price 和 Heindl 研究了 100 年内"水文学"的定义，但还未解决其定义问题。根据顾慰祖等[①]统计和比较迄今为止 30 多个定义，稍加修改则为：水文学是研究水圈的地球科学，研究水的起源、存在、分布、运动和循环，以及水圈与其他地球圈层的相互作用。广义的现代水文学研究地表和地下水的产生和运移、水的理化性质、水与生物和非生物环境因素的关系以及人类对水的影响。[②]

同位素水文学是指使用同位素方法和核技术研究水圈水的起源、存在、分布、运动和循环，以及与其他地球圈层的相互作用。[③]

二 同位素及相关理论

1. 同位素（isotope）

Isotope are atoms whose nuclei contain the same number of protons but a

---

[①] 顾慰祖、庞忠和、王全九等：《同位素水文学》，科学出版社，2011。

[②] Marlyn L. Shelton：《水文气候学——视角与应用》，刘元波主译，高等教育出版社，2011。

[③] 顾慰祖、庞忠和、王全九等：《同位素水文学》，科学出版社，2011。

different number of neutrons. The term isotope is derived from Greek and indicates that isotopes occupy the same position in the periodic table. Isotope can be divided into two fundamental kinds, stable and unstable (radioactive) species. The number of stable isotopes is about300, whilst over 1200 unstable ones have been discovered so far. The term stable is relative, depending on the detection limits of radioactive decay times.[1]即同位素是指质子数相同而中子数不同的同一类原子的总称，它们在化学元素周期表中占有相同的位置。

环境同位素是指已存在于自然环境中的同位素，同一元素不同的同位素具有相近的化学性质而其质量不同。[2] 环境同位素的成因包括人为产生的和自然起源的，亦有稳定同位素与放射性同位素。

稳定同位素是指原子核的结构不会自发地发生改变的同位素。[3] 同位素水文学中最常用的是氢氧稳定同位素。稳定同位素丰度比值 R 为某一元素的重同位素丰度与轻同位素丰度之比，实际工作中采用样品的 δ 值来表示样品的同位素组成，δ 值定义为样品的同位素比值相对于标准物质同位素比值的千分偏差，例如水样中稳定同位素比率 $^{18}O/^{16}O$、$^2H/^1H$ 的大小用相对于标准平均海洋水（SMOW）或维也纳标准平均海洋水（VSMOW）的千分偏差来表示：

$$\delta D = [(^2H/^1H)_{Samp}/(^2H/^1H)_{SMOW} - 1] \times 1000,$$
$$\delta^{18}O = [(^{18}O/^{16}O)_{Samp}/(^{18}O/^{16}O)_{SMOW} - 1] \times 1000 \qquad (2-1)$$

式中：$(^{18}O/^{16}O)_{Samp}$ 和 $(^2H/^1H)_{Samp}$ 代表水样中的稳定氧和氢同位素比率；$(^{18}O/^{16}O)_{SMOW}$ 和 $(^2H/^1H)_{SMOW}$ 代表标准平均海洋水中稳定氧

① Jochen Hoefs. , *Stable isotope geochemistry* (Berlin: Springer-Verlag, 2009).
② 顾慰祖、庞忠和、王全九等：《同位素水文学》，科学出版社，2011；陈宗宇、齐继祥、张兆吉等：《北方典型盆地同位素水文地质学方法应用》，科学出版社，2010。
③ 陈宗宇、齐继祥、张兆吉等：《北方典型盆地同位素水文地质学方法应用》，科学出版社，2010。

和氢同位素比率。

放射性同位素：能够自发地放射出粒子、发生衰变而形成另一种同位素。[①] 例如^{238}U、^{235}U、^{226}Ra、^{14}C、^{3}H 等，其中^{3}H 丰度用"氚单位"表示（TU，1TU 表示 10^{18} 个氢原子中有 1 个氚原子），测试精度为 2.5TU。

组成水分子的氢、氧同位素各有 3 个，理论上可组成 18 种同位素水分子（见表 2 - 1），但实际上含有氚（T）的水分子含量极低，没有实际意义，一般只考虑 9 种。[②]

表 2 - 1　同位素水分子

水同位素组合	HH	HD	DD	HT	DT	TT
^{16}O	$H^{16}OH$	$H^{16}OD$	$D^{16}OD$	$H^{16}OT$	$D^{16}OT$	$T^{16}OT$
^{17}O	$H^{17}OH$	$H^{17}OD$	$D^{17}OD$	$H^{17}OT$	$D^{17}OT$	$T^{17}OT$
^{18}O	$H^{18}OH$	$H^{18}OD$	$D^{18}OD$	$H^{18}OT$	$D^{18}OT$	$T^{18}OT$

2. 同位素效应

同位素之间的质量差使得其物理性质存在差别，并显示出不同的地球化学行为，其强烈程度与质量差呈正相关。[③] 例如，D 和 H 间的质量差大于^{18}O 和^{16}O 间的质量差，蒸发过程中（同温同湿下），D 在汽液相间的百分含量差别大于^{18}O 在汽液相间的百分含量差别。同位素效应可分为热力学同位素效应和动力学同位素效应两种。热力学同位素效应指不同质量的分子和原子，在同样温度下，其在分子热运动状态下的能态不同，该作用会导致同一元素的轻重不同的同位素分子以不同的比例分配于不同的物质或物相中，例如空气相对湿度为 100% 的封闭系统中持续进行的蒸发——凝结过程；动力学同位素效应是指同一元素的不同同

① 顾慰祖、庞忠和、王全九等：《同位素水文学》，科学出版社，2011。
② 顾慰祖、庞忠和、王全九等：《同位素水文学》，科学出版社，2011。
③ 顾慰祖、庞忠和、王全九等：《同位素水文学》，科学出版社，2011；陈宗宇、齐继祥、张兆吉等：《北方典型盆地同位素水文地质学方法应用》，科学出版社，2010。

位素的分子和原子，其质量数和能态不同，从而造成在物理或化学反应过程中，反应速度有所差异，例如溶液中化学反应生成 $CaCO_3$ 因达到过饱和状态而催生的沉淀过程。

由于同位素是相对稳定的，其变化方式可以识别，可以用来追踪水文循环过程。同位素效应是研究同位素分馏机理的理论基础，同位素分馏是同位素效应的结果与外在表现。

3. 同位素分馏

物理、化学、生物作用导致的某一元素的同位素在两种物质或两种相态之间分配上的差异现象称为同位素分馏。[①] 按照分馏机制来分，同位素分馏可分为质量相关分馏和质量不相关分馏，其中质量相关分馏又可分为平衡分馏（纯热力分馏）和非平衡分馏两种，而非平衡分馏可再分为极端非平衡分馏（纯动力分馏）、热力作用和动力作用混杂的非平衡分馏（分为扩散分馏和瞬时平衡分馏）。

各种物理化学作用可以改变降水的同位素组成特征，其中最重要的是蒸发和凝结。蒸发过程中，轻的水分子（$H_2^{16}O$）比重的水分子（$^1H^2H^{16}O$ 或 $H_2^{18}O$）更容易挥发，即较轻的稳定同位素成分易于离开水面进入大气；水蒸气在不断冷却和凝结过程中，重的稳定同位素水分子优先从水蒸气中凝结并降落，使得自然界水中稳定同位素成分在时空分布上产生差异。

按平衡理论，HDO 与 $H_2^{18}O$ 在气相中的贫化程度与其各自相应的饱和蒸汽压成比例[②]，即汽相中 D 的贫化程度约是 ^{18}O 的 8 倍，所以大气降水中 δD 与 $\delta^{18}O$ 的比例约为 8∶1，呈线性相关关系。但是，根据全球大气降水线：$\delta D = 8\delta^{18}O + 10$，可知，全球平均大气降水的 δD 相对 $\delta^{18}O$ 富 10‰，即大气降水线截距等于 10，说明在降水形成过程中热力条件

---

① 顾慰祖、庞忠和、王全九等：《同位素水文学》，科学出版社，2011。
② 刘进达、赵迎昌：《中国大气降水稳定同位素时—空分布规律探讨》，《勘察科学技术》1997 年第 3 期。

和动力条件是综合起作用的。一般来说，动力分馏比热力分馏要强得多，但氢同位素分子却是热力分馏强度大，所以当动力效应干扰时，^{18}O与 D 分馏强度增大，使得 δD 与 $\delta^{18}O$ 之间的差别减少，造成斜率、截距变小。

大气降水氢氧同位素组成的变化基本遵循瑞利分馏模式。瑞利分馏模型本源于描述相反应过程中混合在一起的两种不同溶液的蒸馏过程，后被用于描述开放系统中稳定同位素的非平衡分馏过程。假定蒸汽从液相蒸发后立即从系统中分离出去，在此前提下，讨论残留溶液中同一元素不同种类的同位素分子比值的变化规律。

三 荒漠化及荒漠化治理

最早提出的荒漠化概念，是指在人为造成土壤侵蚀而破坏土地的情况下，使生产性土地最终变成荒漠的过程，其主要特征是严重的土壤侵蚀、土壤理化特性的改变及更多外来植物种的侵入。[1] 之后学者们给出了多种定义，而学术界较认可的是 1994 年《联合国防治荒漠化公约》中界定的定义，即荒漠化为："包括气候变异和人类活动在内的种种因素造成的干旱、半干旱和干燥的亚湿润地区（湿润指数在 0.05 ~ 0.65 之间）的土地退化现象和过程"[2]，主要表现为土地沙漠化、盐碱化、水土流失、草原退化和土壤贫瘠化[3]。

我国学者较认同朱震达于 1998 年提出的"荒漠化"定义和 1999 年提出的"沙漠化"定义。他认为"荒漠化是指人类历史时期以来，由于人类不合理的经济活动和脆弱生态环境相互作用造成土地生产力下

---

① Aubréville A., "Climats, forêts et désertification de l'Afrique tropicale," (1949).

② 李锋：《全球气候变化与我国荒漠化监测的关系》，《干旱区资源与环境》1993 年第 3 期。

③ 张殿发、卞建民：《中国北方农牧交错区土地荒漠化的环境脆弱性机制分析》，《干旱区地理》2000 年第 2 期。

降，土地资源丧失，地表呈现类似荒漠景观的土地退化过程"[1]；"沙漠化是沙质荒漠化的简称，是人类不合理的经济活动和脆弱生态环境（干旱多风与沙质地表环境）相互作用造成土地生产力下降，土地资源丧失，地表呈现类似沙漠景观的土地退化过程"。[2] 董光荣等建议把引起争论的定义中的时间、地点和成因等限定条件去掉，将其定义为"原非沙漠地区出现以风沙活动为主要标志的类似沙漠景观的环境变化过程"。[3] 研究中要区分"沙漠化""沙化""土地沙化""土壤沙化""风沙化""荒漠化"等概念，不能混淆使用。

荒漠化防治是发生在干旱、半干旱地区以及一些半湿润地区、南方湿润地区、青藏高原地区的这种土地退化的治理措施。

在人们的认知中，必须区分以下几个概念：一是区分人类历史时期形成的荒漠化与地质时期自然过程形成的沙漠，由于荒漠化与人类活动密切相关，容易将沙漠形成发展与荒漠化混淆起来。二是区分防治荒漠化与防沙治沙，由于荒漠化的防治是人地关系相互协调、环境改善、土地生产力再恢复、经济可持续发展的过程，不能把防治荒漠化等同于防沙治沙，防沙治沙只是沙质荒漠化防治的一部分。三是中国土地荒漠化按主导外营力可分为：风蚀荒漠化、水蚀荒漠化、冻融荒漠化、盐渍（盐碱）荒漠化、综合因素形成的荒漠化。[4] 荒漠化按组成物质不同，可分为四种，即岩漠（石质荒漠）、砾漠（砾石荒漠）、沙漠（沙质荒漠）和泥漠（黏土荒漠），而沙漠化只是荒漠化的一种类型，即沙质荒漠化。[5]

---

[1] 朱震达：《中国土地荒漠化的概念、成因与防治》，《第四纪研究》1998年第2期。
[2] 朱震达、刘恕：《中国北方地区的沙漠化过程及其治理区划》，中国林业出版社，1981；朱俊凤、朱震达：《中国沙漠化防治》，中国林业出版社，1999。
[3] 董光荣、申建友、金炯等：《关于"荒漠化"与"沙漠化"的概念》，《干旱区地理》1988年第1期。
[4] 克日亘：《论我国荒漠化的成因及其防治》，《湘南学院学报》2011年第4期。
[5] 百度百科——荒漠化，http：//baike.baidu.com/link? url = DeDlFbpoHDhTQpBpDUmHMjIbaw6c - 8m - Jwa8DYutnQM5whu1SF - FtNz0l9sGZZMV3hA7paaPY_ pOqSIt8t3jDK。

四 沙产业

我国著名科学家钱学森院士于 1984 年提出了第六次产业革命的思想,并在其著作《创建农业型的知识密集产业——农业、林业、草业、海业、沙业》中指出:"沙产业是在不毛之地搞农业生产,而且是大农业生产,这可以说是一项'尖端技术'。"① 宋平给予了一定解释,即"不是用沙子做的东西叫沙产业,而是在沙漠干旱地区利用现代科学技术,充分利用阳光优势,实行节水、节能、节肥、高效的大农业型的产业"。②③ 刘恕认为:沙产业是在不毛之地上进行的农业型生产,农业型沙产业的基地是农工贸一体的生产基地。④ "不追求从根本上改变沙漠戈壁的自然地理特征,但主张利用它的阳光优势。"其内涵是:沙产业是农业型产业,是未来产业,其发展的区域是"不毛之地",通过利用植物的光合作用,采用高新科技的集成和组装,实现规模化生产,以致形成知识密集型的产业。

钱学森认为"治沙、防沙、制止沙漠化工程也是沙产业的组成部分,沙产业则是从已有基础的防沙、治沙、固沙事业开拓出去,再上新台阶"。即防沙治沙是沙产业的基础,沙产业是在此基础上的进一步发展。传统防沙治沙中对沙区传统生物产品进行的复制,严格地说只能是沙产业的前期阶段,真正的沙产业应该是市场经济的一部分,沙产业产品应具有高产值、高效益、高品质的特性。

---

① 钱学森:《创建农业型的知识密集产业——农业、林业、草业、海业和沙业》,《农业现代化研究》1984 年第 5 期;钱学森:《运用现代科学技术实现第六次产业革命——钱学森关于发展农村经济的四封信》,《中国生态农业学报》1994 年第 3 期;钱学森:《发展沙产业,开发大沙漠》,《学会》1995 年第 6 期;中国国土经济学会沙产业专业委员会、鄂尔多斯市恩格贝生态示范区管委会编《钱学森论述沙产业》,2011;甘肃省沙草产业协会:《钱学森、宋平论沙草产业》,西安交通大学出版社,2011。
② 宋平:《知识密集型是中国现代化大农业发展的核心》,《西部大开发》2011 年第 9 期。
③ 摘自 1995 年 11 月 30 日宋平同志在甘肃河西走廊沙产业开发工作会议上的讲话记录。
④ 刘恕:《沙产业》,中国环境科学出版社,1996;刘恕:《留下阳光是沙产业立意的根本——对沙产业理论的理解》,《西安交通大学学报》(社会科学版)2009 年第 2 期。

五　地质旅游相关概念

1. 地质遗迹

地质遗迹（Geological Sites 或 Geosites）是在地球形成、演化的漫长地质历史时期，受各种内、外动力地质作用，形成、发展并遗留下来的自然产物，反映了地质历史演化过程和物理、化学条件或环境的变化，它不仅是自然资源的重要组成部分，更是珍贵的、不可再生的地质自然遗产。[①] 地质遗迹资源是指能够被人们利用其物理性质、化学性质、美学性质，而直接进入生产和消费过程或科研过程的有经济价值或潜在经济价值的地质体。[②]

2. 地质公园

在我国，不同的学者对地质公园的概念给予了不同的定义，普遍认同国土资源部的定义。即"地质公园（Geopark）是以具有特殊的科学意义，稀有的自然属性，优雅的美学观赏价值，具有一定的规模和分布范围的地质遗迹景观为主体；融合自然景观与人文景观并具有生态、历史和文化价值；以地质遗迹保护，支持当地经济、文化教育和环境的可持续发展为宗旨，为人们提供具有较高科学品位的观光游览、度假休闲、保健疗养、科学教育、文化娱乐的场所，同时也是地质遗迹景观和生态环境的重点保护区，地质研究与普及的基地"。从系统论的思想来看，它是由地质系统、保护系统和旅游系统 3 个子系统构成。[③]

3. 地质旅游

地质旅游是以游览考察具有观赏及科研价值的地质景观为目的的旅

---

①　李芳：《四川筠连地质公园保护与旅游开发研究》，成都理工大学硕士学位论文，2007；李淳：《常山国家地质公园地貌科学研究——芙蓉峡–三衢山地貌的演化》，上海师范大学硕士学位论文，2007。

②　李芳：《四川筠连地质公园保护与旅游开发研究》，成都理工大学硕士学位论文，2007。

③　李芳：《四川筠连地质公园保护与旅游开发研究》，成都理工大学硕士学位论文，2007；李淳：《常山国家地质公园地貌科学研究——芙蓉峡–三衢山地貌的演化》，上海师范大学硕士学位论文，2007。

游活动。由各种地质作用形成的山、水、土、石等天然地质体不仅具有历史研究价值，而且具有较高的游览观赏价值，还可进行科普教育和学术考察。[①]

六　生态文明

生态文明是一个内涵丰富的综合性概念，是人类文明中反映人类进步与自然存在和谐程度的状态，是与物质文明、精神文明、政治文明等一样的历史范畴，伴随人类文明不断由低级向高级演进的过程。深入理解和准确把握习近平生态文明思想，是大力推进我国生态文明建设的重要前提。

我们党历来高度重视环境保护和生态建设。党的五代中央领导集体提出了与时俱进的环保方针，为我国生态文明建设指明了方向（见表2-2）。

表2-2　1949年以来中国的主要环保方针

党的中央领导集体核心领导人	环保方针
毛泽东同志	"全面规划、合理布局，综合利用、化害为利，依靠群众、大家动手，保护环境、造福人民"32字方针
邓小平同志	把环境保护确定为基本国策，强调要在资源开发利用中重视生态环境保护
江泽民同志	把可持续发展确定为国家发展战略，提出推动整个社会走上生产发展、生活富裕、生态良好的文明发展道路
胡锦涛同志	把节约资源作为基本国策，把建设生态文明确定为国家发展战略和全面建成小康社会的重要目标，强调发展的可持续性，把生态文明建设纳入中国特色社会主义事业"五位一体"总体布局
习近平同志	积极推进生态文明建设的理论创新和实践探索，明确提出走向社会主义生态文明新时代，建设美丽中国，是实现中华民族伟大复兴的中国梦

[①]　地质旅游，http：//baike.baidu.com/view/1141911.htm。

2007 年 12 月 17 日，胡锦涛总书记在党的十七大报告中指出要建设生态文明。这是我们党第一次把"生态文明"作为建设中国特色社会主义的一项战略任务明确提出来。在党的十七大提出的政治、经济、文化、社会"四位一体"战略基础上，总结全国生态文明理论研究成果及生态省、生态市、生态县、生态文明先行区等建设的经验和启示，特别是总结一些地区的"生态文明模式"，党的十八大提出"大力推进生态文明建设"战略，将生态文明建设贯穿经济、政治、文化和社会"五位一体"的总体战略，党中央、国务院就加快推进生态文明建设做出一系列决策部署，先后印发了《关于加快推进生态文明建设的意见》（中发〔2015〕12 号）和《生态文明体制改革总体方案》（中发〔2015〕25 号），中共中央办公厅、国务院办公厅印发了《关于设立统一规范的国家生态文明试验区的意见》，习近平总书记就生态文明建设提出了一系列新理论、新思想、新战略，为当前和今后一个时期我国生态文明建设工作指明了方向。党的十八届五中全会提出，实现"十三五"时期发展目标，破解发展难题，厚植发展优势，必须牢固树立创新、协调、绿色、开放、共享的发展理念。绿色是永续发展的必要条件和人民对美好生活追求的重要体现。必须坚持节约资源和保护环境的基本国策，形成人与自然和谐发展的现代化建设新格局。2016 年中央全面深化改革领导小组第 29 次会议强调建立以绿色生态为导向的农业补贴制度，强调按照山水林田湖系统保护的思路，严守生态保护红线，强调建立湿地保护修复制度，加强海岸线保护与利用。党的十九大明确提出推进绿色发展，着力打赢污染防治攻坚战，加快实施重要生态系统保护和修复重大工程、优化生态安全屏障体系，改革生态监管体制，构建人与自然和谐共生的现代化，强调建设生态文明是中华民族永续发展的千年大计。

我国对生态文明的研究始于 20 世纪 90 年代，众多学者就"生态文明""生态文明建设""建设生态文明""生态文明模式"等进行了大量研究。经过 20 多年的发展，学者及专家对生态文明概念与其内涵的诠释仍众说纷纭，并没有形成广泛使用并公认的观点和表述。

国内众多学者就"生态文明"的概念从不同的角度给出了多种解释，主要包括：赵树利[①]认为生态文明是与"野蛮"相对，是指人类在工业文明时期取得众多成果之时，应该用更文明的态度及方式对待大自然，合理开发利用生态环境，开发与保护并重，在保护生态环境的基础上，积极促进社会经济建设，尽可能地改善和优化人地关系，实现经济社会可持续发展的长远目标，它是生态文明所具有的初级状态。余谋昌[②]指出生态文明是第四种文明，位于物质文明、精神文明、政治文明之后。作者于 2014 年又提出生态文明是继史前"文明"、农业文明、工业文明之后的第四种文明，其主要生产方式为信息化与智能化、能源利用形式为太阳能、社会主要财产是知识、人与自然的关系是合理利用自然、哲学表达式为尊重自然。潘岳[③]认为生态文明是指人类遵循人、自然、社会和谐发展这一客观规律而取得的物质与精神成果的总和，是以人与自然、人与人、人与社会和谐共生、良性循环、全面发展、持续繁荣为基本宗旨的文化伦理形态；作者认为生态问题实质是社会公平问题，资本主义制度是造成全球性生态危机的根本原因，社会主义才能真正解决社会公平问题，进而解决环境公平问题；生态文明只能是社会主义的。陈瑞清[④]认为从狭义上讲，社会主义生态文明是社会主义文明体系的基础，是人类改造生态环境以达到人类社会发展与进步的目的，同时要不断地克服生态环境对人类的制约作用，并逐渐优化人地关系，建立人 – 社会 – 自然的和谐系统，实现人类社会的可持续发展。从广义上

---

① 赵树利：《生态文明蕴涵的价值融合》，《华夏文化》2005 年第 1 期。
② 余谋昌：《生态文明是人类的第四文明》，《绿叶》2006 年第 11 期；余谋昌：《环境伦理与生态文明》，《南京林业大学学报》（人文社会科学版）2014 年第 1 期。
③ 潘岳：《论社会主义生态文明》，《绿叶》2006 年第 10 期。
④ 陈瑞清：《建设社会主义生态文明，实现可持续发展》，《北方经济》2007 年第 7 期。

讲，生态文明是继原始文明、农业文明、工业文明之后的社会形态，包含机制和制度、思想观念、生态环境、技术、物质等层面的重大变革。社会主义生态文明建设要求逐步消除贫富不均问题，实现全面小康社会。社会主义生态文明建设以"循环经济""生态经济"为发展模式，通过利用最少的资源、最低的环境成本获得最大的经济社会效益，形成新的生态产业。社会主义生态文明建设要求了建立起和谐世界，要反对资源侵略和生态殖民。社会主义生态文明建设要求形成与其相适应的伦理观、价值观、行为准则和道德规范。生态文明是人类的一个发展阶段。马拥军①认为：从人与自然的关系来看，继农业文明、工业文明之后，生态文明是第三种文明。生态文明的实质是人以"文明"的态度对待自然界。从政治文明、精神文明、物质文明、社会文明四个层次上都有不同的体现。2007年10月《十七大报告辅导读本》中写道："生态文明是以人与自然、人与人、人与社会和谐共生，良性循环，全面、持续繁荣为基本宗旨，以建立可持续的经济发展模式，健康合理的消费模式及和睦和谐的人际关系为主要内容。倡导人类在遵循人、自然、社会和谐发展这一客观规律的基础上追求物质和精神财富的创造和积累。"② 高珊、黄贤金③结合我国生态文明实践，界定了生态文明的内涵，认为生态文明指人类通过法律、行政、经济、技术等手段，加之自然本位的风俗习惯，以生态伦理理论和方法指导人类各项活动，实现人（社会）与自然协调、和谐、可持续发展的意识及行为特征。吉志强④认为生态文明就是人类在开发利用自然资源的过程中，遵循客观规律，充分发挥人的主观能动性改造主客观世界，实现人与自然、

---

① 马拥军：《生态文明：马克思主义理论建设的新起点》，《理论视野》2007 年第 12 期。
② 《十七大报告辅导读本》，人民出版社，2007。
③ 高珊、黄贤金：《生态文明的内涵辨析》，《生态经济》2009 年第 12 期。
④ 吉志强：《关于生态文明的内涵、结构及特征的再探析》，《山西高等学校社会科学学报》2012 年第 9 期。

社会及自身的和谐共生。方时姣①认为生态文明是指：联合劳动者遵循自然、人、社会有机整体和谐协调发展的客观规律，以人与人的发展，与自然、与生态发展的双重终极目的为最高价值取向，在全面推进人与自然、人与人、人与社会、人与自身和谐共生共荣为根本宗旨的生态经济社会实践中，所取得的"四大和谐"的伦理、规范、原则、方式及途径等全部成果的总和，是以重塑和实现自然生态和社会经济之间整体优化、良性循环、健康运行、全面和谐与协调发展为基本内容的社会经济形态。

七　相关理论基础

1. 可持续发展理论

1987 年以挪威首相布伦特兰夫人为主席的联合国世界环境与发展委员会（WCED）在《我们共同的未来》（Our Common Future）报告中，将"可持续发展"（Sustainable Development）定义为"既满足当代人的需要，又不对后代人满足其需要的能力构成危害的发展"。② 可持续发展建立了三个基本概念：需要、限制、平等。需要指发展的目标应满足人类的需要。限制包括技术状况和社会组织对环境满足和将来需要能力的限制。平等指各代之间的平等，当代不同地区、不同人群的平等。③

阿拉善盟政府及主管部门要科学合理地利用有限的水资源及其他优势资源发展节水产业，以便推进当地经济的发展和农牧民生活水平的提高；依托生物措施和工程措施等措施积极构建沙漠边缘生态安全屏障，

---

① 方时姣:《论社会主义生态文明三个基本概念及其相互关系》,《马克思主义研究》2014 年第 7 期。
② 韩永学:《新概念人文地理学》,哈尔滨地图出版社,1998；王恩涌等:《人文地理学》,高等教育出版社,2000。
③ 米文宝:《可持续发展理论的若干问题研究》,《宁夏大学学报》(自然科学版) 2002 年第 3 期；Barbier E. B. , "Economics, Natural-Resource Scarcity and Development: Conventional and Alternative Views," *Economic Development and Cultural Change* 3, 39 (1991), pp. 267 - 269。

实现区域荒漠化防治及沙产业的发展；合理开发沙漠地质旅游资源及其辅助类旅游资源，促进旅游业的发展；以沙产业及旅游业的发展吸引带动劳动就业，解决当地部分贫困人口的生计问题；促进边远地区、民族地区、贫困地区的民族团结和社会安定。研究区经济与社会快速稳定发展，必须把资源开发和环境保护协调起来，它们是一个密不可分的系统，既要达到发展经济的目的，又要保护好人类赖以生存的大气、湖泊、沙漠、土地和林草等自然资源，使子孙后代能够永续发展和安居乐业。

2. 区位论

杜能农业区位论中指出运费与距离及重量成比例，运费率因作物不同而不同，农产品的生产活动是追求地租收入最大的合理活动等前提下，农场主选择最大的地租收入的农作物进行生产，从而形成了农业土地利用的杜能圈结构。[①] 杜能圈结构在阿拉善盟沙漠绿洲农业地区也能看到，大田中主要种植的农作物是耗水量相对较小的玉米和油葵等作物，温室大棚中主要种植的是蔬菜和瓜果；地质公园内也能看到杜能圈的缩影，即以主要旅游景点为中心，由里向外布局着食品区、游乐区、住宿区以及农产品供应区等。游客选择旅游目的地也与运费、距离等有关，游客一般选择运费低廉、距离适中且沿途有其他风景区的旅游线路。阿拉善盟旅游规划部门在设计旅游线路时追求最大经济效益与环境保护的平衡点，并在旅游景区之间建设了一些新的旅游观光景点，如农家游、牧家游、奇石馆等，以增强对游客的吸引力。

韦伯工业区位论认为运输成本、劳动费（工资）、集聚和分散是决定工业区位的主要因素，是区域规划和城市规划的理论基础。[②] 工业区位论的建立，使工业布局的研究从个别企业布局转向研究工业地域综合设计，在发展过程中不断吸取其他科学理论和研究成果、不断采用新的

---

① 李小建：《经济地理学》，高等教育出版社，1999。
② 李小建：《经济地理学》，高等教育出版社，1999。

科学方法和手段、用电子计算机处理资料、用遥感手段获取信息。阿拉善盟新兴工业产业园区的建立充分考虑了韦伯区位论的理论指导性，并充分利用市场调节和资源配置的作用，着力构筑"一区二园、特色产业城镇"工业布局和"两个口岸"物流体系。具体内容包括：集中培育新能源、现代化工、新兴材料、装备制造、新型建材、特色农畜产品加工六大支柱产业，将阿拉善经济开发区打造成千亿级工业园区，推动腾格里经济技术开发区转型发展，着力打造吉兰泰石材专业化特色园区，加快民族特色产业城镇建设，加快策克口岸、乌力吉口岸的建设。

克里斯塔勒认为中心地的空间分布形态，受市场因素、交通因素和行为因素的制约，形成不同的中心地系统空间模型。① 研究区地广人稀，主要以国道、省道、高速公路为主的交通格局显示区域交通运输条件有限，经济发展较好的地区主要位于基础设施较好、交通较便捷的地区。

3. 增长极理论

经济增长极有狭义和广义之分。狭义经济增长极②有三种类型：一是纯经济意义的产业增长极；二是地理或空间意义的城市增长极；三是潜在的经济增长极。广义经济增长极是说凡能促进经济增长的积极因素和生长点，其中包括制度创新点、对外开放度、消费热点等，都是经济增长极。根据经济增长级理论及关于阿拉善盟产业现状分析，在市场竞争日趋激烈的形势下，阿拉善盟应大力开发优势资源及沙漠地质旅游资源，促进沙产业及旅游业的发展，进而带动阿拉善盟经济的发展。

4. 旅游地生命周期理论

根据旅游地生命周期理论，旅游地的演化必然经过六个阶段：探查、参与、发展、巩固、停滞、衰落或复苏阶段。③ 阿拉善沙漠地质旅游现处于参与、发展阶段，为了延缓各景区旅游生命周期，必须采取两

---

① 李小建：《经济地理学》，高等教育出版社，1999。
② 李小建：《经济地理学》，高等教育出版社，1999。
③ 保继刚、楚义芳：《旅游地理学》，高等教育出版社，1999。

种途径，即增加人造景观的吸引力与发挥未开发的自然旅游资源的优势。近年来，随着月亮湖度假村、东风航天城、巴丹吉林庙、南寺、北寺、胡杨林、"英雄会"、黑城、岩画等景区的开发以及对沙漠地质旅游资源的深度开发，阿拉善沙漠世界地质公园旅游业得到快速发展。因此，提高旅游资源的品位及旅游关联产业的服务质量，挖掘资源潜力，拓展旅游项目和旅游产品，开发新型旅游资源，是保证研究区旅游业持续发展的有效手段。

5. 竞争力理论

旅游业对国民经济各部门的影响越来越重要，按 1：5 的关联度计算，旅游业在国民经济发展中将占据越来越重要的地位，尤其对第三产业的带动作用将遥遥领先于其他行业。故而，旅游业将成为今后阿拉善盟经济发展的新兴产业，在国民经济各部门中的竞争力将越来越强。加之阿拉善盟周边城市及旅游区对其影响，只有加强阿拉善沙漠地质旅游的深度开发，打造研究区旅游产品的独特魅力，才能在与周边旅游景点竞争中，吸引大量游客，助推区域旅游业发展，进而加大旅游业的再投入及基础设施的建设，使得沙漠地质旅游在日益激烈的竞争中赢得旅游客源市场，形成良性循环。

第二节　水化学测定方法

一　测定主要离子含量

1. 制备标准样品

标样 1：每个阳离子或阴离子从原样品中取 2.5 毫升样品放入 25 毫升容量瓶，定容，即稀释了 10 倍。标样 1 为 100 毫克/升。因为原阳离子或阴离子的浓度是 1 毫克/毫升，取 2.5 毫升，即 2.5 毫克，放入 25 毫升容量瓶中，即 2.5 毫克/25 毫升 = 100 毫克/升。震荡摇匀，移取约 8~9 毫升置于 10 毫升离心管中。贴标签记为——标样 1 或 100 毫克/升。

标样 2：从 100 毫克/升离心管中移取 4.5 毫升标样，置于新离心管中，加入 4.5 毫升超纯水，即稀释了 1 倍。震荡摇匀。标样 2 浓度为 50 毫克/升。贴标签记为——标样 2 或 50 毫克/升（步骤下同）。

标样 3：浓度为 25 毫克/升。

标样 4：浓度为 12.5 毫克/升。

标样 5：浓度为 6.25 毫克/升。

标样 6：浓度为 3.125 毫克/升。

标样 7：浓度为 1.5625 毫克/升。

标样 8：浓度为 0.78125 毫克/升。

标样 9：浓度为 0.390625 毫克/升。

标样 10：浓度为 0.1953125 毫克/升。

标样 11：浓度为 0.09765625 毫克/升。

标样 12：浓度为 0.048828125 毫克/升。

2. 制备样品

根据实验室制样要求及各水体含量，多次实验后确定，泉水、井水一般稀释 10 倍，即取 10 毫升样品移入 100 毫升容量瓶。大气降水（雨水）样品使用原样，不需要稀释。移取约 8~9 毫升置于 10 毫升离心管中，贴标签，一般取 2 份，以备做水平样检。

湖水的稀释倍数需要查历年的记录，一般都稀释 5000 倍（淡水湖除外），需要稀释两次。第一次稀释应该尽可能多取原样，即取 5 毫升放入 250 毫升容量瓶（稀释了 50 倍）或 2 毫升放入 100 毫升容量瓶，定容，震荡摇匀；第二次从该容量瓶中移取 1 毫升到 100 毫升容量瓶中（稀释了 100 倍），定容，震荡摇匀。两次共稀释 5000 倍。

如果实验测得样品的峰值面积超出 100 毫克/升标样的峰值，该样品需要重新做水平样及稀释样，即根据样品实验出峰值的最高处纵坐标值，除以一个稀释倍数，就可做水平样品。例如：样品 L_1 的最高峰值的纵坐标（高度）是 180，而 100 毫克/升标样的高度值是 80，50 毫克/升标样的高度值是 45，25 毫克/升标样的高度值是 20，那么将样品 L_1 已经稀释过的样品再稀释 10 倍左右，即居于所有标样的中间值（25 毫克/升或 12.5 毫克/升标样）左右即可。

做碳酸滴定实验时，湖泊水稀释 50 倍再进行滴定，实验前期制备样品同上。

3. 待仪器稳定

离子色谱仪器开机后需要 0.5～1 小时时间的稳定，直到基线成水平状时再进样（湖泊水、泉水、井水、雨水等），进标样时按浓度从小到大的顺序进样（见表 2 - 3）。

表 2 - 3 离子色谱标准样品阴离子出峰时间

离子	F^-	Cl^-	NO_2^-	NO_3^-	SO_4^{2-}
出峰时间/分钟	约 2.96	约 4.35	约 5.26	约 7.13	约 11.33

4. 进样

进样时，一般先取制备好的水样洗针管 1～2 次，之后将装满针管的样品注入仪器，针管内样品不能全部注入，需留约 2 毫升，且进样过程中针头不能拔下，以免空气进入仪器影响实验结果。

5. 换算面积成浓度

实验结果是用峰值包含的面积来计算离子含量，需要根据标准样品已知的浓度和实验得出的面积，绘制浓度与面积标准曲线图，每个阳离子、阴离子都有一个标准曲线方程。一般要求标准曲线的相关系数 R^2 为 0.98～1。若浓度计算值出现负值，可以按 0 计算，或者按单值计算。单值计算公式：标样浓度/标样面积 = 样品浓度/样品面积，即样品浓度 = 标样浓度 × 样品面积/标样面积。

根据计算的浓度乘以稀释倍数，就得到原样品的离子浓度值。

二　测定碳酸根和重碳酸根含量

由于实验试剂及用品的限制，一般根据经验值将湖泊水稀释 50 倍，雨水、泉水和井水使用原样，部分 TDS 低的湖泊水稀释 10 倍或 20 倍，进行碳酸盐滴定实验。需要记录稀释倍数，后将滴定结果根据关系式和稀释倍数换算成原样品的浓度值。

1. 取 1 毫升原样或稀释好的样品（分别取两次，做水平样实验），放入不同的离心管中。

2. 在两个离心管中分别滴入 1 滴试剂一（酚酞）。此时，湖泊水样变为红色或紫红色，而雨水、泉水、井水、淡水湖泊的样品一般不变色。对于变色的样品，用微式滴定器抽取试剂三（盐酸标准溶液），慢慢地滴入离心管中，边滴边摇匀，直到变为无色（此时溶液 pH 值约为 8.3），读取滴入试剂三的量 V_1，并记录 V_1 的两个值，且二者的差值 < 0.05，最好控制在 0.03 内，否则重新做。其中不变色的样品 V_1 的两个值记为 0，0。此时指示水中已没有氢氧根离子和碳酸根离子，全部转化为重碳酸盐（HCO_3^-），反应如下：

$$OH^- + H^+ \rightarrow H_2O, CO_3^{2-} + H^+ \rightarrow HCO_3^- \qquad (2-2)$$

3. 对于不变色的雨水、泉水、井水样及已经变为无色的湖水样，滴入 1 滴试剂二（甲基橙），滴入后颜色变为橘黄色。

4. 继续将试剂三（盐酸标准溶液）滴入离心管中，直到颜色变为橘红色（此时溶液 pH 值约为 4.4 ~ 4.5）。指示 HCO_3^-（原样中的 HCO_3^-、CO_3^{2-} 转化的 HCO_3^-）已被中和。记录 V_2 的两个值，尤其湖水的值一定要与 V_1 的两个值对应。反应如下：

$$HCO_3^- + H^+ \rightarrow H_2O + CO_2 \uparrow \qquad (2-3)$$

计算两个 V_1 和 V_2 的平均值，并根据试剂三（盐酸标准溶液）标定

的 K_1 和 K_2 值，以及稀释倍数，可以得出原水样中氢氧根离子、碳酸盐、重碳酸盐的含量及总碱度（见表2-4、公式2-4）。

表2-4　计算水样中 OH^-、CO_3^{2-}、HCO_3^- 体积

体积	$V(OH^-)$/毫升	$V(CO_3^{2-})$/毫升	$V(HCO_3^-)$/毫升
$V_1 = (V_1 + V_2)$	V_1	0	0
$V_1 > 1/2(V_1 + V_2)$	$2V_1 - (V_1 + V_2)$	$2[(V_1 + V_2) - V_1]$	0
$V_1 = 1/2(V_1 + V_2)$	0	$2V_1$	0
$V_1 < 1/2(V_1 + V_2)$	0	$2V_1$	$(V_1 + V_2) - 2V_1$
$V_1 = 0$	0	0	$(V_1 + V_2)$

$$\rho(CaCO_3) = c(V_1 + V_2)M/V \qquad (2-4)$$

式中：ρ（$CaCO_3$）——总碱度，mg/L；c——盐酸标准溶液浓度，mol/L；

M——1/2 $CaCO_3$ 的摩尔质量，50.05g/mol；V——水样体积，L。

第三节　国内外研究进展

水文学是研究水的起源、存在、分布、运动和循环，以及水圈与其他地球圈层相互作用的地球科学。[1] 经历了下面几个发展阶段。

　　　　　　15世纪　　　　19世纪末　　　　　　1950s
原始观测、定性描述　　水量层面水文学　　分子和原子层面水文学　　原子核层面水文学

应用同位素技术（氢氧稳定同位素含量，等）可分析：（1）大气降水来源、形成条件及氢氧稳定同位素含量分布特征等。（2）地下水

---

[1]　顾慰祖、庞忠和、王全九等：《同位素水文学》，科学出版社，2011。

组成的不同来源及补给区，流向和流量，地下水滞留时间或年龄，水质污染状况，水化学演化。（3）蒸发等导致同位素的变化，判断地下水补给机制，等。[①]

一　国内外研究进展：水化学

（一）国外"水化学"研究进展

国际水文学会于 20 世纪 50 年代开展过一项全球河流水质研究计划，研究者们先后进行了许多研究：欧洲莱茵河的水质监测始于 1875 年；英国泰晤士河及法国塞纳河的监测始于 1890 年前后；Gibbs[②] 研究

[①]　Confiantini R. , "Isotope Techniques in Groundwater Hydrology," *IAEA* , *Vienna* (1974)；Confiantini R. , Gallo G. , Payne B. R. , et al. , "Environmental isotopes and hydrochemistry in groundwater of Gran Canaria," *Panel Proceedings Series-IAEA* (1976)；Frita, Peter, *Handbook of environmental isotope geochemistry* (Elsevier Scientific Pub. Co. , 1980)；Nativ R. , Riggio R. , "Meteorologic and isotopic characteristics of precipitation events with implications for groundwater recharge, Southern High Plains," *Atmospheric Research* 23 , 1 (1989), pp. 51 – 82；Wood W. W. , Sanford W. E. , "Chemical and isotopic methods for quantifying groundwater recharge in a regional, semiarid environment," *Ground Water* 33 , 3 (1995), pp. 458 – 468；Clark I. D. , Fritz P. , *Environmental isotopes in hydrogeology* (CRC press, 1997)；Kendall C. , "Tracing nitrogen sources and cycling in catchments," *Isotope tracers in catchment hydrology* 1 (1998), pp. 519 – 576；Mook W. G. , "The dissolution-exchange model for dating groundwater with C – 14, interpretation of environmental and hydrochemical data in groundwater hydrology," *Vienna：IAEA* (1976), pp. 212 – 225；Mook W. G. , "Environmental Isotopes in the Hydrological Cycle：Atmospheric water," *Vienna：IHS of IAEA* (2001)；Cook P. G. , Solomon D. K. , "Recent advances in dating young groundwater：Chlorofluorocarbons, ^{3}H/^{3}He and ^{85}Kr," *Journal of Hydrology* 191 , 1 (1997), pp. 245 – 265；宋献方、夏军、于静洁等：《应用环境同位素技术研究华北典型流域水循环机理的展望》，《地理科学进展》2002 年第 6 期；石辉、刘世荣、赵晓广：《稳定性氢氧同位素在水分循环中的应用》，《水土保持学报》2003 年第 2 期；李发东：《基于环境同位素方法结合水文观测的水循环研究》，中国科学院地理科学与资源研究所博士学位论文，2005；林云、潘国营、靳黎明等：《氢氧稳定同位素在新乡市地下水研究中的应用》，《人民黄河》2007 年第 10 期；Dong Zhibao, Qian Guangqiang, Lv Ping, et al. , "Investigation of the sand sea with the tallest dunes on Earth：China's Badain Jaran Sand Sea," *Earth Science Reviews* 120 (2013), pp. 20 – 39。

[②]　Gibbs R. J. , "The geochemistry of the Amazon River system：Part I. The factors that control the salinity and the composition and concentration of the suspended solids," *Geological Society of America Bulletin* 78 , 10 (1967), pp. 1203 – 1232.

了影响亚马孙河地球化学特征及控制盐度和悬浮物的组成（浓度）的因素；Stallard[1] 对亚马孙河流域地表水及大气降水中主要水化学离子含量进行了研究；Carbonnel 与 Meybeck[2] 研究了湄公河水化学离子平均含量，并计算出湄公河水质变化（介于 60~190 毫克/升）及化学成分的运移量；Eisma[3] 对扎伊尔河河口和入海口流量进行了研究；Lewis 与 Saunder[4] 对奥里诺科湖溶解物和悬浮物中的离子组成和运移进行了研究；Meybeck[5] 对陆地淡水水体水质进行了全球性评价。近年来国外水化学研究情况见图 2-1。

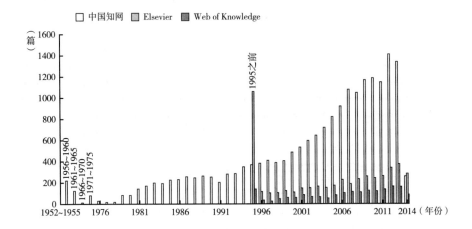

图 2-1　国内外水化学研究成果的主要中英文文献检索统计

① Stallard R. F. , "Major element geochemistry of the Amazon River system," *Massachusetts Institute of Technology* （1980）.

② Carbonnel J. P. , Meybeck M. , "Quality variations of the Mekong River at Phnom Penh, Cambodia, and chemical transport in the Mekong basin," *Journal of Hydrology* 27, 3 （1975）, pp. 249 - 265.

③ Eisma D. , Van Bennekom A. J. , "The Zaire river and estuary and the Zaire outflow in the Atlantic Ocean," *Netherlands Journal of Sea Research* 12, 3 （1978）, pp. 255 - 272.

④ Lewis W. M. , Saunders J. F. and Ⅲ , "Concentration and transport of dissolved and suspended substances in the Orinoco River," *Biogeochemistry* 7, 3 （1989）, pp. 203 - 240.

⑤ Meybeck M. , Helmer R. , "The quality of rivers: from pristine stage to global pollution," *Global and Planetary Change* 1, 4 （1989）, pp. 283 - 309.

（二）国内"水化学"研究进展

我国的水质监测始于 20 世纪五六十年代。20 世纪 60 年代初，乐嘉祥和王德春①利用 1957～1960 年近 500 条河流的水化学参数数据，首次对我国河流水化学性质的空间变化规律进行了分析。刘培桐、王华东等②根据全国 700 多个站点的水化学资料，编制了河水的矿化度图、水化学类型图等，并对岱海盆地大气降水－河水－湖水－地下水之间的水化学特征进行了较为系统的研究。朱启疆和汪家兴③、于维新和章申④、章申等⑤、朱颜明等⑥、范云崎⑦、邓伟⑧等众多学者研究了我国多个河流或湖泊的水化学特征。主要研究成果见表 2－5。

表 2－5　我国水化学研究进展

发表时间	作者	主要结论
1963	乐嘉祥、王德春	1957～1960 年,500 多条河流水体的水化学变化规律
1962、1965	刘培桐、王华东等	编制了河水的矿化度图、水化学类型图等,岱海盆地大气降水－河水－湖水－地下水的水化学特征
朱启疆和汪家兴(1963)、于维新和章申(1983)、章申等(1983)、朱颜明等(1981)、范云崎(1983)、邓伟(1988)等研究了我国多个河流或湖泊的水化学特征		
1982①	Hu Minghui	中国河水(长江、鸭绿江等)的离子组成受蒸发岩溶蚀作用、碳酸盐岩的影响
1984②	许越先	30 条河流,水化学的时空变化特征、影响因素

---

① 乐嘉祥、王德春:《中国河流水化学特征》,《地理学报》1963 年第 1 期。
② 刘培桐、王华东、薛纪瑜:《化学径流与化学剥蚀》,《地理》1962 年第 4 期;刘培桐、王华东、潘宝林等:《岱海盆地的水文化学地理》,《地理学报》1965 年第 1 期。
③ 朱启疆、汪家兴:《滹沱河和滏阳河水文化学特征》,《北京师范大学学报》（自然科学版）1963 年第 3 期。
④ 于维新、章申:《滇南富铜景观的生物地球化学特征》,《植物生态学与地植物学丛刊》1983 年第 3 期。
⑤ 章申、唐以剑、毛雪瑛等:《京津地区主要河流的稀有分散元素的水化学特征》,《科学通报》1983 年第 3 期。
⑥ 朱颜明、佘中盛、富德义等:《长白山天池水化学》,《地理科学》1981 年第 1 期。
⑦ 范云崎:《西藏内陆湖泊补给系数的初步探讨》,《海洋与湖沼》1983 年第 2 期。
⑧ 邓伟:《长江河源区水化学基本特征的研究》,《地理科学》1988 年第 4 期。

续表

发表时间	作者	主要结论
1984、1991、1992a、b、1999[3]	陈静生、李远辉等	我国河流(大陆和台湾120多个水文站)及全球陆地水化学进展,分布、物理/化学侵蚀率、差异原因、影响因素
1986[4]	刘亚传	石羊河流域,各种水体(大气降水、地表水和地下水)的水化学特征、分布规律及其演变,沿径流方向降水量减矿化度增
1987[5]	过常龄	水化学特征:高矿化度——氯化物、硫酸盐型河水,低矿化度——碳酸盐型河水,黄河流域69个站点河水水样
1989[6]	高照山	赤峰达来诺尔水化学特征,总硬度、总碱度、盐量与钙镁、HCO_3^-、CO_3^{2-}、Cl^-、Na^+、K^+呈线性相关,南部、西部 - 地下水补给
1990[7]	张立成等	水化学特征(pH值、矿化度等)及影响因素——我国东部河水
1992[8]	樊自立等	按盐分含量和矿化度分类:淡水湖(矿化度 < 1 克/升)、咸水湖(1~35 克/升)、卤水湖或盐湖(>50 克/升)——新疆湖泊
1994[9]	许炯心	定量研究,不同自然带的化学剥蚀过程、分带性特征及其成因——我国 7 大水系70 个水文站
2000[10]	郝爱兵等	TDS 与 $\delta^{18}O$ 关系,塔克拉玛干沙漠地下水咸化以溶滤作用为主
2004b[11]	陈建生等	巴丹吉林沙漠湖泊及地下水离子浓度渐增趋势及分布特征。地下水径流路径:巴丹吉林沙漠 - 拐子湖、古日乃 - 额济纳
2006[12]	羊世玲	沿径流方向、矿化度增高——沙漠边缘地下水,石羊河流域东部
2008[13]	高坛光等	青藏高原纳木错流域的水化学日变化与流量存在反相关关系
2003a[14] 2007[15] 2010[16] 2010[17]	苏小四等 杨郧城等 丁贞玉 刘相超等	沿地下水径流方向:$HCO_3^- - Ca^{2+} \cdot Mg^{2+}$ 型逐渐演化成 $Cl^- - Na^+$ 型。地下水来源于大气降水,最终补给湖水

资料来源:①Hu Minghui, Stallard R. F., and Edmond J. M., "Major ion chemistry of some large Chinese rivers," *Nature* 298,(1982), pp. 550 - 553.

②许越先:《中国入海离子径流量的初步估算及影响因素分析》,《地理科学》1984 年第 3 期。

③陈静生、李远辉、乐嘉祥等:《我国河流的物理与化学侵蚀作用》,《科学通报》1984 年第15 期;陈静生、谢贵柏、李远辉:《海南岛现代侵蚀作用及其与台湾岛和夏威夷群岛的比较》,《第四纪研究》1991 年第 4 期;陈静生:《陆地水水质全球变化研究进展》,《地球科学进展》1992年第 4 期;陈静生、陈梅:《海南岛河流主要离子化学特征和起源》,《热带地理》1992 年第 3 期;陈静生、夏星辉:《我国河流水化学研究进展》,《地理科学》1999 年第 4 期。

④刘亚传:《石羊河流域的水文化学特征分布规律及演变》,《地理科学》1986 年第 4 期。

⑤过常龄:《黄河流域河流水化学特征初步分析》,《地理研究》1987 年第 3 期。

⑥高照山:《赤峰达来诺尔水化学主要特征及其形成》,《地理科学》1989 年第 2 期。

⑦张立成、董文江:《我国东部河水的化学地理特征》,《地理研究》1990 年第 2 期。

⑧樊自立、张累德:《新疆湖泊水化学研究》,《干旱区研究》1992 年第 3 期。

⑨许炯心:《我国不同自然带的化学剥蚀过程》,《地理科学》1994 年第 4 期。

⑩郝爱兵、李文鹏、梁志强：《利用 TDS 和 $\delta^{18}O$ 确定溶滤和蒸发作用对内陆干旱区地下水咸化贡献的一种方法》，《水文地质工程地质》2000 年第 1 期。

⑪陈建生、赵霞、汪集旸等：《巴丹吉林沙漠湖泊钙华与根状结核的发现对研究湖泊水补给的意义》，《中国岩溶》2004 年第 4 期。

⑫羊世玲：《石羊河流域东部沙漠边缘地下水水质 20a 动态分析》，《甘肃水利水电技术》2006 年第 2 期。

⑬高坛光、康世昌、张强弓等：《青藏高原纳木错流域河水主要离子化学特征及来源》，《环境科学》2008 年第 11 期。

⑭苏小四、林学钰、廖资生等：《黄河水 $\delta^{18}O$、δD 和 ^3H 的沿程变化特征及其影响因素研究》，《地球化学》2003 年第 4 期。

⑮杨郧城、文冬光、侯光才等：《鄂尔多斯白垩系自流水盆地地下水锶同位素特征及其水文学意义》，《地质学报》2007 年第 3 期。

⑯丁贞玉：《石羊河流域及腾格里沙漠地下水补给过程及演化规律》，兰州大学博士学位论文，2010。

⑰刘相超、唐常源、吕平毓等：《三峡库区梁滩河流域水化学与硝酸盐污染》，《地理研究》2010 年第 4 期。

（三）国内外"水化学"研究进展对比

对比分析近年来国内外水化学研究情况，本书检索了中文（中国知网）和英文（Elsevier/Web of Knowledge）数据库，分别在主题检索含"水化学/hydrochemistry"的文章（输入 water chemistry，文献更多，未统计）。从图 2 – 1 可以看出，不论是国内还是国外，科研人员与文献数量呈逐年增长的趋势，表明当代科研水平的提高，可以更好、更科学地为社会生产部门的合理应用做理论指导。

二 国内外研究进展：氢氧稳定同位素

1898 年 Marie Sklodowska Curic 第一次使用"放射性"，1910 年 Soddy F. 使用"同位素"，1913 年 Thomson J. 通过实验证明"同位素"，1922 年 Aston 发现了 287 种天然同位素中的 212 种，1925 年 Blackett P. M. S. 发现 ^{17}O，1929 年 Giauque W. F. 和 Johnston H. L. 发现 ^{18}O，1931 年 Urey H. C. 发现了 ^2H，1931 ~ 1940 年发现了 ^3H（T）并确定了氚的半衰期。[1][2]

---

① 顾慰祖、庞忠和、王全九等：《同位素水文学》，科学出版社，2011。

② Urey H. C., "The thermodynamic properties of isotopic substances," *Journal of the Chemical Society (Resumed)* (1947).

对比分析1995年以来国内外氢氧稳定同位素研究情况，主题检索（数据库同上）"氢氧同位素/hydrogen and oxygen isotopes"，结果见图2-2。从中可以看出：就原子核层面的水文学研究，国外文献数量呈波动增长的趋势，是国内每年文献数量的三四倍，国内的科研水平有待进一步提高。

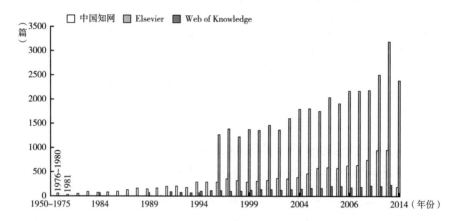

图2-2 国内外氢氧同位素研究成果的主要中英文文献检索统计

国内外众多学者就氢氧稳定同位素的研究及应用提供了许多理论及模型，本书就部分研究成果进行整理，如下文所述。

（一）大气降水线方程

1. 国外"大气降水线"研究进展

20世纪50年代天然水中氢氧稳定同位素含量研究有了重大突破。国外相关研究成果见表2-6。

表2-6 20世纪50年代以来国外氢氧稳定同位素部分研究成果

作者	年份	主要结论
Craig H., Gordon L. I.	1956[①]	海水和海洋大气中^{18}O和^2H的变化
	1963[②]	同位素效应-水蒸发过程
Craig H.	1961、1963[③]	定义SMOW；全球大气降水线方程（Craig线）
IAEA	1958	开始同位素水文学研究

续表

作者	年份	主要结论
IAEA,WMO	1961	建立全球降水同位素网(GNIP)
	1963	自1963年起每隔约4年召开同位素在水文学方面国际研讨会
IAEA	1970	首次使用"同位素水文学"
Dansgaard	1964,1984④	中高纬度的滨海地区,大气降水的年平均δ值与该区的地面平均气温成正比例关系,并引入"氘盈余"定义
Morgante	1966⑤	沿河流径流方向,地下水中δ^{18}O增加——Gorizia平原
Gat J. R.	1970、1980、1994⑥	用D-^{18}O分馏程度表示湖泊及其他水体的蒸发
Brown,Taylor	1974⑦	河流侧渗(山洪)对地下水的补给——Kaikoura平原
Yurtsever	1975⑧	干旱、热带地区斜率<8。15个热带海岛台站$\delta D = 6.17\delta^{18}O + 3.97$
Frita P.,Fontes J. Ch.	1980	大气降水补给热矿泉。补给高度位于800米的高原地带——埃维恩泉——法国
戴克	1980	深部地下水、大气降水补给第四纪地下水——匈牙利大平原
张人权,等编译1983⑨		
Moser	1980⑩	冰雪熔融、入渗蒸发产生同位素分馏,植物蒸腾不发生
Allison G. B.	1983a、b、c⑪	土壤水的蒸发运移模式——干旱半干旱区,估算非植被表面(裸表面)的蒸发量
Krabbenholf	1990⑫	水体蒸发——质量、水量平衡法
Ingrahan N. E.,Taylor B. E.	1991⑬	从California到Nevada,点次降水δD不能代表年平均值(变异高达40%),从海岸到内陆每100千米δD值变化在3‰~45‰
Ramesh	1992⑭	$\delta D - \delta^{18}O$变化由蒸发引起——恒河干流、主要支流
Martinelli	1996⑮	大气中不同水源的水蒸气比重,无明确结论——亚马孙河流域
Karr	2002⑯	$\delta D - \delta^{18}O$与季节性水文过程相对应(样品采集自1989年8月、1990年3月、1990年5月、1991年11月)——亚马孙河流域
Pawellek	2002⑰	δD和δ^{18}O受水体混合作用大——多瑙河干流、主要支流
Ryu	2007⑱	^{18}O、D富集——夏季高温、蒸发——汉江——韩国

资料来源:① Craig H.,Boato G.,and White D. E.,"Isotopic geochemistry of thermal waters,"//Conf. on Nuclear Processes in Geological Settings,Proceedings. Second National Academy of Sciences,Natl. Res. Council Publ 19（1956）,pp. 29 - 44.

②Craig H.,Gordon L. I.,and Horibe Y.,"Isotopic exchange effects in the evaporation of water," Journal of Geophysical Research 68,17（1963）,pp. 5079 - 5087.

③Craig H.,"Isotopic variation in meteoric waters," Science 133（1961）,pp. 1702 - 1708；Craig H.,Gordon L. I.,and Horibe Y.,"Isotopic exchange effects in the evaporation of water," Journal of Geophysical Research 68,17（1963）,pp. 5079 - 5087.

④Dansgaard W., "Stable isotope in precipitation," *Tellus XVI* 4(1964), pp. 436 – 468; Dansgaard W., Johnsen S., Clausen H., et al., "North Atlantic climatic oscillations revealed by deep Greenland ice cores," *Geophysical Monograph Series* 29 (1984), pp. 288 – 298.

⑤Morgante S., Mosetti F., and Tongiorgi E., "Moderne indagini idrologiche nella zona di Gorizia," *Boll. di Geof. Teor. e Appl.*, *Trieste* 8, 30 (1966), pp. 114 – 137.

⑥Gat J. R., "Environmental isotope balance of Lake Tiberias," *In*: *Isotopes in Hydrology*, IAEA. Vienna (1970), pp. 109 – 127; Gat J. R., "The isotopes of hydrogen and oxygen in precipitation," *Handbook of environmental isotope geochemistry* 1 (1980), pp. 21 – 47; Gat J. R., Bowser C. J., and Kendall C., "The contribution of evaporation from the Great Lakes to the continental atmosphere: estimate based on stable isotope data," *Geophysical Research Letters* 21 (1994), pp. 557 – 560.

⑦Brown L. J., Taylor C. B., "Geohydrology of the Kaikoura Plain, Marlborough, New Zealand," *Dept. of Scientific and Industrial Research*, *Christchurch*, *New Zealand* (1974).

⑧Yurtsever Y., "Worldwide survey of isotopes in precipitation," *IAEA report*, *Vienna* (1975).

⑨张人权等编译《同位素方法在水文地质学中的应用》, 地质出版社, 1983。

⑩Moser H., Stichler W., "Environmental isotopes in ice and snow," *Handbook of environmental isotope geochemistry* 1 (1980), pp. 141 – 178.

⑪Allison G. B., Barbes C. J., "Estimation of evaporation from nonvegetated surfaces using natural deuterium," *Nature* 301, 5896 (1983a), pp. 143 – 145; Allison G. B., Hughes M. W., "The use of natural tracers as indicators of soil-water movement in a temperate semi-arid region," *Journal of Hydrology* 60, 1 – 4 (1983b), pp. 157 – 173; Allison G. B., Barnes C. J., and Hughes M. W., "The distribution of deuterium and oxgen18 in dry soils 2. Experimental," *Journal of Hydrology* 64, 1 – 4 (1983c), pp. 377 – 397.

⑫Krabbenholf D. P., Bowser C. J., Anderson M. P., et al., "Estimating groundwater exchange with lakes: 1. The stable isotope mass balance method," *Water Resources Research* 26, 10 (1990), pp. 2445 – 2453.

⑬Ingrahan N. E., Taylor B. E., "Light Stable isotope system atics of large-scale hydrologic regimesin California and Nevada", *Water Resour Res* 27, 1 (1991): 77 – 90.

⑭Ramesh R., Sarin M. M., "Stable isotope study of the Ganga (Ganges) river system," *Journal of Hydrology* 139, 1 (1992), pp. 49 – 62.

⑮Martinelli L. A., Victoria R. L., Silveira L. S. L., et al., "Using stable isotopes to determine sources of evaporated water to the atmosphere in the Amazon basin," *Journal of hydrology* 183, 3 (1996), pp. 191 – 204.

⑯Karr J. D., Showers W. J., "Stable oxygen and hydrogen isotopic tracers in Amazon shelf waters during Amasseds," *Oceanologica acta* 25, 2 (2002), pp. 71 – 78.

⑰Pawellek F., Frauenstein F., and Veizer J., "Hydrochemistry and isotope geochemistry of the upper Danube River," *Geochimica et Cosmochimica Acta* 66, 21 (2002), pp. 3839 – 3853.

⑱Ryu J. S., Lee K. S., and Chang H. W., "Hydrogeochemical and isotopic investigations of the Han River basin, South Korea," *Journal of Hydrology* 345, 1 (2007), pp. 50 – 60.

2. 国内"大气降水线"研究进展

我国的氢氧稳定同位素研究起步较晚，但发展迅速，近年来的研究成果日益增多，发展前景广阔。20 世纪 80～90 年代，卫克勤等①、郑淑蕙等②首先开展我国氘氧、氚（T）同位素的研究，其中郑淑蕙等③得出中国现代大气降水线方程及与温度（t）的关系。刘进达等④得出截距和斜率略低于郑淑蕙的中国现代大气降水线方程（见表 2 - 7）。Liu Beiling 等⑤、马致远等⑥、孙佐辉⑦、陈建生等⑧、刘锋等⑨、高建飞等⑩、顾慰祖等⑪、赵良菊等⑫等学者分别研究了不同地区的中国现代大气降水线方程或地下水/地表水的氘氧关系（见表 2 - 7）。刘丹、刘世青⑬得出塔里木河下游浅层地下水盐分与氘盈余呈负相关，总的平均滞留时间约 46 年（T 定年研究得出）。顾慰

① 卫克勤、林瑞芬、王志祥等：《我国天然水中氚含量的分布特征》，《科学通报》1980 年第 10 期。
② 郑淑蕙、侯发高、倪葆龄：《我国大气降水的氢氧稳定同位素研究》，《科学通报》1983 年第 13 期。
③ 郑淑蕙、侯发高、倪葆龄：《我国大气降水的氢氧稳定同位素研究》，《科学通报》1983 年第 13 期。
④ 刘进达、赵迎昌：《中国大气降水稳定同位素时 - 空分布规律探讨》，《勘察科学技术》1997 年第 3 期；刘进达：《近十年来中国大气降水氚浓度变化趋势研究》，《勘察科学技术》2001 年第 4 期。
⑤ Liu Beiling, Phillips Fred, Hoines Susan, et al., "Water movement in desert soil traced by hydrogen and oxygen isotopes, chloride, and chlorine - 36, southern Arizona," Journal of Hydrology 168, 1 (1995), pp. 91 - 110.
⑥ 马致远：《平凉大气降水氢氧同位素环境效应》，《西北地质》1997 年第 1 期；马致远、高文义：《平凉大岔河隐伏岩溶水补给的环境同位素研究》，《西北地质》1997 年第 1 期；马致远、马蒂尔·亨德尔：《平凉隐伏岩溶水环境同位素研究》，《长安大学学报》（地球科学版）2003 年第 4 期；马致远、范基娇、苏艳等：《关中南部地下热水氢氧同位素组成的水文地质意义》，《地球科学与环境学报》2006 年第 1 期。
⑦ 孙佐辉：《黄河下游河南段水循环模式的同位素研究》，吉林大学博士学位论文，2003。
⑧ 陈建生、凡哲超、汪集旸等：《巴丹吉林沙漠湖泊及其下游地下水同位素分析》，《地球学报》2003 年第 6 期。
⑨ 刘锋、李延河、林建：《北京永定河流域地下水氢氧同位素研究及环境意义》，《地球学报》2008 年第 2 期。
⑩ 高建飞、丁睇平、罗绥荣等：《黄河水氢、氧同位素组成的空间变化特征及其环境意义》，《地质学报》2011 年第 4 期。
⑪ 顾慰祖、庞忠和、王全九等：《同位素水文学》，科学出版社，2011。
⑫ 赵良菊、尹力、肖洪浪等：《黑河源区水汽来源及地表径流组成的稳定同位素证据》，《科学通报》2011 年第 1 期。
⑬ 刘丹、刘世青：《应用环境同位素方法研究塔里木河下游浅层地下水》，《成都理工学院学报》1997 年第 3 期。

祖等[1]通过研究乌兰布和沙漠北部的地下水 $\delta^{18}O$、δD、T、$\delta^{13}C$、^{14}C，得出两类承压水的 4 个补给源、潜水的 3 个补给源。苏小四和林学钰[2]研究了包头平原、银川平原地区的地下水 $\delta^{18}O$、δD、T、^{14}C，探讨了研究区水循环模式及地下水的更新能力，指出距黄河源头越近，氢氧稳定同位素值低而 T 浓度大，河水同位素含量受蒸发、人类活动、水体混合影响。钱云平等[3]认为额济纳盆地深层地下水较浅层地下水氢氧稳定同位素含量相对偏负。张应华等[4]指出黑河河水（2000.08 ~ 2001.08）全年 $\delta^{18}O$ 平均值约为 -8‰，大气降水线斜率为 4.14，且春季、夏季斜率低于秋季、冬季，黄河源头、黑河流域降水和河水的 δD、$\delta^{18}O$ 变化受到蒸发分馏作用影响。丁贞玉[5]研究了石羊河流域及腾格里沙漠的地下水 δD 与 $\delta^{18}O$ 含量、张掖站降水同位素、Cl^- 浓度（低），得出过去湿润期降水对地下水的贡献大，$\delta^{18}O$ 与温度（t）的关系为 $\delta^{18}O = 0.593t - 12.59$。高永宝等[6]研究了祁漫塔格白干湖 - 戛勒赛钨锡矿带 δD 与 $\delta^{18}O$ 含量，得出 δD 介于 -75.5‰ ~ -42.8‰（郑永飞 2000 年岩浆水数据：-80‰ ~ -50‰），$\delta^{18}O$ 介于 4.02‰ ~ 6.32‰（同上：5‰ ~ 7‰），均显示岩浆水特性。

统计分析历年来我国各地大气降水线及蒸发线方程（见表 2 - 7），

[1] 顾慰祖、陆家驹、谢民等：《乌兰布和沙漠北部地下水资源的环境同位素探讨》，《水科学进展》2002 年第 3 期。

[2] 苏小四、林学钰：《包头平原地下水水循环模式及其可更新能力的同位素研究》，《吉林大学学报》（地球科学版）2003 年第 4 期；苏小四、林学钰：《银川平原地下水水循环模式及其可更新能力评价的同位素证据》，《资源科学》2004 年第 2 期。

[3] 钱云平、秦大军、庞忠和等：《黑河下游额济纳盆地深层地下水来源的探讨》，《水文地质工程地质》2006 年第 3 期。

[4] 张应华、仵彦卿：《黑河流域中上游地区降水中氢氧同位素与温度关系研究》，《干旱区地理》2007 年第 1 期；张应华、仵彦卿：《黑河流域大气降水水汽来源分析》，《干旱区地理》2008 年第 3 期；张应华、仵彦卿：《黑河流域中游盆地地下水补给机理分析》，《中国沙漠》2009 年第 2 期。

[5] 丁贞玉：《石羊河流域及腾格里沙漠地下水补给过程及演化规律》，兰州大学博士学位论文，2010。

[6] 高永宝、李文渊、张照伟：《祁漫塔格白干湖 - 戛勒赛钨锡矿带石英脉型矿石流体包裹体及氢氧同位素研究》，《岩石学报》2011 年第 6 期。

可以看出绝大多数地区降水线方程斜率 < 8，只有个别地区大气降水线斜率 > 10（厦门、卧龙巴郎山等），而蒸发线较地区降水线斜率更低，表征降水源地、输送路径、蒸发等对降水氢氧稳定同位素含量的影响。

表 2 - 7 历年主要研究文献中 $\delta D - \delta^{18} O$ 关系式

研究区		作者/出版年份	大气降水线方程	蒸发线
全球		Craig H. /1961	$\delta D = 8 \delta^{18} O + 10$	
		IAEA 委员会/郑淑蕙等 1983	$\delta D = 8.17 \delta^{18} O + 10.56$	
中国		郑淑蕙等/1983	$\delta D = 7.9 \delta^{18} O + 8.2$	
		刘进达等/1997	$\delta D = 7.74 \delta^{18} O + 6.48$	
		顾慰祖等/2011	$\delta D = 7.7 \delta^{18} O + 7.0$	
中国东南部			$\delta D = 7.5 \delta^{18} O + 5.4$	
中国中部			$\delta D = 8.0 \delta^{18} O + 9.2$	
中国西部			$\delta D = 8.0 \delta^{18} O + 9.2$	
西北地区		马致远等/1997a、b	$\delta D = 7.24 \delta^{18} O + 4.48$	
平凉地区			$\delta D = 7.412 \delta^{18} O + 1.29$	
关中		马致远等/2006	$\delta D = 7.85 \delta^{18} O + 12.94$	
黄河流域		Liu B. L. /1995	$\delta D = 4.66 \delta^{18} O - 22.75$	
		苏小四等/2003a[①]		
		高建飞等/2011	$\delta D = 6.7 \delta^{18} O - 5.96$	$\delta D = 5.69 \delta^{18} O - 15.51$
		张应华等/2008 9 ~ 2 月	$\delta D = 4.69 \delta^{18} O - 15.08$	
		3 ~ 8 月	$\delta D = 3.2 \delta^{18} O - 25.86$	
银川地区		陈浩/2007[②]	$\delta D = 6.48 \delta^{18} O - 7.06$	
		苏小四等/2004	$\delta D = 7.28 \delta^{18} O + 5.76$	$\delta D = 4.89 \delta^{18} O - 23.1$
包头地区		苏小四等/2003b	$\delta D = 6.79 \delta^{18} O + 2.06$	
黄淮海平原		刘存富等/1997[③]	$\delta D = 5.8 \delta^{18} O - 10.08$	$\delta D = 5.39 \delta^{18} O - 14.37$
鄂尔多斯盆地		苏小四等/2011[④]	$\delta D = 6.39 \delta^{18} O - 5.54$	
柴达木盆地	南缘	刘丹、刘世青/1997	$\delta D = 7.485 \delta^{18} O + 13.6$	$\delta D = 4.7 \delta^{18} O - 22.8$
	德令哈站	章新平/1996、2001[⑤]	$\delta D = 5.86 \delta^{18} O - 27.28$	
	西宁站		$\delta D = 6.96 \delta^{18} O - 30.19$	
河南省		孙佐辉/2003[⑥]	$\delta D = 7.9 \delta^{18} O + 9.48$	
北京永定河流域		刘锋等/2008		$\delta D = 5.8 \delta^{18} O - 14.9$
石羊河流域		丁贞玉/2010	$\delta D = 7.6 \delta^{18} O + 4.4$	
皖北矿区		桂和荣/2005[⑦]		$\delta D = 6.74 \delta^{18} O - 3.33$
巴丹吉林沙漠及其下游承压水		陈建生等/2003		$\delta D = 6.1 \delta^{18} O - 30.5$

续表

研究区		作者/出版年份	大气降水线方程	蒸发线
阿拉善高原		Geyh M. A.、顾慰祖 等/1998[8]	$\delta D = 8\delta^{18}O + 10$	
巴丹吉林沙漠	地下水	赵良菊等/2011		$\delta D = 4.509\delta^{18}O - 30.620$
附近地区				$\delta D = 4.856\delta^{18}O - 29.574$
黑河盆地				$\delta D = 6.634\delta^{18}O + 0.978$
黑河盆地河水				$\delta D = 6.202\delta^{18}O + 1.184$
黑河上游当地大气降水线			$\delta D = 7.839\delta^{18}O + 13.844$	
巴丹吉林沙漠和右旗降水线			$\delta D = 7.841\delta^{18}O + 4.767$	
厦门		蔡明刚等/2000[9]	$\delta D = 8.16\delta^{18}O + 10.68$	
罗布泊地区		常志勇等/2001[10]		$\delta D = 4.493\delta^{18}O - 31.707$
卧龙巴郎山		崔军等/2005[11]	$\delta D = 9.93\delta^{18}O + 26.07$	
崇陵流域		侯士彬等/2008[12]	$\delta D = 6.244\delta^{18}O - 7.158$	
荒草地				$\delta D = 3.177\delta^{18}O - 28.148$
刺槐林				$\delta D = 4.845\delta^{18}O - 14.793$
侧柏林				$\delta D = 4.852\delta^{18}O - 15.515$
石家庄站		李发东/2005	$\delta D = 6.54\delta^{18}O - 2.711$	

资料来源：①苏小四、林学钰、廖资生等：《黄河水 $\delta^{18}O$、δD 和 ^3H 的沿程变化特征及其影响因素研究》，《地球化学》2003 年第 4 期。

②陈浩：《内蒙李井灌区土壤水分运移及地下水氢氧稳定同位素特征研究》，中国海洋大学硕士学位论文，2007。

③刘存富、王佩仪、周炼：《河北平原地下水氢、氧、碳、氯同位素组成的环境意义》，《地学前缘》1997 年第 2 期。

④苏小四、吴春勇、董维红等：《鄂尔多斯沙漠高原白垩系地下水锶同位素的演化机理》，《成都理工大学学报》（自然科学版）2011 年第 3 期。

⑤章新平、姚檀栋：《青藏高原东北地区现代降水中 δD 与 $\delta^{18}O$ 的关系研究》，《冰川冻土》1996 年第 4 期；章新平、中尾正义、姚檀栋等：《青藏高原及其毗邻地区降水中稳定同位素成分的时空变化》，《中国科学》（D 辑：地球科学）2001 年第 5 期。

⑥孙佐辉：《黄河下游河南段水循环模式的同位素研究》，吉林大学博士学位论文，2003。

⑦桂和荣：《皖北矿区地下水水文地球化学特征及判别模式研究》，中国科学技术大学博士学位论文，2005。

⑧Geyh M. A.、顾慰祖、刘勇等：《阿拉善高原地下水的稳定同位素异常》，《水科学进展》1998 年第 4 期。

⑨蔡明刚、黄奕普、陈敏等：《厦门大气降水的氢氧同位素研究》，《台湾海峡》2000 年第 4 期。

⑩常志勇、齐万秋、赵振宏等：《同位素技术在罗布泊地区地下水勘查中的应用》，《新疆地质》2001 年第 3 期。

⑪崔军、安树青、徐振等：《卧龙巴郎山高山灌丛降雨和穿透水稳定性氢氧同位素特征研究》，《自然资源学报》2005 年第 4 期。

⑫侯士彬、宋献方、于静洁等：《太行山区典型植被下降水入渗的稳定同位素特征分析》，《资源科学》2008 年第 1 期。

（二）同位素效应

水循环中，组成水分子的 H 原子的同位素 ^1H、^2H、^3H 存在质量差，导致其理化性质差异，即为同位素效应。在水 - 气交换中，蒸发形成水汽时，轻同位素易于离开水面进入大气；凝结致雨时，轻同位素后降落，产生同位素分馏现象，如图 2 - 3 所示。田立德等[1]、王瑞久[2]、胡海英等[3]、苏小四等[4]、顾慰祖等[5]、高建飞等[6]介绍了大气降水同位素效应。

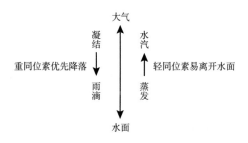

图 2 - 3　水循环中的同位素效应示意

影响大气降水中氢氧稳定同位素含量的因素包括（见图 2 - 4）：

由于不同研究区具有不同的气候、水文地质条件，该地区水体同位

① 田立德、姚檀栋、蒲健辰等：《拉萨夏季降水中稳定同位素变化特征》，《冰川冻土》1997 年第 4 期；田立德、姚檀栋、孙维贞等：《青藏高原中部水蒸发过程中的氧稳定同位素变化》，《冰川冻土》2000 年第 2 期。
② 王瑞久：《氧 - 18 的高程效应及其水文地质解释——以太原西山为例》，《工程勘察》1985 年第 1 期。
③ 胡海英、包为民、王涛等：《氢氧同位素在水文学领域中的应用》，《中国农村水利水电》2007 年第 5 期。
④ 苏小四、林学钰、廖资生等：《黄河水 $\delta^{18}O$、δD 和 ^3H 的沿程变化特征及其影响因素研究》，《地球化学》2003 年第 4 期。
⑤ 顾慰祖、庞忠和、王全九等：《同位素水文学》，科学出版社，2011。
⑥ 高建飞、丁睇平、罗续荣等：《黄河水氢、氧同位素组成的空间变化特征及其环境意义》，《地质学报》2011 年第 4 期。

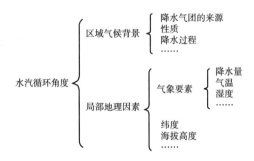

图 2 - 4 大气降水中氢氧稳定同位素含量的影响因素示意

素值显示多种同位素效应的影响（见表 2 - 8）。Zhang 等[1]对中国黄河与长江河口地区氧同位素比值进行了对比研究，得出二者的不同是受到了海洋 - 大陆效应、高度效应和不同水汽来源的影响；陈静生等[2]研究了海南岛河水中 δD 和 $\delta^{18}O$ 的分布，分析了其纬度效应、高度效应和山体屏蔽效应等；高志友等[3]发现四川稻城温泉水的 δD、$\delta^{18}O$ 值低于地表水或河水，且季节性变化非常明显，主要原因是夏季高山雪融水沿地表径流直接混入或由断层、断裂渗入温泉水，还有就是地下水深循环作用的影响；崔军等[4]得出卧龙巴郎山雨水的同位素值同时受到温度和雨量两种因素影响，同时在整个实验期间，这两种因素是交替起主导作用的；钱会等[5]研究了黄河支流都思兔河的 δD 和 $\delta^{18}O$ 组成沿程变化，表明其同位素比值变化受到了地下水补给和蒸发作用双重过程的影响。

---

[1] Zhang J. , Letolle R. , Martin J. M. , et al. , " Stable oxygen isotope distribution in the Huanghe (Yellow River) and the Changjiang (Yangtze River) estuarine systems," *Continental Shelf Research* 10, 4 (1990), pp. 369 - 384.

[2] 陈静生、陈梅：《海南岛河流主要离子化学特征和起源》，《热带地理》1992 年第 3 期。

[3] 高志友、尹观、范晓等：《四川稻城地热资源的分布特点及温泉水的同位素地球化学特征》，《矿物岩石地球化学通报》2004 年第 2 期。

[4] 崔军、安树青、徐振等：《卧龙巴郎山高山灌丛降雨和穿透水稳定性氢氧同位素特征研究》，《自然资源学报》2005 年第 4 期。

[5] 钱会、窦妍、李西建等：《都思兔河氢氧稳定同位素沿流程的变化及其对河水蒸发的指示》，《水文地质工程地质》2007 年第 1 期。

表 2 - 8　同位素效应规律及国内外部分研究成果

温度效应		地面气温↗,降水年均 δ 值↘
	主要研究成果	Dansgaard(1964,1984)、Yurtsever(1975):$\delta D = 5.6t - 100(‰)$,$\delta^{18}O = 0.695t - 13.6(‰)$,或 $\delta^{18}O = 0.52t - 14.96$。郑淑蕙等(1983)得出 $\delta D = 2.8t - 94.0(‰)$,$\delta^{18}O = 0.35t - 13.0(‰)$。Rozanski 等[1]、王恒纯[2]、孙继朝等[3]、蔡明刚等(2000)……得出正相关关系
纬度效应		纬度↗,δ 值↘。主要反应在温度随纬度变化上
	主要研究成果	王瑞久(1985a),北美大陆,约每差 1 纬度 $\delta^{18}O$ 值降低 0.5‰
高程效应		高程↗,δ 值↘
	主要研究成果	王瑞久[4]指出全球典型的 $\delta^{18}O$ 高程梯度为 - 0.15‰ ~ - 0.5‰/100m,Clark and Fritz[5]计算得出高程梯度为 - 0.13‰/100m,陈宗宇等[6]得出全球降水 $\delta^{18}O$ 的平均高程梯度为 - 0.25‰/100m,文蓉等[7]结果显示 - 0.15‰/100m。邵益生[8]、马致远(1997b)、刘存富等(1997)[9]、苏小四等(2003b)、林云等(2007)、巩同梁等[10]、黄冠星等[11]、高晶等[12]、丁宏伟等[13]……得出地下水补给高程、补给来源,地下水埋深增加 T 降低,δD 和 $\delta^{18}O$ 偏负、^{14}C 年龄越老
陆地效应		随着远离海岸线,δ 值↘。主要原因是扩散速度不同($H_2^{16}O > H^{16}DO > H_2^{18}O$)
	主要研究成果	Sonntag C.[14]得出 $\delta^{18}O$ 和 δD 梯度分别为 - 0.33‰/100m 和 - 2.4‰/100m。王恒纯(1991)、孙继朝等(1998)、黄冠星等(2007)……东部(河北平原)到西部(塔里木盆地),大气降水线方程斜率、截距↗。刘进达等(1997)研究我国大气降水的来源(东南、西南海域海水蒸发),得出 $\delta^{18}O$、δD 南高北低
降水量效应		月平均降水量↗,δ 值↘
	主要研究成果	刘进达等(1997)、蔡明刚等(2000)、高晶等(2008,2009)、侯士彬等(2008)[15]……得出降水 δD - $\delta^{18}O$ 值、降雨量呈反相关

资料来源:①Rozanski K., Luis Araguás - Araguás, Gonfiabtini R., "Isotopic patterns in modern global precipitation," *In*: *Continental isotope indicators of climate*, *American geophysical union monograph* (1993)。

②王恒纯:《同位素水文地质概论》,地质出版社,1991。

③孙继朝、贾秀梅:《地下水年代学研究》,《中国地质科学院院报》1998 年第 4 期。

④王瑞久:《氧 - 18 的高程效应及其水文地质解释——以太原西山为例》,《工程勘察》1985 年第 1 期;王瑞久:《太原西山的同位素水文地质》,《地质学报》1985 年第 4 期。

⑤Clark I. D., Fritz P., Quinn O. P., et al., "Modern and fossil groundwater in an arid environment, A look at the hydrogeology of Southern Oman," *Use of stable isotopes in water resources development*, *Vienna*: *IAEA* (1987), pp. 167 - 187。

⑥陈宗宇、万力、聂振龙等:《利用稳定同位素识别黑河流域地下水的补给来源》,《水文地质工程地质》2006 年第 6 期。

⑦文蓉、田立德、翁永标等:《喜马拉雅山南坡降水与河水中 $\delta^{18}O$ 高程效应》,《科学通报》

2012 年第 12 期。

⑧邵益生：《内蒙古呼和浩特盆地地下水的环境同位素地球化学》，《工程勘察》1989 年第 4 期。

⑨刘存富、王佩仪、周炼：《河北平原地下水氢、氧、碳、氯同位素组成的环境意义》，《地学前缘》1997 年第 2 期。

⑩巩同梁、田立德、刘东年等：《羊卓雍错流域湖水稳定同位素循环过程研究》，《冰川冻土》2007 年第 6 期。

⑪黄冠星、孙继朝：《中国北方平原盆地地下水氢氧同位素组成特征》，《地下水》2007 年第 4 期。

⑫高晶、田立德、刘勇勤等：《羊卓雍错流域湖水氧稳定同位素空间分布特征》，《冰川冻土》2008 年第 2 期；高晶、田立德、刘勇勤等：《青藏高原南部羊卓雍错流域稳定同位素水文循环研究》，《科学通报》2009 年第 15 期。

⑬丁宏伟、姚吉禄、何江海：《张掖市地下水位上升区环境同位素特征及补给来源分析》，《干旱区地理》2009 年第 1 期。

⑭Sonntag C.，Klitzsch E.，Löhnert E. P.，et al. "Palaeoclimatic information from deuterium and oxygen - 18 in carbon - 14 dated north Saharian groundwaters: groundwater formation in the past," *Proceedings Series-International Atomic Energy Agency* (*IAEA*)，(1979).

⑮侯士彬、宋献方、于静洁等：《太行山区典型植被下降水入渗的稳定同位素特征分析》，《资源科学》2008 年第 1 期。

（三）d 盈余

Dansgaard W.[1] 引入 "d 盈余"（氘过量参数）概念，即 $d = \delta D - 8\delta^{18}O$。d 值大小相当于全球大气降水线（$\delta D = 8\delta^{18}O + 10$）斜率为 8 时的截距值，不同地区 d 值不同。降水云团来源不同，$\delta^{18}O$ 和 δD 不同，反应在 d 值上则可判断水汽来源等；同理，d 值亦可表征同位素分馏程度及蒸发速率等。学者们研究了影响 d 值的因素：（1）海水表面温度、相对湿度和水汽来源影响 d 值斜率，随海洋表面温度的增加而海洋上空水汽 d 盈余增加约 $+0.35‰/1℃$，即地下水低温时低 d 盈余；随相对湿度的增加而降低约 $-0.43‰/1\%$，即古地下水中低的 d 盈余与高的相对湿度相对应。[2]

① Dansgaard W.，Johnsen S.，Clausen H.，et al.，"North Atlantic climatic oscillations revealed by deep Greenland ice cores," *Geophysical Monograph Series* 29 (1984)，pp. 288 - 298.

② Johnsen S. J.，Dansgaard W.，and White J. W. C.，"The origin of Arctic precipitation under present and glacial conditions," *Tellus B* 41，4 (1989)，pp. 452 - 468；Rozanski K.，"Deuterium and oxygen - 18 in European groundwaters—links to atmospheric circulation in the past," *Chemical Geology: Isotope Geoscience section* 52，3 (1985)，pp. 349 - 363.

（2）受季风气候影响。[1] 反映在不同季风期的水汽来源不同。（3）水的三相变化中，温度不同导致溶解速度不同，继而影响 $\delta^{18}O$ 和 δD 分馏程度。[2]（4）d 盈余特征可反映气团形成时的水汽平衡、热力条件，形成降水时的气候条件等。国内外 d 盈余部分研究成果见表 2-9。

表 2-9 国内外 d 盈余部分研究成果

主要结论			出版年份	作者
气候干旱、蒸发速率大、风速大，d 值增大			1994	卫克勤等
气团形成越快，d 值越大			1997	刘进达等
降水云气形成过程中，气-液两相同位素	<10	蒸发作用影响	胡海英等，2007；马妮娜等，2008b[1]
	d 值>10	不平衡分馏	
d 值越大，蒸发速率越大			1983	郑淑蕙等
d 值：冬季风期 > 夏季风期				郑淑蕙，1983；卫克勤，1994
相对融雪量大，d 值低；反之亦然			2004	尹观等
冰雪溶融速度快，d 值低；反之亦然				
d 盈余和 T 含量——冬季 > 夏季				
水汽输送过程	先前的降水：富集重同位素		Siegenthaler，1980[2]；Ingraham and Matthews，1995[3]；Yurtsever，1975；Fritz，1987	
	后形成的降水：δD、$\delta^{18}O$ 逐渐偏负			
降水 $\delta D - \delta^{18}O$ 之间产生差值	动力分馏效应	蒸发作用	2011	赵良菊等
蒸发过程缓慢，d 值低			2000	蔡明刚等
$\delta^{18}O$ 富集，δD 变化小，则 d 值降低		水岩交换作用	2004	尹观等

资料来源：①胡海英、包为民、王涛等：《氢氧同位素在水文学领域中的应用》，《中国农村水利水电》2007 年第 5 期；马妮娜、杨小平：《巴丹吉林沙漠及其东南边缘地区水化学和环境同位素特征及其水文学意义》，《第四纪研究》2008 年第 4 期。

②Siegenthaler U. , Oeschger H. , "Correlation of ^{18}O in precipitation with temperature and altitudes," *Nature* 285 （1980）, pp. 314 - 318.

③Ingraham N. L. , Matthews R. A. , "The importance of fog-drip water to vegetation: Point Reyes Peninsula, California," *Journal of Hydrology* 164 , 1 （1995）, pp. 269 - 285.

---

① 卫克勤、林瑞芬：《论季风气候对我国雨水同位素组成的影响》，《地球化学》1994 年第 1 期；郑淑蕙、侯发高、倪葆龄：《我国大气降水的氢氧稳定同位素研究》，《科学通报》1983 年第 13 期；尹观、倪师军、范晓等：《冰雪溶融的同位素效应及氚过量参数演化——以四川稻城水体同位素为例》，《地球学报》2004 年第 2 期。

② 尹观、倪师军、范晓等：《冰雪溶融的同位素效应及氚过量参数演化——以四川稻城水体同位素为例》，《地球学报》2004 年第 2 期。

三 国内外研究进展：氢氧稳定同位素定年研究

库萨卡波等（1970）提出，特罗纳等（1975）简化，根据氢氧稳定同位素含量推测地下水在含水层中的停留时间。计算公式如下[①]：

$$\alpha = A/a = (1 + 4\pi^2 t^2)/(2\pi t - e^{-0.25/t}) \qquad (2-5)$$

式中：α——衰减系数；A——大气降水信号；a——井内或泉上产生的信号；t——水在含水层的停留时间。

国内外氢氧稳定同位素定年部分研究成果见表2-10。

表2-10　国内外 δD 和 $\delta^{18}O$ 定年部分研究成果

作者	出版年份	主要学术观点	
Clayton[①]	1966	卤水——更新世冰川时期的降水——伊利诺斯、密执安、阿尔伯塔盆地和墨西哥湾沿岸	
Craig H[②]	1966	卤水来源——红海中部裂谷	
Blavoux B[③]	1978	大气降水补给地下水——法国 Versoie——停留时间 1.2 年	
程汝楠[④]	1988	禹城地区 20m	上部	大气降水、河水补给地下水
			下部	古降水补给地下水
刘存富等	1997	更新世－全新世，气候变暖	
陈建生等[⑤]	2004a、2004b、2004c、2006	祁连山冰川融水补给地下水——巴丹吉林沙漠	
黄冠星等	2007	浅层地下水的 δ > 深层地下水的 δ——北方平原，深层地下水——寒冷期古水	
刘锋等	2008	回灌、大气降水、侧渗等补给地下水——永定河	

资料来源：①Clayton R. N., Friedman I., Graf D. L., et al., "The origin of saline formation waters: 1. Isotopic composition," *Journal of Geophysical Research* 71, 16 (1966), pp. 3869–3882.

②Craig H., "Isotope composition and origin of the Red Sea and Salton Sea geothermal brines," *Science* 154, 3756 (1966), pp. 1544–1548.

③Blavoux B., "Etude du cycle de l'eau au moyen de l'oxygène 18 et du tritium: possibilités et limites de la méthode des isotopes du milieu en hydrologie de la zone tempérée" (1978).

④程汝楠：《应用天然同位素示踪水量转换：水量转换——实验与计算分析》，科学出版社，1988。

⑤陈建生、汪集旸、赵霞：《用同位素方法研究额济纳盆地承压含水层地下水的补给》，《地质评论》2004 年第 6 期；Chen Jiansheng, Li Ling, Wang Jiyang, et al., "Groundwater maintains dune landscape," *Nature* 432 (2004b), pp. 459–460；陈建生、赵霞、汪集旸等：《巴丹吉林沙漠湖泊钙华与根状结核的发现对研究湖泊水补给的意义》，《中国岩溶》2004 年第 4 期；陈建生、赵霞、盛雪芬：《巴丹吉林沙漠湖泊群与沙山形成机制研究》，《科学通报》2006 年第 23 期。

---

① 王恒纯：《同位素水文地质概论》，地质出版社，1991。

四　国内外研究进展：荒漠化防治及沙产业

（一）国内外"荒漠化及其防治"研究进展

1. 国外"荒漠化及其防治"研究进展

1949 年 A. Aubreville（法国植物学家、生态学家）在其著作《热带非洲的气候、森林和荒漠化》中最早提出"荒漠化"（desertification）的概念。[①] 1968 年 Montgolfier-Kouevi C. D. 和 Houerou H. N. L.（法国植物学家、草场学家）在《非洲种植园的经济可行性研究》一文中对荒漠化（desertization）进行了定义。[②] 这两个学术名词在当时都未得到学术界的广泛认同。在之后的研究中，Sherbrooke 和 Paylor[③]、Rapp 等[④]、Le Houerou[⑤]、Novikoff[⑥] 等学者在众多文献中都对荒漠化的定义及其现象进行了阐述。联合国环境规划署则采用 Rapp 的定义来描述荒漠化[⑦]；肯尼亚联合国荒漠化大会（1977）、联合国粮农组织和环境规划署（1984）、联合国环境规划署（1991）、联合国环境和发展大会（1992 年 6 月）先后对荒漠化的定义进行了修订和补充，但学术界就荒漠化及其定义问题仍存在很大的分歧，一般使用的是《联合国防治荒漠化公约》

---

① Aubréville A., "Climats, forêts et désertification de l'Afrique tropicale" (1949).

② Montgolfier-Kouevi C. D., Houerou H. N. L., "Study on the economic viability of browse plantations in Africa," *Ussr Computational Mathematics & Mathematical Physics* 8, 1 (1968), pp. 307 –315.

③ Sherbrooke W. C. and Paylore P., "World Desertification: Cause and Effect, Arid Lands Resource Information Paper No. 3", Tucson: University of Arizona (1973).

④ Rapp A., Le Houérou H. N., and Lundholm, B., "A Review of Desertization in Africa: water, vegetation and man," *Stockholm, Secretariat for International Ecology* (1976).

⑤ Houerou H. N. Le., "Biological Recovery Versus Desertization," *Economic Geography* 53, 4 (1977), pp. 413.

⑥ Novikoff George, "Desertification by Overgrazing," *ambio* 12, 2 (1983), pp. 102 –105.

⑦ Rapp A., Le Houérou H. N., and Lundholm, B., "A Review of Desertization in Africa: water, vegetation and man," *Stockholm, Secretariat for International Ecology* (1976)；杨晓晖：《半干旱农牧交错区土地荒漠化成因与荒漠化状况评价——以内蒙古伊金霍洛旗为例》，北京林业大学博士学位论文，2000。

（1994）中的定义，即"包括气候变异和人类活动在内的种种因素造成的干旱、半干旱和干燥的亚湿润地区（湿润指数 0.05 ~ 0.65）的土地退化现象和过程"①，主要表现为土地沙漠化、盐碱化、水土流失、草原退化和土壤贫瘠化②。

近年来，国外众多学者就荒漠化问题及防治进行了大量研究。Kardoh M. B. K.③研究了坦桑尼亚荒漠化的原因，并进行了过去和现在的反荒漠化计划阐述。Kassas M.④以叙利亚及美国干旱地区一个实例为例研究了荒漠化及对全球干旱地区的威胁。Reynolds J. F. 等⑤研究了全球干旱地区面临的各种问题，提出在干旱地区更应该关注土地退化、贫困、保护生物多样性。Abahussain A. A. 等⑥研究了阿拉伯地区荒漠化问题及产生的原因，并提出荒漠化防治的措施。Portnov B. A. 等⑦研究了以色列内盖夫地区荒漠化问题及未来发展的两个策略。Glantz M. H. 等⑧、Darkoh M. B. K.⑨、Portnov B. A. 等⑩、Thomas R.

① 李锋：《全球气候变化与我国荒漠化监测的关系》，《干旱区资源与环境》1993 年第 3 期。
② 张殿发、卞建民：《中国北方农牧交错区土地荒漠化的环境脆弱性机制分析》，《干旱区地理》2000 年第 2 期。
③ Kardoh M. B. K., *The United Republic of Tanzania* (Beijing Foreign Studies University, 1976).
④ Kassas M., "Desertification: a general review," *Journal of Arid Environments* 30, 2 (1995), pp. 115 – 128.
⑤ Reynolds J. F., Virginia R. A., and Schlesinger W. H., "Defining functional types for models of desertification," *In: Smith T M, H H Shugart & F I Woodword. (eds.) Plant functional types: their relevance to ecosystem properties and global change. Cambridge UK: Cambridge University Press* (1997), pp. 195 – 216.
⑥ Abahussain A. A., Abdu A. S., Al-Zubari W. K., et al., "Desertification in the Arab Region: analysis of current status and trends," *Journal of Arid Environments* 51, 4 (2002), pp. 521 – 545.
⑦ Portnov B. A., Safriel U. N., "Combating desertification in the Negev: dryland agriculture vs. dryland urbanization," *Journal of Arid Environments* 56, 4 (2004), pp. 659 – 680.
⑧ Glantz M. H., Orlovsky N., "Desertification," *Springer US* (1987).
⑨ Darkoh M. B. K., "The nature, causes and consequences of desertification in the drylands of Africa," *Land Degradation & Development* 9, 1 (1998), pp. 1 – 20.
⑩ Portnov B. A., Safriel U. N., "Combating desertification in the Negev: dryland agriculture vs. dryland urbanization," *Journal of Arid Environments* 56, 4 (2004), pp. 659 – 680.

J. 等①、Preger A. C. 等②、Amiraslani F. 等③、Zentaro Furukawa 等④、Zhou N. 等⑤学者研究了全球干旱地区荒漠化问题、形成原因及荒漠化防治措施、土地退化和荒漠化的监测与评估方法等。

2. 国内"荒漠化及其防治"研究进展

我国对荒漠化问题的研究起步较晚。1941 年，葛绥成明确提出了"沙漠化"概念并论述了其成因。⑥ 直到 20 世纪 90 年代国内才逐步注重荒漠化研究。刘德才⑦、何绍芬⑧、杨红文等⑨、林年丰⑩、刘虎祥和哈莉⑪、刘毅华和董玉祥⑫、张宏和慈龙骏⑬、袁志梅和吴霞芬⑭、王秀红等⑮、

① Thomas R. J., Turkelboom, F., An Integrated Livelihoods – based Approach to Combat Desertification in Marginal Drylands. The Future of Drylands（2009）.

② Preger A. C., et al., "Carbon sequestration in secondary pasture soils: a chronosequence study in the South African Highveld," *european journal of soil science* 61, 4 （2010）, pp. 551 – 562.

③ Amiraslani F., Dragovich D., "Combating desertification in Iran over the last 50 years: An overview of changing approaches," *Journal of Environmental Management* 92, 1 （2011）, pp. 1 – 13.

④ Zentaro Furukawa, Noriyuki Yasufuku, and Ren Kameoka, "A study on effects and functions of developed Greening Soil Materials（GSM）for combating desertification," *Japanese Geotechnical Society Special Publication* 2, 56 （2016）, pp. 1928 – 1933.

⑤ Zhou N., Wang Y., Lei J., et al., "Determination of the status of desertification in the capital of mauritania and development of a strategy for combating it," *Journal of Resources and Ecology* （2018）.

⑥ 葛绥成：《中国北方气候干燥及沙漠扩大之研究》，《正官报史地》，1941，9 月 3 日～10 月 1 日。

⑦ 刘德才：《关于沙漠与气候情况简介》，《新疆气象》1986 年第 3 期。

⑧ 何绍芬：《荒漠化、沙漠化定义的内涵、外延及在我国的实质内容》，《内蒙古林业科技》1997 年第 1 期。

⑨ 杨红文、张登山、张永秀：《青海高寒区土地荒漠化及其防治》，《中国沙漠》1997 年第 2 期。

⑩ 林年丰：《第四纪地质环境的人工再造作用与土地荒漠化》，《第四纪研究》1998 年第 2 期。

⑪ 刘虎祥、哈莉：《荒漠化地区在我国环境、经济、社会发展中的地位和作用》，《内蒙古林业科技》1998 年第 3 期。

⑫ 刘毅华、董玉祥：《刍议我国的荒漠化与可持续发展》，《中国沙漠》1999 年第 1 期。

⑬ 张宏、慈龙骏：《对荒漠化几个理论问题的初步探讨》，《地理科学》1999 年第 5 期。

⑭ 袁志梅、吴霞芬：《荒漠化——我国国土整治中重要的环境问题》，《中国地质》2000 年第 7 期。

⑮ 王秀红、何书金、张镱锂等：《基于因子分析的中国西部土地利用程度分区》，《地理研究》2001 年第 6 期。

刘辉①、张骏等②、李林和王振宇③、苏军红④、董得红⑤、葛肖虹等⑥、
蒋志荣等⑦、崔向慧和卢琦⑧、彭华等⑨、游宇驰等⑩等学者都对荒漠化
或沙漠化的概念进行了研究，探讨了我国或典型荒漠化地区的荒漠化现状、
成因及防治措施，深入分析了典型区域荒漠化的变化趋势及水资源问题等。

自 20 世纪 90 年代，我国的荒漠化防治工作开始逐步开展，并形成
一定的理论成果。荒漠化防治必须将提高经济效益与保护生态环境结合
起来，利用先进的科技有序合理地恢复荒漠植被，依托国家及地区重大
工程，因地制宜地进行综合治理。郑度等⑪从全球环境研究角度，论述
了中国东部湿润、半湿润地区土地退化及其危害和开展中国东部地区土
地退化研究的必要性和可行性，并提出了点面结合的初步研究设想。赵
博光⑫介绍了我国荒漠有毒灌草的资源状况，以及其生物学、生态学和
固沙机制及综合开发利用的成果，提出了培育和综合利用荒漠有毒灌草
资源防治荒漠化的建议。杨有林和卢琦⑬就亚洲和非洲地区的特点，防
治荒漠化和减缓灾害的能力、限制因素、经验等方面进行了比较和分

---

① 刘辉：《以色列防治荒漠化的措施》，《全球科技经济瞭望》2001 年第 12 期。
② 张骏、曾金华、孙亚乔等：《柴达木盆地土地荒漠化成因分析》，中国西北部重大工程地
  质问题论坛，2002。
③ 李林、王振宇：《环青海湖地区气候变化及其对荒漠化的影响》，《高原气象》2002 年第 1 期。
④ 苏军红：《柴达木盆地荒漠化及生态保护与建设》，《青海师范大学学报》（自然科学版）
  2003 年第 2 期。
⑤ 董得红：《青海省荒漠化现状及治理对策》，《青海环境》2003 年第 2 期。
⑥ 葛肖虹、任收麦：《中国西部治理沙漠化的战略思考与建议》，《第四纪研究》2005 年第 4 期。
⑦ 蒋志荣、安力、柴成武：《民勤县荒漠化影响因素定量分析》，《中国沙漠》2008 年第 1 期。
⑧ 崔向慧、卢琦：《中国荒漠化防治标准化发展现状与展望》，《干旱区研究》2012 年第 5 期。
⑨ 彭华、闫罗彬、陈智等：《中国南方湿润区红层荒漠化问题》，《地理学报》2015 年第 11 期。
⑩ 游宇驰、李志威、黄草等：《1990—2016 年若尔盖高原荒漠化时空变化分析》，《生态环
  境学报》2017 年第 10 期。
⑪ 郑度、卢金发：《重视和加强中国东部地区土地退化整治研究》，《地球科学进展》1994
  年第 5 期。
⑫ 赵博光：《荒漠有毒灌草资源的培育及综合利用——防治荒漠化的新思路》，《南京林业大
  学学报》（自然科学版）1998 年第 2 期。
⑬ 杨有林、卢琦：《浅析亚非防治荒漠化合作框架的可行性与现实意义》，《世界林业研究》
  2000 年第 3 期。

析，提出应加强亚非在国家、次区域、区域层次和国际层次的合作，以达到亚非协调防治荒漠化和减缓干旱灾害的目的。王丛虎和白建华[1]认为我国在荒漠化治理方面应抓紧体制创新，完善运行机制，健全法制，优化政策，真正搞好荒漠化治理。王计平等[2]选取黄河中游区无定河流域为对象，综合运用 GIS 分析技术、土地利用动态分析方法与模型进行研究，认为研究区生态恢复以大规模治理沙荒地及未利用地、恢复林草地景观为主要形式，加之退耕还林还草工程实施与推进，耕地转出明显，林、草地新增明显。李伟[3]以湖素汰小流域项目为例，针对区域荒漠化现状，提出相应生物防治措施。近年来，我国有关荒漠化防治的主要研究成果见表 2 - 11。

表 2 - 11　近年来我国荒漠化防治的主要研究成果

发表时间	主要作者
1990~1995	周大平、张伟民、郑度、候宝昆、段强、王家祥等
1996~2000	刘淑珍、李新、朱震达、李述刚、侣文、高敏华、赵博光、许晓鸿、康梅苪、布仁、邹元生、高永、张爱国、裴善文、沈渭寿、刘毅华、韩永荣、韩光辉、刘渠华、樊胜岳、王涛、曲格平、王礼先、李纯英、杨有林、吕嘉、卢琦、张幼军、田亚平、李志伟、王礼先、慈龙骏、杜德鱼等
2001~2005	邹立杰、杨通学、宋宗水、王秀红、邵建斌、王彬辉、康晓达、刘力群、侯翠花、朱春玉、铁铮、郭宏忠、刘明轩、赵廷宁、王慧文、陈克毅、樊胜岳、刘树林、宋乃平、董峻、刘飞、王伟、付广军、叶敬忠、刘丽涵、王丛虎等
2006~2010	于永、李振山、马永欢、姜妮、郭慧敏、苏萍、张利明、包庆丰、王丛霞、蔡亚林、吴成亮、鲁泉、白建华、张克斌、张晰、阿布都热西提、于文轩、刘拓、代卫川、姜明、潘红星、杨艳昭、吕志祥、孙英兰、刘志、闻立军、杨思全、阿力木江·牙生、于庆华、贾治邦、陈德敏、赵江涛等
2011~今	杨立华、王丛霞、文梅、林琼、黄月艳、崔琰、周海粟、陈柳、张浩、田红卫、郑婷、耿国彪、杨朝兴、杨华华、樊胜岳、李京珍、沈志新、李红玉、姚芳莉、李长久、马乾坤、王晓君、朱海娟、任又成、白万全、储小院、聂强、李伟、谢增武等

① 王丛虎、白建华：《我国荒漠化治理中的问题及对策建议》，《天津行政学院学报》2005年第4期。
② 王计平、程复、汪亚峰等：《生态恢复背景下无定河流域土地利用时空变化》，《水土保持通报》2014年第5期。
③ 李伟：《结合实践探讨防止荒漠化的生物防治措施》，《价值工程》2015年第31期。

（二）国内"沙产业"研究进展

我国著名科学家钱学森院士于 1984 年提出了第六次产业革命的思想，并在其著作《创建农业型的知识密集产业——农业、林业、草业、海业、沙业》中提出沙业产业在我国发展的建议，并给出了沙产业的概念，经过试点研究、实践，使得沙产业的概念、理论、模式不断发展和丰富。在沙漠和戈壁地区，充分利用现代生物科学成果，加之水利工程、材料技术、计算机自动控制等前沿高新技术，形成新的农工贸一体化的生产基地，就是尖端技术的沙产业、大农业。钱学森于 1998 年 4 月写给刘恕的信中提到"沙产业实际上是未来农业，高科技农业，服务于未来世界的农业"。[①] 沙产业的发展理念是"多采光、少用水、新技术、高效益"。[②] 宋平、刘恕等就钱学森提出的沙产业给予了一定解释。刘世增等[③]提出沙产业的外延就是要把种植收获的植物产品和二次转化产品，开发成多用途的农业型或非农业型产品（包括系列化工产品体系）。张雪萍等[④]、陶明等[⑤]提出沙产业不仅具有治沙功能（沙漠化防治），还具有致富功能（商品生产创造价值）和再生功能（可持续发展的生产）。沙产业是一个跨地区、跨行业、跨学科、与相关产业相互交叉的产业。

---

① 钱学森：《创建农业型的知识密集产业——农业、林业、草业、海业和沙业》，《农业现代化研究》1984 年第 5 期；钱学森：《运用现代科学技术实现第六次产业革命——钱学森关于发展农村经济的四封信》，《中国生态农业学报》1994 年第 3 期；钱学森：《发展沙产业，开发大沙漠》，《学会》1995 年第 6 期；中国国土经济学会沙产业专业委员会、鄂尔多斯市恩格贝生态示范区管委会编《钱学森论述沙产业》，2011。

② 钱学森：《创建农业型的知识密集产业——农业、林业、草业、海业和沙业》，《农业现代化研究》1984 年第 5 期；钱学森：《运用现代科学技术实现第六次产业革命——钱学森关于发展农村经济的四封信》，《中国生态农业学报》1994 年第 3 期；钱学森：《发展沙产业，开发大沙漠》，《学会》1995 年第 6 期；中国国土经济学会沙产业专业委员会、鄂尔多斯市恩格贝生态示范区管委会编《钱学森论述沙产业》，2011。

③ 刘世增、李银科、吴春荣：《沙产业理论在甘肃的实践与发展》，《中国沙漠》2011 年第 6 期。

④ 张雪萍、曹慧聪、周海瑛：《沙地资源管理理论探析》，《经济地理》2003 年第 6 期。

⑤ 陶明、黄高宝：《沙产业理论的学科基础和前景》，《科技导报》2009 年第 8 期；陶明、黄高宝：《沙产业理论体系构建初探》，《中国沙漠》2009 年第 3 期。

常兆丰①阐述了沙产业的基本属性，其主要包括四点。一是沙产业是利用沙漠、戈壁的土地资源和光热资源的产业。考察是不是属于沙产业，应该以资源的类型及其利用方式为标准，而不是以产品的形态为标准。二是沙产业是农业种植业－养殖业－林业等结合的农工贸一体化产业相结合的、生态－经济型产业组合。三是沙产业技术是一套完全不同于现代农业技术的集科学技术、工程技术、生物技术等为一体的知识密集型产业。四是沙产业是资源保护型产业、节水型产业，实现对沙漠资源的利用性保护。

发展沙产业的技术路径有两个切入方向②：一是利用现代工程技术，构建人工气候环境；二是利用现代生物技术，即将优良的生物品种种植在构建的人工环境中，利用植物的光合作用及先进的科学技术，改变植物的生长环境和植物的遗传基因特性，从而增加植物的产出率或缩短植物的生长周期，使其真正成为高效、环保的知识密集产业类型。

需要区别的一个概念就是砂产业与沙产业。钱学森提出，地理学界提议的河床砂资源开采最好不称砂产业，可称砂业，以示与沙产业的区别。③

综上所述，沙产业就是在荒漠化治理（防沙治沙）的基础上，在"不毛之地"利用先进的科学技术、工程技术、生物技术等，发展农－工－贸一体化的大农业型产业，是知识密集型的产业，具有高产值、高效益、高品质的未来农业。其主要包括利用沙漠地区丰富的光热资源发展光伏产业及阳光大棚种植产业，沙生药材种植产业，微藻类新兴沙产

---

① 常兆丰：《试论沙产业的基本属性及其发展条件》，《中国国土资源经济》2008 年第11 期。
② 中国国土经济学会沙产业专业委员会、鄂尔多斯市恩格贝生态示范区管委会编《钱学森论述沙产业》，2011。
③ 中国国土经济学会沙产业专业委员会、鄂尔多斯市恩格贝生态示范区管委会编《钱学森论述沙产业》，2011。

业，种植、养殖、林业、草业等相结合的生态循环产业链等。沙产业的外延就是要把种植收获的植物产品和二次转化产品，开发成多用途的农业型或非农业型产品（包括系列化工产品体系）。①

五　国内外研究进展：地质旅游

（一）国外研究进展

世界范围内现已建立了多个不同类型的地质公园，以期保护现存的、珍贵的、不可再生的地质遗迹。国内外众多地质公园在保护珍贵地质遗迹的同时，依托地质遗迹资源助推区域旅游业的发展，进而推动当地经济社会的快速发展和人民生活水平的提高。但国内外对于地质公园的建设，在理论研究和实践领域都正处于探索阶段，尚未形成系统的、完整的、规范的模式。

1872 年，美国建立了黄石国家公园（Yellowstone National Park），是世界上第一个国家公园，主要是为了保护黄石火山自然景观②，属典型的地质公园。随后，世界各地多个国家和地区（如加拿大、英国、中国）陆续建立了面积不一、类型多样的地质公园，这些都属于珍贵的世界遗产。自 20 世纪 50 年代至 90 年代，联合国教科文组织（UNESCO）开始实施全球协调行动，切实保护全球地质遗产。自此，全世界各国及地区积极响应保护地质资源的行动计划，纷纷建立世界级、国家级、省级等不同级别的地质遗迹保护区。1999 年之后，国内外开始越来越广泛地使用学术术语"地质公园"和"世界地质公园（National Geopark）"。1972 ~ 2000 年国外的主要研究成果见表 2 - 12。2004 年 2 月，联合国教科文组织地球科学部的地质公园专家组审查了

---

① 刘世增、李银科、吴春荣：《沙产业理论在甘肃的实践与发展》，《中国沙漠》2011 年第 6 期。

② 李涛：《常山国家地质公园地貌科学研究——芙蓉峡 - 三衢山地貌的演化》，上海师范大学硕士学位论文，2007。

首批世界地质公园，公布了 25 个世界地质公园，其中 8 个来自中国。截至 2018 年 4 月，全球已有 140 处世界地质公园，其中中国 37 处（见表 2 - 13），约占全球的 1/4。

表 2 - 12　1972～2001 年国外关于地质公园研究的部分成果

组织/机构	时间	主要内容	参考文献
联合国教科文组织	1972 年	（1）通过了《世界自然文化遗产保护公约》（2）建立了世界自然文化遗产保护委员会（3）设置基金并出版了《世界自然文化遗产名录》（4）纳入一批含重要地质遗迹的公园、名胜	陈从喜 2004[①]
第 28 届国际地质大会,华盛顿	1989 年	（1）建立了"全球地质及古生物遗址名录"计划（2）选择适当的地质遗址纳入"世界遗产地的候选名录"	李淳 2007
第 30 届国际地质大会,北京	1996 年 8 月	（1）建立欧洲地质公园,由法国的马丁尼（Guy Martini）和希腊的佐罗斯（Nickolus Zoulos）提议（2）强调"以发展地质旅游开发来促进地质遗迹保护,以地质遗迹保护来支持地质旅游开发"（3）设想把欧洲的地质公园组合成一个整体	赵汀 2003[②]; 龚明权 2006[③]
第 156 次联合国教科文组织执行局会议	1999 年 3 月	（1）正式通过了"世界地质公园计划（UNESCO Geopark Programme）"的议程（2）提出筹建"全球地质公园网"的倡议	
联合国教科文组织	1999 年	（1）创立专业术语——地质公园（Geopark）（2）正式提出"创建具独特地质特征的地质遗址全球网络,将重要地质环境作为各地区可持续发展战略不可分割的一部分予以保护"的地质公园计划	
	2000 年 6 月	欧盟推动下,欧洲地质公园正式建立,共有 10 个成员	
第一届欧洲地质公园大会,西班牙	2000 年 11 月	（1）讨论建立了欧洲地质公园网络（2）探讨了欧洲地质公园的定义、申请入网的标准和申报文件填写要求等	
联合国教科文组织执行局	2001 年 6 月	（1）支持成员国提出的创建独特地质特征区域或自然公园（2）推进具有特别意义的国家地质遗迹全球网络（世界地质公园）的建设	

续表

组织/机构	时间	主要内容	参考文献
联合国教科文组织,北京	2003 年 12 月	建立了世界地质公园网络办公室,标志着世界地质公园网络建设进入实施阶段	
中国国土资源部和联合国教科文组织,北京	2004 年 6 月	召开了第一届世界地质公园大会,43 个国家近 500 人参加了大会	
第 32 届国际地质大会,佛罗伦萨	2004 年 8 月	进行了地质遗迹、地质公园和地学旅游的大会报告	

资料来源:①陈从喜:《国内外地质遗迹保护和地质公园建设的进展与对策建议》,《国土资源情报》2004 年第 5 期。

②赵汀、赵逊:《欧洲地质公园的基本特征及其地学基础》,《地质通报》2003 年第 8 期。

③龚明权:《黄河壶口瀑布国家地质公园旅游资源评价》,中国地质大学硕士学位论文,2006。

表 2 - 13　中国的世界地质公园

申报批次	申报时间	数目	世界地质公园名录
第一批	2004 年	8	黄山世界地质公园(安徽),庐山世界地质公园(江西) 云台山世界地质公园(河南),石林世界地质公园(云南) 丹霞山世界地质公园(广东),中国张家界世界地质公园(湖南) 五大连池世界地质公园(黑龙江),嵩山世界地质公园(河南)
第二批	2005 年	4	雁荡山世界地质公园(浙江),泰宁世界地质公园(福建) 克什克腾世界地质公园(内蒙古),兴文世界地质公园(四川)
第三批	2006 年	6	泰山世界地质公园(山东),王屋山 - 黛眉山世界地质公园(河南) 雷琼世界地质公园(广东),房山世界地质公园(北京、河北) 镜泊湖世界地质公园(黑龙江),南阳伏牛山世界地质公园(河南)
第四批	2008 年	2	龙虎山世界地质公园(江西),自贡世界地质公园(四川)
第五批	2009 年	2	秦岭终南山世界地质公园(陕西),阿拉善沙漠世界地质公园(内蒙古)
第六批	2010 年	2	乐业 - 凤山世界地质公园(广西),宁德世界地质公园(福建)
第七批	2011 年	2	天柱山世界地质公园(安徽),香港世界地质公园(香港)
第八批	2012 年	1	三清山世界地质公园(江西)
第九批	2013 年	2	延庆世界地质公园(北京),神农架世界地质公园(湖北)
第十批	2014 年	2	昆仑山地质公园(青海),大理苍山世界地质公园(云南)
第十一批	2015 年	2	敦煌世界地质公园(甘肃),织金洞世界地质公园(贵州)
第十二批	2017 年	2	阿尔山世界地质公园(内蒙古),可可托海世界地质公园(新疆)
第十三批	2018 年	2	光雾山 - 诺水河地质公园(四川),黄冈大别山地质公园(湖北)
合计		37	

Alexandrowicz Z.[①]、Amrikazemi A.[②]、Dong H. 等[③]学者就地质资源与地质旅游进行了研究。国外的地质公园及地质旅游受到许多国家的重视，数量日益增多，而且地质公园的类型及其规模日益增多和扩大，表明全世界众多国家或地区政府及公民越来越认识到保护地质遗迹资源的紧迫性和重要性，认识到人类的生产活动及生活方式与生态环境密切相关，只有在保护资源的基础上，合理地开发利用有限的资源，才能促进国家经济的发展，提高人民生活水平。

（二）国内研究进展

我国地质学者为了保护珍贵的地质遗迹资源，于 1985 年提出建立地质公园，并将其作为科学研究、科学考察的基地。1987 年 7 月，国家地质矿产部首次以部门法规的形式提出"保护地质遗迹"。[④] 1999 年 4 月，第 156 次联合国教科文组织常务委员会（巴黎）提出"世界地质公园计划（UNESCO Program）"，推动了中国地质公园体系的建立。1995 年 5 月，国家地质矿产部颁布了《地质遗迹保护管理规定》，将建立地质公园作为地质遗迹保护区的一种部门法规。1999 年 12 月，国土资源部在山东威海召开的"全国地质地貌保护会议"上进一步提出了建立地质公园的工作；2000 年国家国土资源厅以国土资源厅发〔2000〕86 号文下发了《关于国家地质遗迹（地质公园）领导小组机构及人员组成的通知》，于 2000 年 8 月同时成立了"国家地质遗迹（地质公园）评审委员会"，9 月又以国土资源厅〔2000〕77 号文下发了《关于申报国家地质公园的通知》，随文附件有《国家地质公园申报书》《国家地质公

① Alexandrowicz Z. , "Geopark-nature protection category aiding the promotion of geotourism (Polish perspectives)," *Stowarzyszenie Naukowe Im Stanisława Staszica*, 2 (2006), pp. 3 – 12.

② Amrikazemi A. , "Atlas of geopark & geotourism resources of Iran: geoheritage of Iran," *Selected Water Problems in Islands & Coastal Areas* (2010), pp. 203 – 212.

③ Dong H. , Song Y. , Chen T. , et al. , "Geoconservation and geotourism in Luochuan Loess National Geopark, China," *Quaternary International* 334 – 335, 12 (2014), pp. 40 – 51.

④ 地发〔1987〕311 号文件《关于建立地质自然保护区规定（试行）的通知》。

园综合考察报告提纲》《国家地质公园总体规划工作指南（试行）》《国家地质遗迹（地质公园）评审委员会组织和工作制度》《国家地质公园评审标准》，建立了国家地质遗迹（地质公园）的评审机构和制定了组织办法，明确了世界地质公园的条件和要求、申请程序和申报材料，使我国世界地质公园的建设和管理一开始就纳入了法治化的轨道，有了健康发展的保证。截至 2018 年 6 月 25 日，中国各省、自治区、直辖市积极申报世界地质公园，经严格评审，分 13 批共批准了 37 个世界地质公园（见表 2 – 13），209 个国家地质公园（见表 2 – 14）。同时不少地方政府也着手建立了一批省、市、县级地质公园，为我国地质公园网络建设奠定了初步基础。

表 2 – 14　中国的国家地质公园

编号/国家地质公园名录	编号/国家地质公园名录
1　黑龙江五大连池世界地质公园	17　河北秦皇岛柳江国家地质公园
2　福建漳州滨海火山国家地质公园	18　黄河壶口瀑布国家地质公园（山西/陕西）
3　江西庐山世界地质公园	19　内蒙古克什克腾世界地质公园
4　江西龙虎山世界地质公园	20　黑龙江嘉荫恐龙国家地质公园
5　河南嵩山世界地质公园	21　浙江常山国家地质公园
6　湖南张家界砂岩峰林世界地质公园	22　浙江临海国家地质公园
7　四川自贡世界地质公园	23　安徽黄山世界地质公园
8　四川龙门山国家地质公园	24　安徽齐云山国家地质公园
9　云南石林世界地质公园	25　安徽浮山国家地质公园
10　云南澄江动物化石群国家地质公园	26　安徽淮南八公山国家地质公园
11　陕西翠华山山崩地质公园（秦岭终南山世界地质公园）	27　福建泰宁世界地质公园
12　北京石花洞国家地质公园（房山世界地质公园）	28　山东山旺国家地质公园
13　北京延庆硅化木国家地质公园（延庆世界地质公园）	29　山东枣庄熊耳山 – 抱犊崮国家地质公园
14　天津蓟州区国家地质公园	30　河南焦作云台山世界地质公园
15　河北涞源白石山国家地质公园（房山世界地质公园）	31　河南内乡宝天幔地质公园（伏牛山世界地质公园）
16　河北阜平天生桥国家地质公园	32　湖南郴州飞天山国家地质公园

续表

编号/国家地质公园名录	编号/国家地质公园名录
33　湖南崀山国家地质公园	57　福建福鼎太姥山国家地质公园（宁德世界地质公园）
34　广东丹霞山世界地质公园	58　福建宁化天鹅洞群国家地质公园
35　广东湛江湖光岩国家地质公园（雷琼世界地质公园）	59　山东东营黄河三角洲国家地质公园
36　广西资源国家地质公园	60　河南王屋山国家地质公园（王屋山黛眉山世界地质公园）
37　四川海螺沟国家地质公园	61　河南西峡伏牛山国家地质公园（伏牛山世界地质公园）
38　四川大渡河峡谷国家地质公园	62　河南嵖岈山国家地质公园
39　四川安县生物礁国家地质公园	63　长江三峡国家地质公园（湖北/重庆）
40　云南腾冲火山国家地质公园	64　广东佛山西樵山国家地质公园
41　西藏易贡国家地质公园	65　广东阳春凌霄岩国家地质公园
42　陕西洛川黄土国家地质公园	66　广西乐业大石围天坑群国家地质公园（乐业凤山世界地质公园）
43　甘肃敦煌雅丹国家地质公园（敦煌世界地质公园）	67　广西北海涠洲岛火山国家地质公园
44　甘肃刘家峡恐龙国家地质公园	68　海南海口石山火山群国家地质公园（雷琼世界地质公园）
45　北京十渡国家地质公园（房山世界地质公园）	69　重庆武隆岩溶国家地质公园
46　河北赞皇嶂石岩国家地质公园	70　重庆黔江小南海国家地质公园
47　河北涞水野三坡国家地质公园（房山世界地质公园）	71　四川九寨沟国家地质公园
48　内蒙古阿尔山国家地质公园	72　四川黄龙国家地质公园
49　辽宁朝阳鸟化石国家地质公园	73　四川兴文石海世界地质公园
50　吉林靖宇火山矿泉群国家地质公园	74　贵州关岭化石群国家地质公园
51　黑龙江伊春花岗岩石林国家地质公园	75　贵州兴义国家地质公园
52　江苏苏州太湖西山国家地质公园	76　贵州织金洞国家地质公园（织金洞世界地质公园）
53　浙江雁荡山世界地质公园	77　贵州绥阳双河洞国家地质公园
54　浙江新昌硅化木国家地质公园	78　云南禄丰恐龙国家地质公园
55　安徽祁门牯牛降国家地质公园	79　云南玉龙黎明-老君山国家地质公园
56　福建晋江深沪湾国家地质公园	80　甘肃平凉崆峒山国家地质公园

续表

编号/国家地质公园名录		编号/国家地质公园名录	
81	甘肃景泰黄河石林国家地质公园	110	河南郑州黄河国家地质公园
82	青海尖扎坎布拉国家地质公园	111	河南洛宁神灵寨国家地质公园
83	宁夏西吉火石寨国家地质公园	112	河南黛眉山国家地质公园（王屋山黛眉山世界地质公园）
84	新疆布尔津喀纳斯湖国家地质公园	113	河南信阳金刚台国家地质公园
85	新疆奇台硅化木-恐龙国家地质公园	114	湖北木兰山国家地质公园
86	河北临城国家地质公园	115	湖北神农架国家地质公园（神农架世界地质公园）
87	河北武安国家地质公园	116	湖北郧阳区恐龙蛋化石群国家地质公园
88	山西壶关峡谷国家地质公园	117	湖南凤凰国家地质公园
89	山西宁武冰洞国家地质公园	118	湖南古丈红石林国家地质公园
90	山西五台山国家地质公园	119	湖南酒埠江国家地质公园
91	内蒙古阿拉善沙漠世界地质公园	120	广东恩平温泉国家地质公园
92	辽宁本溪国家地质公园	121	广东封开国家地质公园
93	辽宁大连冰峪沟国家地质公园	122	广东深圳大鹏半岛国家地质公园
94	辽宁大连滨海国家地质公园	123	广西凤山国家地质公园（乐业凤山世界地质公园）
95	黑龙江镜泊湖世界地质公园	124	广西鹿寨香桥喀斯特国家地质公园
96	黑龙江兴凯湖国家地质公园	125	重庆云阳龙缸国家地质公园
97	上海崇明岛国家地质公园	126	四川华蓥山国家地质公园
98	江苏六合国家地质公园	127	四川江油国家地质公园
99	安徽大别山（六安）地质公园	128	四川射洪硅化木国家地质公园
100	安徽天柱山世界地质公园	129	四川四姑娘山国家地质公园
101	福建德化石牛山国家地质公园	130	贵州六盘水乌蒙山国家地质公园
102	福建屏南白水洋国家地质公园（宁德世界地质公园）	131	贵州平塘国家地质公园
103	福建永安国家地质公园	132	云南大理苍山国家地质公园（大理苍山世界地质公园）
104	江西三清山世界地质公园	133	西藏札达土林国家地质公园
105	江西武功山国家地质公园	134	陕西延川黄河蛇曲国家地质公园
106	山东长山列岛国家地质公园	135	青海互助嘉定国家地质公园
107	山东沂蒙山国家地质公园	136	青海久治年宝玉则国家地质公园
108	山东泰山世界地质公园	137	青海格尔木昆仑山国家地质公园
109	河南关山国家地质公园	138	新疆富蕴可可托海国家地质公园

编号/国家地质公园名录		编号/国家地质公园名录	
139	香港世界地质公园	175	云南丽江玉龙雪山冰川国家地质公园
140	福建冠豸山国家地质公园	176	陕西商南金丝峡国家地质公园
141	山西陵川王莽岭国家地质公园	177	陕西岚皋南宫山国家地质公园
142	山西大同火山群国家地质公园	178	甘肃天水麦积山国家地质公园
143	内蒙古宁城国家地质公园	179	甘肃和政古生物化石国家地质公园
144	内蒙古二连浩特地质公园	180	青海贵德国家地质公园
145	吉林长白山火山国家地质公园	181	新疆天山天池国家地质公园
146	吉林乾安泥林国家地质公园	182	新疆库车大峡谷国家地质公园
147	安徽池州九华山国家地质公园	183	山西永和黄河蛇曲国家地质公园
148	福建白云山国家地质公园(宁德世界地质公园)	184	内蒙古巴彦淖尔国家地质公园
149	山东诸城恐龙国家地质公园	185	内蒙古鄂尔多斯国家地质公园
150	山东青州国家地质公园	186	内蒙古清水河老牛湾国家地质公园
151	湖北黄冈大别山国家地质公园	187	青海阿尼玛卿山国家地质公园
152	湖北武当山国家地质公园	188	广西浦北五皇山国家地质公园
153	广西桂平国家地质公园	189	湖北五峰国家地质公园
154	广西大化七百弄国家地质公园	190	山西平顺天脊山国家地质公园
155	重庆万盛国家地质公园	191	黑龙江凤凰山国家地质公园
156	四川光雾山-诺水河国家地质公园	192	云南泸西阿庐国家地质公园
157	贵州思南乌江喀斯特国家地质公园	193	甘肃张掖国家地质公园
158	贵州黔东南苗岭国家地质公园	194	湖南浏阳大围山国家地质公园
159	云南九乡峡谷洞穴国家地质公园	195	陕西柞水溶洞国家地质公园
160	贵州赤水丹霞国家地质公园	196	湖南平江石牛寨国家地质公园
161	北京平谷黄松峪国家地质公园	197	安徽丫山国家地质公园
162	北京密云云蒙山国家地质公园	198	云南罗平生物群国家地质公园
163	河北迁安国家地质公园	199	河北承德丹霞地貌国家地质公园
164	河北兴隆国家地质公园	200	吉林抚松国家地质公园
165	黑龙江伊春小兴安岭国家地质公园	201	河南汝阳恐龙国家地质公园
166	江苏江宁汤山方山国家地质公园	202	山东沂源鲁山国家地质公园
167	安徽凤阳韭山国家地质公园	203	山东莱阳白垩纪国家地质公园
168	河南小秦岭国家地质公园	204	河北邢台峡谷群国家地质公园
169	河南红旗渠·林虑山国家地质公园	205	山东昌乐火山国家地质公园
170	湖南乌龙山国家地质公园	206	湖北长阳清江国家地质公园
171	湖南湄江国家地质公园	207	安徽广德太极洞国家地质公园
172	广东阳山国家地质公园	208	江苏连云港花果山国家地质公园
173	重庆綦江国家地质公园	209	安徽灵璧磬云山国家地质公园
174	四川大巴山国家地质公园		

冯天驷①、郭威和丁华②、李治国和高建华③、穆桂松和万三敏④、张广胜等⑤、龚克和孙克勤⑥、丁圆婷等⑦、罗洁和赵玉⑧、王芳⑨等学者就不同地区的地质资源、地质旅游进行了研究，为我国的地质遗迹保护及开发提供了科学指导和经验启示。

我国的地质公园及地质旅游正如火如荼地开展起来，不仅受到国家、当地政府部门及科学家的重视，而且日益受到人民群众的重视，人们日益认识到地质遗迹资源对于我们生活的重要性，并给予有力的保护。

六　阿拉善盟相关研究进展

阿拉善盟境内沙漠广布，是全国沙尘暴的主要发源地之一。区域降水少蒸发强、地表水资源匮乏、地下水补给不足、沙漠吞噬入侵良田、土壤盐碱化、水质矿化、草场退化、胡杨死亡等生态环境问题严重限制了该区域社会经济发展和人民生产生活水平提高。因此，国内外众多学者对区域水体的理化性质、地下水来源、地下水可更新能力等进行了研究。目前国内对该区域研究的核心问题是区域地下水补给循环机理不清，特别是缺乏各水体水质、地下水补给来源及可更新速度方面的研究，综合应用地下水研究方法技术方面与国际前沿领域相差甚远。

---

① 冯天驷：《地质旅游产业发展方向及其对策建议》，《中国地质矿产经济》1998 年第 6 期。

② 郭威、丁华：《论地质旅游资源》，《西安工程学院学报》2001 年第 3 期。

③ 李治国、高建华：《河南省地质旅游资源及其开发利用初探》，《国土与自然资源研究》2004 年第 4 期。

④ 穆桂松、万三敏：《河南地质旅游资源区划与开发研究》，《地域研究与开发》2005 年第 5 期。

⑤ 张广胜、王心源、何慧等：《区域地质旅游资源评价与可持续发展对策研究——以安徽省巢湖市为例》，《安徽师范大学学报》（自然科学版）2006 年第 3 期。

⑥ 龚克、孙克勤：《地质旅游研究进展》，《中国人口·资源与环境》2011 年第 S1 期。

⑦ 丁圆婷、于吉涛、宋鄂平：《基于 AHP - GA 的地质旅游资源评价研究》，《湖北民族学院学报》（自然科学版）2014 年第 2 期。

⑧ 罗洁、赵玉：《江西省地质旅游及产业发展研究》，《对外经贸》2016 年第 10 期。

⑨ 王芳：《基于地质旅游资源的旅游地综合评价系统的研究》，中国地质大学硕士学位论文，2018。

（一）水化学研究进展

巴丹吉林沙漠地区主要研究成果：杨小平[1]研究了巴丹吉林沙漠丘间地湖泊及其周围浅层地下水的水化学特征，得出湖水 TDS 介于 1.2 克/升和 398.2 克/升之间，微咸湖泊属于 Na – （Ca）– （Mg）– Cl – （SO_4）– （HCO_3）水化学型，而含盐量高的湖泊则属于 Na – （K）– Cl – （CO_3）– （SO_4）水化学型。Chen Jiansheng 等[2]研究了巴丹吉林沙漠湖泊及地下水水化学组成，从离子的浓度逐渐增大的趋势和分布特征，得出地下水是从巴丹吉林沙漠补给到古日乃和拐子湖，最终补给到额济纳盆地。王新建、陈建生等[3]对巴丹吉林沙漠及邻区的 44 个水样进行了主成分分析和聚类分析，结果表明，研究区内地下水补给来自祁连山冰川雪水，推论祁连山雪水通过地下渗流经过诺尔图，然后到达古日乃和拐子湖。马妮娜、杨小平等[4]通过对巴丹吉林沙漠东南部湖水和南缘地区地下水离子化学成分分析得出：湖水的离子化学特征呈现沙漠东南部湖泊的演化趋势为微咸湖 – 咸水湖 – 盐水湖；显著不同的盐度、CO_3^{2-} 和 HCO_3^- 含量以及地质资料都表明，沙漠北部较大的湖泊和东南部的湖泊被一地形上的褶皱隆起阻隔而形成了不同的地下水补给体系。潘红云[5]利用水文地球化学方法，结合已有的研究和气象、地形地貌资料进行研究，结果表明，沙漠南部井水、泉水的水化学类型相似，水化学各项指标相近，离子从东向西富集，表明沙漠南部的井水、泉水同

---

[1]　杨小平：《巴丹吉林沙漠腹地湖泊的水化学特征及其全新世以来的演变》，《第四纪研究》2002 年第 2 期。

[2]　Chen Jiansheng, Li Ling, Wang Jiyang, et al., "Groundwater maintains dune landscape," *Nature* 432 （2004b）, pp. 459 – 460.

[3]　王新建、陈建生、许宝田：《水化学成分聚类法分析巴丹吉林沙漠及邻区地下水补给源》，《工程勘察》2005 年第 5 期。

[4]　马妮娜、杨小平、Rioua P.：《巴丹吉林沙漠地区水样碱度特征的初步研究》，《第四纪研究》2008 年第 3 期；马妮娜、杨小平：《巴丹吉林沙漠及其东南边缘地区水化学和环境同位素特征及其水文学意义》，《第四纪研究》2008 年第 4 期。

[5]　潘红云：《巴丹吉林沙漠南部水化学特征及其水文学意义》，中国科学院寒区旱区环境与工程研究所硕士学位论文，2009。

源，主要由东边的雅布赖山前地下水补给；戈壁区浅层地下水接受东边的雅布赖山前地下水和北边山地集水补给；地形控制地下水运动，局部地貌影响地下水径流场，即地下水由雅布赖山前向西运动。庞西磊、尹辉[1]运用主成分分析法对腾格里沙漠地区和巴丹吉林沙漠地区的21个盐湖8种水化学特征变量进行研究，得出8种水化学成分变量与盐湖类型之间的相关信息。陆莹、王乃昂等[2]通过对巴丹吉林沙漠腹地拐子湖——地质公园内51个湖泊水、8个泉水、12个井水及1个雨水水样的水化学成分分析得出：由东南边缘至腹地湖泊总体上依次呈硫酸盐型→碳酸盐型→氯化物型分布；东南缘湖泊以 Na^+、Cl^-、SO_4^{2-} 为主，湖泊水化学型的空间分异与区域气候差异和气候变化有关，湖水直接或间接地接受当地降水补给，但不排除外源地下水补给对其有一定贡献。董春雨[3]得出：巴丹吉林沙漠及其周边地区所有湖泊水样 TDS 平均值为153.86克/升，所有井水样 TDS 平均值为1.02克/升，所有泉水样 TDS 平均值为0.93克/升；在沙漠东南部湖泊群地区，湖泊水化学类型从东南往西北呈现由 Na－Cl－SO4（或 Na－SO4－Cl）型到 Na－Cl－CO3（或 Na－CO3－Cl）型，再到 Na－Cl 型的地带性变化；推测沙漠南缘淡水湖区和腹地咸水湖区可能补给来源和补给方式不完全一致；推测沙漠边缘地区湖泊和地下水可能受到了更多的沙漠周围山地降水的地下输送补给；沙漠腹地泉水和浅层地下水化学特征相似，但为期一年的水位、水温监测结果表明，泉水可能来源于较深地层，与浅层地下水补给方式可能存在差异。邵天杰、赵景波、董治宝[4]通过对巴丹吉林沙漠丘间湖

① 庞西磊、尹辉：《阿拉善高原盐湖水化学特征的主成分分析研究》，《四川地质学报》2009年第2期。
② 陆莹、王乃昂、李贵鹏等：《巴丹吉林沙漠湖泊水化学空间分布特征》，《湖泊科学》2010年第5期。
③ 董春雨：《阿拉善沙漠水循环观测实验与湖泊水量平衡》，兰州大学硕士学位论文，2011。
④ 邵天杰、赵景波、董治宝：《巴丹吉林沙漠湖泊及地下水化学特征》，《地理学报》2011年第5期。

泊和古日乃、雅布赖、阿拉善右旗等地及其周围浅层地下水离子化学成分分析得出：沙漠东南部湖群自南向北的演化趋势为微咸湖→咸水湖→盐水湖；湖水化学成分与湖水位高度显示，巴丹吉林沙漠湖群湖水流向是由东南流向西北；水化学成分和水位分布高度表明，研究区沙漠湖水主要来自当地降水补给和来自沙漠东南缘雅布赖山和南缘的黑山头山地降水的补给，而来自祁连山区补给的可能性很小。陈立[1]通过分析巴丹吉林沙漠内部 8 个泉水、12 个井水、51 个湖水的水化学参数，结果表明，沙漠腹地湖水自西北向东南 TDS 值逐渐降低，水化学型由 Na – Cl – CO_3 – （SO_4）型过渡为 Na – CO_3 – Cl – （SO_4）型，湖水 TDS 年际变化主要受气候变化的控制，地下水 TDS 未出现和湖水类似的空间趋势性，且地下水和湖水的 TDS 值不存在线性相关，并推测沙漠东南边缘可能存在大量的淡水资源。邵天杰[2]指出巴丹吉林沙漠湖泊水化学型由低盐度的 Na – （Mg） – （Ca） – Cl – （SO_4） – （HCO_3）型微咸湖泊过渡为高盐度的 Na – （K） – Cl – （SO_4）型盐水湖泊；湖水由南向北流动，且沙漠南部湖泊接受来自山区降水入渗补给，北部湖泊接受南部湖泊水分补给。吴月、王乃昂等[3]以巴丹吉林沙漠最大、最深的湖泊诺尔图作为研究对象，分析湖水和地下水八大离子、总溶解固体含量等，结果表明，诺尔图湖水理化性质年际和季节变化明显大于附近地下水的变化，水平和垂直方向上湖水混合较均匀，不同深度湖水的水化学型一致，均为 Na – Cl – CO_3 – （SO_4）。王乃昂等[4]认为巴丹吉林沙漠湖泊盐度具有"北高南低"的分带性规律，湖泊 TDS 值与湖泊面积呈正相关，南北水化

---

[1]　陈立：《应用地球化学方法探究巴丹吉林沙漠地下水源》，兰州大学硕士学位论文，2012。

[2]　邵天杰：《巴丹吉林沙漠东南部沙山与湖泊形成研究》，陕西师范大学博士学位论文，2012。

[3]　吴月、王乃昂、赵力强等：《巴丹吉林沙漠诺尔图湖泊水化学特征与补给来源》，《科学通报》2014 年第 12 期。

[4]　王乃昂、赵力强、吴月等：《巴丹吉林沙漠湖泊水循环机制与地下水补给来源》，中国自然资源学会第七次全国会员代表大会 2014 年学术年会，2014。

学类型差异明显；近数十年，沙漠东南侧某些低盐度湖泊面积扩大、西北部面积缩小乃至干涸；千年至万年尺度上，晚第四纪以来巴丹吉林沙漠至少存在两期高湖面与泛湖期；有效降水增加的事实，揭示了沙漠腹地全新世中期具有相对湿润的气候，但这只是沙漠腹地高湖面形成的主要因素之一。张应华等[①]、Ma J. Z. 等[②]学者都对巴丹吉林沙漠腹地湖水、地下水的水文地球化学特征及成因进行了分析，得出了相关结论。

腾格里沙漠地区主要研究成果：地矿部"七五"重点科技项目"腾格里沙漠边缘及其临近绿洲包气带水分运移研究"，为腾格里沙漠乃至内陆干旱区水资源开发及生态环境保护积累了宝贵经验。[③] 羊世玲等[④]观测分析得出腾格里沙漠邓马营湖区的地下水基本源于大气降水入渗补给，水位比较稳定，水质一般较好，沿径流方向水体矿化度增高。张长江等[⑤]通过对甘肃民勤邓马营湖滩地地质环境条件分析认为，腾格里沙漠西部湖积盆地受河西系构造所控制，第四系厚度 150 米，是地下水赋存的天然场所。马金珠等[⑥]通过腾格里沙漠的一个钻孔剖面记录研究了过去 930 年以来的补给量变化过程及其所反映的气候波动特征，采用氯质量平衡法计算的地区补给量平均仅为 1126 毫米，从剖面完整的

---

① 张应华、仵彦卿、苏建平等：《额济纳盆地地下水补给机理研究》，《中国沙漠》2006 年第 1 期。

② Ma J. Z. , Li D. , Zhang J. W. , et al. , "Groundwater recharge and climatic change during the last 1000 years from unsaturated zone of SE Badain Jaran Desert," *Chinese Science Bulletin* 48 (2003), pp. 1469 – 1474；Ma J. Z. , Edmunds W. M. , "Groundwater and lake evolution in the Badain Jaran Desert ecosystem, Inner Mongolia," *Hydrogeology Journal* 14 (2006), pp. 1231 – 1243；马金珠、黄天明、丁贞玉等：《同位素指示的巴丹吉林沙漠南缘地下水补给来源》，《地球科学进展》2007 年第 9 期。

③ 张惠昌：《干旱区地下水生态平衡埋深》，《勘察科学技术》1992 年第 6 期。

④ 羊世玲、石培泽、俞发宏：《腾格里西部邓马营湖沙漠地下水动态分析》，《甘肃水利水电技术》1996 年第 4 期；羊世玲：《石羊河流域东部沙漠边缘地下水水质 20a 动态分析》，《甘肃水利水电技术》2006 年第 2 期。

⑤ 张长江、张平川、杨俊仓：《甘肃民勤邓马营湖滩地地质环境条件分析》，《甘肃科学学报》2003 年第 S1 期。

⑥ 马金珠、李相虎、黄天明等：《石羊河流域水化学演化与地下水补给特征》，《资源科学》2005 年第 3 期。

记录可以将气候划分为 4 个干期和 3 个湿期。王新平等[1]通过沙坡头降水入渗实验认为降水是该地区水文循环中唯一的补给源。丁贞玉[2]认为石羊河流域及腾格里沙漠地下水的水化学分布具有较明显的水平分带特征，浅层水与深层水矿化度及水化学类型并无明显的垂直性分布特征；基于石羊河流域古浪 - 武威剖面、红崖山 - 民勤剖面及腾格里沙漠东缘贺兰山 - 腰坝剖面地下水流动系统的模拟结果表明，沿地下水水流路径水化学离子不断从水体中析出剥离，最终演化成矿化度偏高、水化学成分单一的地下水水体。刘亚传[3]、刘振敏[4]、王琪和史基安[5]、李博昀等[6]、张燕霞等[7]学者就石羊河流域及腾格里沙漠地区水体的水化学特征进行了研究。

乌兰布和沙漠地区主要研究成果：朱锡芬[8]推断乌兰布和沙漠浅层地下水的补给来源有大气降水、山前浅层地下水、黄河水、引黄灌溉田间水，深层地下水的补给来源有黄河水、吉兰泰盐湖深层地下水、贺兰山北侧山前深埋潜水、巴彦乌拉山基岩裂隙水；沙漠自流区内，深层地下水自流补给浅层地下水。党慧慧[9]认为乌兰布和沙漠的地下水主要来源为巴彦乌拉山和贺兰山基岩裂隙水下渗、黄河水的侧渗补给和不同含

① 王新平、李新荣、康尔泗等：《腾格里沙漠东南缘人工植被区降水入渗与再分配规律研究》，《生态学报》2003 年第 6 期。

② 丁贞玉：《石羊河流域及腾格里沙漠地下水补给过程及演化规律》，兰州大学博士学位论文，2010。

③ 刘亚传：《石羊河流域的水文化学特征分布规律及演变》，《地理科学》1986 年第 4 期。

④ 刘振敏：《腾格里沙漠地区水化学特征》，《化工矿产地质》1998 年第 1 期。

⑤ 王琪、史基安：《石羊河流域地下水化学特征及其分布规律》，《甘肃科技》1998 年第 3 期。

⑥ 李博昀、刘振敏、徐少康等：《腾格里沙漠地区盐湖卤水水化学特征》，《化工矿产地质》2002 年第 1 期。

⑦ 张燕霞、韩凤清、马茹莹等：《内蒙古西部地区盐湖水化学特征》，《盐湖研究》2013 年第 3 期。

⑧ 朱锡芬：《乌兰布和沙漠地下水补给来源及演化规律》，兰州大学硕士学位论文，2011。

⑨ 党慧慧：《乌兰布和沙漠地下水水化学特征和水文地球化学过程》，兰州大学硕士学位论文，2016。

水层间的越流补给；沿着水流路径，乌兰布和沙漠地下水水化学类型表现出垂直分层性，浅层地下水和中层地下水都以 Cl – Na 型水为主，深层地下水主要水化学类型为 HCO_3 – Ca – Na 型、HCO_3 – Ca 型和 Cl – Na 型；浅层地下水水化学组成主要受蒸发/浓缩作用控制，深层地下水主要由岩石风化作用和阳离子交换作用主导。

（二）地下水同位素研究进展

Geyh M. A.、顾慰祖等[1]采用能量平衡方法得出：巴丹吉林沙漠沙山凝结水量约 0.475 毫米/天，净蒸发量为 0.915 毫米/天；排除了黑河水补给到巴丹吉林沙漠地下水的可能性，得出地下水可能存在远源补给，而降水主要来自北冰洋，且西伯利亚大型水体也参与水汽贡献；$\delta^{13}C$ 值表明古日乃地下水（–5‰ ~ –8‰）属 C_4 循环型，黑河及其邻近绿洲地下水（–11‰）属 C_3 循环型，反映了不同的降水补给条件，且仅有部分水样 ^{14}C 浓度低于 50pmc。陈建生等通过巴丹吉林沙漠湖泊及地下水氢氧稳定同位素含量、放射性 T 同位素、钙华和根状结核的 ^{14}C 同位素、氟利昂、水化学、水位分布等资料研究分析得出：巴丹吉林沙漠地区氢氧同位素关系中斜率为 4.5，d 值为负值，平均补给高程为 3300 米[2]或者超过 4000 米[3]，地下水的补给量接近 5×10^8 立方米/年，承压水中地下水年龄为 20 ~ 30 年；化石、钙华与根管的年龄为 4×10^3 ~ 2.7×10^4 年；根据 $\delta^{13}C$ 值（–6.132‰ ~ 3.175‰）表明既不是大气成因的（–7‰），也非土壤碳酸盐（–7‰ ~ –25‰），可能来自深部地幔（–4‰ ~ –11‰），结合 $^3He/^4He$（11.3×10^{-7} ~ 0.83 或 1.52 ×

① Geyh M. A.、顾慰祖、刘勇等：《阿拉善高原地下水的稳定同位素异常》，《水科学进展》1998 年第 4 期；顾慰祖、陈建生、汪集旸等：《巴丹吉林高大沙山表层孔隙水现象的疑义》，《水科学进展》2004 年第 6 期。
② 陈建生、凡哲超、汪集旸等：《巴丹吉林沙漠湖泊及其下游地下水同位素分析》，《地球学报》2003 年第 6 期。
③ 陈建生、汪集旸、赵霞等：《用同位素方法研究额济纳盆地承压含水层地下水的补给》，《地质评论》2004 年第 6 期。

10^{-7}）和$^{87}Sr/^{86}Sr$（0.711371～0.713207），都证明巴丹吉林沙漠地区的湖泊水来自青藏高原冰川积雪融水（或祁连山雪水）渗漏到喀斯特地层或山前深部断裂带补给（深循环），并由巴丹吉林沙漠补给到拐子湖、额济纳盆地、古日乃等地；排除凝结水形成地下水的可能性；根据地下水中$^{4}He/^{20}Ne$表明巴丹吉林沙漠地下水受空气影响小。[1] 杨小平等通过水化学分析：排除了巴丹吉林沙漠腹地地下水来自边缘的可能性；根据T同位素及野外地层观测判断，巴丹吉林沙漠腹地湖泊水主要来自当地降水经沙丘入渗、以泉水形式补给湖泊，且30a＜地下水年龄＜100a，沙丘是水分主要的存储体；通过钙质胶结^{14}C年龄（测定年龄：2×10^{3}～3.1×10^{4}年），推断了近3万年来可能存在比现代湿润的四个时期，时间分别为3×10^{4}aBP、1.9×10^{4}aBP、0.9×10^{4}aBP和0.2×10^{4}aBP。[2] 武

---

[1] 陈建生、凡哲超、汪集旸等：《巴丹吉林沙漠湖泊及其下游地下水同位素分析》，《地球学报》2003年第6期；陈建生、汪集旸、赵霞等：《用同位素方法研究额济纳盆地承压含水层地下水的补给》，《地质评论》2004年第6期；陈建生、赵霞、汪集旸等：《巴丹吉林沙漠湖泊钙华与根状结核的发现对研究湖泊水补给的意义》，《中国岩溶》2004年第4期；陈建生、赵霞、盛雪芬等：《巴丹吉林沙漠湖泊群与沙山形成机制研究》，《科学通报》2006年第23期；Chen Jiansheng, Li Ling, Wang Jiyang, et al., "Groundwater maintains dune landscape," *Nature* 432 (2004b), pp. 459 – 460; Chen Jiansheng, Zhao Xia, Sheng Xuefeng, et al., "Geochemical information indicating the water recharge to lakes and immovable megadunes in the Badain Jaran Desert," *Acta Geologica Sinica* 79, 4 (2005), pp. 540 – 546。

[2] 杨小平：《近3万年来巴丹吉林沙漠的景观发育与雨量变化》，《科学通报》2000年第4期；杨小平：《巴丹吉林沙漠地区钙质胶结层的发现及其古气候意义》，《第四纪研究》2000年第3期；杨小平：《巴丹吉林沙漠腹地湖泊的水化学特征及其全新世以来的演变》，《第四纪研究》2002年第2期；Yang Xiaoping, "Landscape evolution and palaeoclimate in the Deserts of northwestern China, with a special reference to Badain Jaran and Taklamakan," *Chinese Science Bulletin* 46 (2001), pp. 6 – 11; Yang Xiaoping, Liu Tungsheng, and Xiao Honglang, "Evolution of megadunes and lakes in the Badain Jaran Desert, Inner Mongolia, China during the last 31, 000 years," *Quaternary International* 104 (2003), pp. 99 – 112; Yang Xiaoping, "Chemistry and late Quaternary evolution of ground and surface waters in the area of Yabulai Mountains, western Inner Mongolia, China," *Catena* 66 (2006), pp. 135 – 144; Yang Xiaoping, Ma Nina, Dong Jufeng, et al., "Recharge to the inter-dune lakes and Holocene climatic changes in the Badain Jaran Desert, western China," *Quaternary research* 73 (2010), pp. 10 – 19; Yang Xiaoping, Scuderi Louis, Liu Tao, et al., "Formation of the highest sand dunes on Earth," *Geomorphology* 135 (2011), pp. 108 – 116。

选民等①认为额济纳盆地浅层地下水主要是深层地下水越流补给；承压地下水水位存在年周期变化（4~5月高，12月低）。钟华平等②认为额济纳及周边地区入境流量小、蒸散发强、降雨少，所以其主要补给源是地下水。陈发虎等③根据阿拉善高原湖泊记录、潴野泽高分辨率孢粉记录，得出早全新世（7000日历年）前湖泊面积扩展，中全新世衰退，巴丹吉林沙漠湖泊水是由当地降水下渗形成地下水补给的，居延泽和潴野泽靠山地降水补给。钱云平等④认为额济纳盆地深层地下水较浅层地下水氢氧稳定同位素含量相对偏负。丁宏伟等⑤认为巴丹吉林沙漠湖泊群水源是黑河水渗漏形成地下水并越流以上升泉形式补给湖水。Gates J. B.、Edmunds等⑥通过同位素技术对巴丹吉林沙漠浅层地下水和地表水补给来源进行了示踪研究，认为浅层地下水的补给源可能是雅布赖山脉，不是直接降水和深层承压水补给，或者直接降水仅有很少的贡献。马妮娜、赵景波等认为沙漠地下水主要来自当地雨量丰沛时期的降水，沙漠南缘低山、东南缘雅布赖山的降水形成地下水侧向补给；马妮娜等

① 武选民、史生胜、黎志恒等：《西北黑河下游额济纳盆地地下水系统研究（上）》，《水文地质工程地质》2002年第1期。

② 钟华平、刘恒：《黑河流域下游额济纳绿洲与水资源的关系》，《水科学进展》2002年第2期。

③ Chen Fahu, Wu Wei, Holmes J. A., et al., "A mid-Holocene drought interval as evidenced by lake desiccation in the Alashan Plateau, Inner Mongolia, China," *Chinese Science Bulletin* 48 (2003), pp. 1401 - 1410; 陈发虎、吴薇、朱艳等：《阿拉善高原中全新世干旱事件的湖泊记录研究》，《科学通报》2004年第1期。

④ 钱云平、秦大军、庞忠和等：《黑河下游额济纳盆地深层地下水来源的探讨》，《水文地质工程地质》2006年第3期。

⑤ 丁宏伟、王贵玲：《巴丹吉林沙漠湖泊形成的机理分析》，《干旱区研究》2007年第1期；丁宏伟、姚吉禄、何江海：《张掖市地下水位上升区环境同位素特征及补给来源分析》，《干旱区地理》2009年第1期。

⑥ Gates J. B., Edmunds W. M., Ma Jinzhu, et al., "Estimating groundwater recharge in a cold desert environment in northern China using chloride," *Hydrogeology Journal* 16 (2008a), pp. 893 - 910; Gates J. B., Edmunds W. M., Darling W. G., et al., "Conceptual model of recharge to southeastern Badain Jaran Desert groundwater and lakes from environmental tracers," *Applied Geochemistry* 23 (2008b), pp. 3519 - 3534.

亦推断沙漠东南部、北部补给形式不同;① 赵景波等还认为巴丹吉林沙漠湖水补给方向是自东南到西北，沙山水分主要来自大气降水，并有可能下渗成为湖水和地下水的来源之一。② Ma J. Z. 等依据巴丹吉林沙漠及其周边大气降水、地下水的 δD 和 $\delta^{18}O$、T 值及包气带中 Cl^- 含量，认为沙漠地下水主要是形成于晚更新世较冷气候下的古水，还有少量现代降水的混合，主要来自雅布赖山，降雨年入渗补给量平均为 1.3 毫米。③ 张虎才等推断：巴丹吉林沙漠深层地下水水位基本不变，径流方向自西北向东南，而湖泊水主要补给源是祁连山前缘洪积扇地下水；巴丹吉林沙漠腹地湖水主要由地下水补给，古水为辅。④ 朱金峰、王乃昂等认为湖泊群的主要补给来源为地下水，有少部分降水的补给。⑤

① 马妮娜、杨小平、Rioua P.：《巴丹吉林沙漠地区水样碱度特征的初步研究》，《第四纪研究》2008 年第 3 期；马妮娜、杨小平：《巴丹吉林沙漠及其东南边缘地区水化学和环境同位素特征及其水文学意义》，《第四纪研究》2008 年第 4 期。
② 赵景波、邵天杰、侯雨乐等：《巴丹吉林沙漠高大沙山区沙层含水量与水分来源探讨》，《自然资源学报》2011 年第 4 期；邵天杰、赵景波、董治宝：《巴丹吉林沙漠湖泊及地下水化学特征》，《地理学报》2011 年第 5 期。
③ Ma J. Z., Li D., Zhang J. W., et al., "Groundwater recharge and climatic change during the last 1000 years from unsaturated zone of SE Badain Jaran Desert," *Chinese Science Bulletin* 48 (2003), pp. 1469 – 1474；马金珠、李相虎、黄天明等：《石羊河流域水化学演化与地下水补给特征》，《资源科学》2005 年第 3 期；Ma J. Z., Edmunds W. M., "Groundwater and lake evolution in the Badain Jaran Desert ecosystem, Inner Mongolia," *Hydrogeology Journal* 14 (2006), pp. 1231 – 1243；马金珠、黄天明、丁贞玉等：《同位素指示的巴丹吉林沙漠南缘地下水补给来源》，《地球科学进展》2007 年第 9 期。
④ 张虎才、明庆忠：《中国西北极端干旱区水文与湖泊演化及其巴丹吉林沙漠大型沙丘的形成》，《地球科学进展》2006 年第 5 期。
⑤ 朱金峰、王乃昂、陈红宝等：《基于遥感的巴丹吉林沙漠范围与面积分析》，《地理科学进展》2010 年第 9 期；陆莹、王乃昂、李贵鹏等：《巴丹吉林沙漠湖泊水化学空间分布特征》，《湖泊科学》2010 年第 5 期；张华安、王乃昂、李卓仑等：《巴丹吉林沙漠东南部湖泊和地下水的氢氧同位素特征》，《中国沙漠》2011 年第 6 期；陈立：《应用地球化学方法探究巴丹吉林沙漠地下水源》，兰州大学硕士学位论文，2012；张振瑜、王乃昂、马宁等：《近 40a 巴丹吉林沙漠腹地湖泊面积变化及其影响因素》，《中国沙漠》2012 年第 6 期；王乃昂、马宁、陈红宝等：《巴丹吉林沙漠腹地降水特征的初步分析》，《水科学进展》2013 年第 3 期。

陈浩[1]研究了腾格里沙漠南缘李井滩灌区的地下水同位素特征，得出：随着地下水流动方向氢氧稳定同位素含量逐渐增大，李井滩灌区内地下水主要接受灌溉水和降雨补给，且地下水形成于早期（T 定年研究得出）。苏小四等[2]研究了腾格里沙漠东南缘——银川平原地区的地下水 $\delta^{18}O$、δD、T、^{14}C，利用黄河水氚浓度的恢复结果，根据褶积法求得银川平原潜水的平均停留时间是 30 年。丁贞玉等[3]研究了石羊河流域及腾格里沙漠的地下水氢氧稳定同位素含量、张掖站降水同位素，得出：地下水基本上没有受到现代大气降水的直接补给，过去湿润期降水对地下水的贡献大，$\delta^{18}O$ 与温度（t）的关系为 $\delta^{18}O = 0.593t - 12.59$；$^{14}C$ 结果显示荒漠盆地地区主要具有轻同位素的晚更新世及全新世时期的水（40～12ka）特征，部分中上游地区地下水具有同位素现代水特征。

韩清[4]、杨祖成[5]等对乌兰布和沙漠的土壤地球化学类型进行研究，并将其应用于农业土壤改善。贾铁飞等[6]根据沙漠北部出露的典型剖面，结合 ^{14}C 测年，初步判定乌兰布和沙漠形成于全新世，其形成因素以自然因素为主，人为因素为辅。根据乌兰布和沙漠全新世风成砂和湖泊沉积记录，分析沙漠在全新世经历的主要发育时期，并提出沙漠化防

① 陈浩：《内蒙李井灌区土壤水分运移及地下水氢氧稳定同位素特征研究》，中国海洋大学硕士学位论文，2007。
② 苏小四、林学钰：《包头平原地下水水循环模式及其可更新能力的同位素研究》，《吉林大学学报》（地球科学版）2003 年第 4 期；苏小四、林学钰：《银川平原地下水水循环模式及其可更新能力评价的同位素证据》，《资源科学》2004 年第 2 期。
③ 丁贞玉、马金珠、何建华：《腾格里沙漠西南缘地下水水化学形成特征及演化》，《干旱区地理》2009 年第 6 期。
④ 韩清：《乌兰布和沙漠的土壤地球化学特征》，《中国沙漠》1982 年第 3 期。
⑤ 杨祖成、韩清：《试论内蒙古乌兰布和沙漠土壤地球化学类型特征与土壤改良对策》，《干旱区地理》1986 年第 2 期。
⑥ 贾铁飞、石蕴琮、银山：《乌兰布和沙漠形成时代的初步判定及意义》，《内蒙古师范大学学报》（自然科学汉文版）1997 年第 3 期；贾铁飞、何雨、裴冬：《乌兰布和沙漠北部沉积物特征及环境意义》，《干旱区地理》1998 年第 2 期；贾铁飞、赵明、包桂兰等：《历史时期乌兰布和沙漠风沙活动的沉积学记录与沙漠化防治途径分析》，《水土保持研究》2002 年第 3 期；贾铁飞、银山：《乌兰布和沙漠北部全新世地貌演化》，《地理科学》2004 年第 2 期。

治措施。顾慰祖等[①]研究乌兰布和沙漠北部地下水环境同位素（$\delta^2 H$、$\delta^3 H$、$\delta^{18} O$、$\delta^{13} C$、^{14}C），探索该区的地下水补给来源。春喜等[②]从沉积学和地貌学角度出发，采用 OSL 定年技术，表明沙漠形成年代约在 7ka BP 前后。柳富田[③]利用 CFCs 方法对鄂尔多斯白垩系盆地地下水年龄进行测定，表明盆地内局部地下水年龄为 20 年左右，中间地下水系统和区域地下水系统年龄大于 70 年。党慧慧[④]认为乌兰布和沙漠的地下水主要来源为巴彦乌拉山和贺兰山基岩裂隙水下渗、黄河水的侧渗补给和不同含水层间的越流补给。春喜等[⑤]、李国强[⑥]等学者通过不同方法研究了乌兰布和沙漠地区的水化学及地球化学特征，为该区域的水资源合理开发利用提供了科学指导。

综上所述，阿拉善盟沙漠腹地地下水的来源问题，一直是学者们争论的热点问题，至今还未有统一定论。因此，兰州大学资源环境学院地球系统科学研究所巴丹吉林沙漠课题组连续多次分季节采集各水体样品，分析其水化学、同位素含量的年际与季节特征，对探讨沙漠腹地地下水的来源问题更具科学性、数据更可靠，为其他学者的进一步研究提供参考。

（三）阿拉善盟荒漠化防治及沙产业发展研究进展

李霞[⑦]研究了腾格里沙漠、巴丹吉林沙漠地区荒漠化防治的现状及

---

① 顾慰祖、陆家驹、谢民等：《乌兰布和沙漠北部地下水资源的环境同位素探讨》，《水科学进展》2002 年第 3 期。

② 春喜、陈发虎、范育新等：《乌兰布和沙漠的形成与环境变化》，《中国沙漠》2007 年第 6 期。

③ 柳富田：《基于同位素技术的鄂尔多斯白垩系盆地北区地下水循环及水化学演化规律研究》，吉林大学博士学位论文，2008。

④ 党慧慧：《乌兰布和沙漠地下水水化学特征和水文地球化学过程》，兰州大学硕士学位论文，2016。

⑤ 春喜、陈发虎、范育新等：《乌兰布和沙漠腹地古湖存在的沙嘴证据及环境意义》，《地理学报》2009 年第 3 期。

⑥ 李国强：《乌兰布和沙漠钻孔岩芯记录的释光年代学和晚第四纪沙漠—湖泊演化研究》，兰州大学博士学位论文，2012。

⑦ 李霞：《中国治理沙漠化卓有成效》，《今日中国》（中文版）1997 年第 9 期。

经验，提出了相应的治理措施及建议，探讨了研究区沙产业的深度开发建议。李相博[1]、魏怀东等[2]、张学杰和冯光华[3]、戴晟懋等[4]、张阳[5]、魏林源等[6]众多学者研究了位于巴丹吉林沙漠和腾格里沙漠交汇处的甘肃民勤县的荒漠化问题，认为气候变化和人类活动双重因素的综合作用，导致民勤绿洲生态环境问题严重，建议尽快实施"民勤绿洲荒漠化综合治理生态工程"，恢复民勤的生态系统（绿洲荒漠生态系统），切实保护生态环境，满足民众对美好生态的需求。王集秀和谢宏杰[7]研究了民勤县的黑瓜子沙产业的发展现状及存在的问题。蒋太明和马麒龙[8]研究了巴丹吉林沙漠边缘张掖盆地的葡萄种植及其深加工产业，促进了当地沙产业的发展。彭效忠[9]研究了高台县城西南 12 千米处的巴丹吉林沙漠南缘的三鑫苗圃，该地区是当地沙产业开发的示范区。安明福[10]分析了巴丹吉林沙漠南缘地区发展苜蓿产业的必要性，认为该地区要积极推进苜蓿产业化发展，大力发展优质、高效、低耗畜牧业，实现草畜产业联动发展，是调整产业结构的一项重要措施，苜蓿产业化发展将带动当地农业向生

① 李相博:《甘肃民勤绿洲沙漠化遥感分析及其防治的新对策》，载《新世纪　新机遇　新挑战——知识创新和高新技术产业发展》（上册），中国科学技术出版社，2001。
② 魏怀东、高志海、丁峰:《甘肃省民勤县土地荒漠化动态监测研究》，《水土保持学报》2004 年第 2 期。
③ 张学杰、冯光华:《民勤县沙漠化防治刻不容缓》，《中国水土保持》2006 年第 2 期。
④ 戴晟懋、邱国玉、赵明:《甘肃民勤绿洲荒漠化防治研究》，《干旱区研究》2008 年第 3 期。
⑤ 张阳:《民勤盆地荒漠化动态特征及其影响因素分析》，中国地质大学硕士学位论文，2011。
⑥ 魏林源、刘立超、唐卫东等:《民勤绿洲农田荒漠化对土壤性质和作物产量的影响》，《中国农学通报》2013 年第 32 期。
⑦ 王集秀、谢宏杰:《失去平衡的支柱——民勤县黑瓜籽产业现有问题探析》，《发展》1997 年第 8 期。
⑧ 蒋太明、马麒龙:《甘肃地区的沙产业与葡萄》，《中外葡萄与葡萄酒》2005 年第 6 期。
⑨ 彭效忠:《沙产业理论的忠实践行者——治沙模范柴在军和他的三鑫苗圃》，《甘肃林业》2006 年第 5 期。
⑩ 安明福:《巴丹吉林沙漠南缘地区苜蓿产业化发展的必要性及对策》，《草业科学》2008 年第 10 期。

态农业、绿色产业转变。郭春秀等[1]研究了民勤县洋葱地膜覆盖高产栽培技术，指出该县依托先进生物科技发展特色优势产业，促进了当地沙产业的发展。杜永刚[2]研究了巴丹吉林沙漠的主要沙产业及基地建设项目，认为研究区沙产业正引导沙区人民从因沙致贫的境况中崛起，发展沙产业成为"绿一片沙漠、兴一地经济、富一方百姓"的最佳选择。刘羽[3]定量分析了巴丹吉林沙漠-腾格里沙漠交界带荒漠化特征，并剖析了沙漠交界带荒漠化扩展的自然和人为因素，探讨了巴丹吉林沙漠-腾格里沙漠交界带生态系统服务价值对荒漠化的响应，针对研究区的荒漠化特征，提出了五点荒漠化防治对策。何磊[4]探讨了阿拉善盟土地荒漠化程度现状以及土地荒漠化过程的驱动因素，认为阿拉善盟荒漠化问题严重，荒漠化加重过程中受人类活动影响最大的是额济纳旗，其次是阿拉善右旗，阿拉善左旗的荒漠化过程中自然因素起主导作用。崔徐甲[5]研究了巴丹吉林沙漠高大沙山的植被与沉积物特征及其与沙山地貌形态的关系，意在丰富区域风沙地貌学的研究内容以及为区域荒漠化防治提供一定的参考。张玉[6]提出植被群落调查及土壤理化性质分析在沙漠化防治研究工作中有着重要的作用，并强调应加强沙漠生物多样性的调查和保护（如梭梭、红柳、胡杨林等应予以重点保护），特别是人类活动较频繁的北部额济纳旗周边的沙漠地区，应增加该地区的防沙治沙

① 郭春秀、张德魁、赵翠莲等：《民勤县洋葱地膜覆盖高产栽培技术》，《甘肃农业科技》2010 年第 7 期。

② 杜永刚：《巴丹吉林沙漠崛起沙产业》，《内蒙古林业》2012 年第 6 期。

③ 刘羽：《巴丹吉林-腾格里沙漠交界带荒漠化趋势及其生态系统服务价值评估》，中国科学院研究生院硕士学位论文，2012。

④ 何磊：《基于遥感方法的阿拉善盟荒漠化研究》，兰州大学硕士学位论文，2013。

⑤ 崔徐甲：《巴丹吉林沙漠高大沙山植被特征与沉积物特征分析》，陕西师范大学硕士学位论文，2014。

⑥ 张玉：《巴丹吉林沙漠南北边缘植被群落特征与土壤理化性质研究》，陕西师范大学硕士学位论文，2014。

投入。刘铮瑶等①选取巴丹吉林沙漠整个边缘地区的植物群落为研究主体，通过生境保护、迁移物种保护、丰富度保护和多样性保护等方法，利用生境偏好的影响、水资源的调节、合理放牧和适当封育、药用资源合理采挖和多种资源综合利用的方式，实现资源可持续开发利用，促进生态保护和经济社会和谐发展。

龚家栋②、郝诚之③、郝永富④、田玉凤⑤、陈瑞清⑥、乔永⑦、田晓红和蔡桂荣⑧、张勤德⑨等学者对内蒙古阿拉善盟沙漠地区及周边地区的荒漠化防治、沙产业发展进行了研究，为国家及地方开展环境保护与促进经济发展提供了经验和启示。

综上所述，众多学者及政府机构人员对内蒙古阿拉善盟及周边地区的荒漠化防治及沙产业发展进行了研究，取得了大量成果。但就研究区如何合理、高效地利用有限的水资源、丰富的光热资源、风能资源、沙粒资源、动植物资源等进行荒漠化防治及沙产业发展没有系统地研究。本书通过研究巴丹吉林沙漠、腾格里沙漠、乌兰布和沙漠腹地及周边地下水的水化学特征和氢氧同位素特征，基本确定了沙漠地区地下水的水质、水源、补给量等问题，结合研究区已有的防沙治沙和沙产业发展经验，提出了荒漠化防治及沙产业发展的建议和措施，为政府部门、规划

---

① 刘铮瑶、董治宝、王建博等：《沙产业在内蒙古的构想与发展：生态系统服务体系视角》，《中国沙漠》2015 年第 4 期。

② 龚家栋：《发展沙产业加快农业牧民增收步伐》，《内蒙古林业》2004 年第 9 期；龚家栋：《阿拉善地区生态环境综合治理意见》，《中国沙漠》2005 年第 1 期。

③ 郝诚之：《对钱学森沙产业、草产业理论的经济学思考》，《内蒙古社会科学》2004 年第 1 期。

④ 郝永富：《蓬勃发展的内蒙古沙产业》，《中国林业产业》2005 年第 6 期。

⑤ 田玉凤：《对凉州区发展新型阳光沙产业的几点思考》，《甘肃科技》2007 年第 1 期。

⑥ 陈瑞清：《抓住扩大内需的新机遇全力推进〈内蒙古阿拉善地区生态综合治理工程〉的实施》，《内蒙古统战理论研究》2009 年第 1 期。

⑦ 乔永：《民勤县沙产业发展情况调查》，《甘肃金融》2012 年第 4 期。

⑧ 田晓红、蔡桂荣：《浅议内蒙古林沙草产业发展瓶颈的突破》，《内蒙古统计》2013 年第 3 期。

⑨ 张勤德：《民勤林业发展的思路与建议》，《中国农业信息》2015 年第 19 期。

部门、学者进一步研究等提供科学依据和参考。本书深入探讨阿拉善盟地质旅游的开发构想，期望在保护珍贵的地质遗迹资源的同时，逐步实现地质旅游在当地经济社会发展中的辐射带动作用，为政府部门和旅游部门的规划提供理论指导。

第三章　研究区概况

第一节　地理位置

　　内蒙古自治区阿拉善盟（37°24′N～42°47′N，97°10′E～106°52′E）位于内蒙古自治区最西部，西南相连甘肃省，东南毗邻宁夏回族自治区，东北接壤巴彦淖尔市、乌海市，北交界蒙古人民共和国，全盟总面积27万平方千米，辖阿拉善左旗、阿拉善右旗和额济纳旗。[①] 2018年末常住人口24.94万人，较2010年增加了1.75万人（见图3-1）。其中城镇人口19.56万人，乡村人口5.38万人；有蒙、汉、回、藏等28个民族，其中蒙古族人口约占19%。[②]

　　巴丹吉林沙漠（39°04′15″N～42°12′23″N，99°23′18″E～104°34′02″E）位于我国内蒙古阿拉善高原西部。[③] 至北边界到古居延泽、拐子湖，南抵黑山头、北大山、合黎山，最西边界抵达古日乃湖、弱水东岸、黑

---

　　① 阿拉善盟志编委会：《阿拉善盟志》，方志出版社，1998。

　　② 资料来源：《内蒙古统计年鉴2018》；据阿拉善盟行政公署、阿拉善盟统计局：《阿拉善盟2018年国民经济和社会发展统计公报》；据阿拉善盟统计局：2015年阿拉善盟1%人口抽样调查中的数据公报。

　　③ 朱金峰、王乃昂、陈红宝等：《基于遥感的巴丹吉林沙漠范围与面积分析》，《地理科学进展》2010年第9期；张振瑜、王乃昂、马宁等：《近40a巴丹吉林沙漠腹地湖泊面积变化及其影响因素》，《中国沙漠》2012年第6期；吴月、王乃昂、赵力强等：《巴丹吉林沙漠诺尔图湖泊水化学特征与补给来源》，《科学通报》2014年第12期。

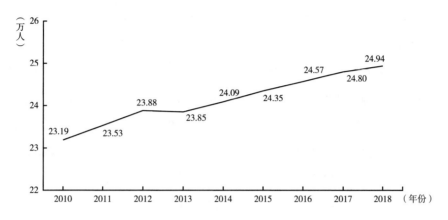

图 3 - 1 2010 ~ 2018 年阿拉善盟人口变化趋势

资料来源:《内蒙古统计年鉴》(2011 ~ 2019)。

河正义峡出山口,东南以雅布赖山、雅布赖盐湖为界,东部界限达省道 S218 公路、宗乃山。巴丹吉林沙漠为弱水冲洪积扇,海拔主要介于 1300 ~ 1800 米。巴丹吉林沙漠面积为 52162 平方千米,实系中国第二大沙漠。[①] 巴丹吉林沙漠最早形成时代,研究成果很不一致:谭见安[②]、高全洲等[③]认为形成于早更新世;王涛[④]、孙培善等[⑤]认为形成于晚更新世;董光荣等[⑥]根据剖面有机质^{14}C 值认为沙漠形成在 130 ~ 70ka BP 的晚更新世早期(末次间冰期);闫满存等[⑦]根据 TL 测年表明现代流沙、新沙山、老沙山分别约形成于全新世、末次冰期间、末次间冰期以前。

① 朱金峰、王乃昂、陈红宝等:《基于遥感的巴丹吉林沙漠范围与面积分析》,《地理科学进展》2010 年第 9 期。
② 谭见安:《内蒙古阿拉善荒漠的类型》,科学出版社,1964。
③ 高全洲、董光荣、李保生等:《晚更新世以来巴丹吉林南缘地区沙漠演化》,《中国沙漠》1995 年第 4 期。
④ 王涛:《巴丹吉林沙漠形成演变的若干问题》,《中国沙漠》1990 年第 1 期。
⑤ 孙培善、孙德钦:《内蒙古高原西部水文地质初步研究》,科学出版社,1964。
⑥ 董光荣、高全洲、邹学勇等:《晚更新世以来巴丹吉林沙漠南缘气候变化》,《科学通报》1995 年第 13 期。
⑦ 闫满存、王光谦、李保生等:《巴丹吉林沙漠高大沙山的形成发育研究》,《地理学报》2001 年第 1 期。

腾格里沙漠（36°29′N～39°27′N，101°41′E～104°16′E）位于内蒙古自治区阿拉善左旗西南部和甘肃省中部边境，跨甘肃、宁夏、内蒙古三省区，北有巴音乌拉山和民勤北山，东抵贺兰山，南越长城，西至雅布赖山。东西宽180千米，南北长240千米，总面积约4.27万平方千米，是中国第四大沙漠。[①] 腾格里沙漠内地势由西向东逐渐降低，大部分为流动沙丘、山地残丘，干涸湖盆和半干涸湖盆较多，均以长条状呈北东向分布，与沙漠区各种形状所组成的沙丘带平行展布。

乌兰布和沙漠（39°41′N～40°31′N，105°59′E～106°41′E）位于内蒙古自治区西部阿拉善左旗，北至狼山，南至贺兰山麓，东临黄河，向西扩展至吉兰泰盐湖。海拔1028～1054米，东西宽约139.6千米，南北长约185.5千米，总面积接近0.99万平方千米，是我国八大沙漠之一。[②] 沙漠腹地存在数量众多的盐湖，其中面积最大的是吉兰泰盐湖，构成了沙漠与盐湖共存的独特地貌景观。

第二节 自然条件

一 气象气候条件

阿拉善盟地处亚欧大陆腹地，属于中温带大陆性气候区。夏季炎热干燥，冬季寒冷干燥，日照充足，大部分地区年均温达6.8℃～8.8℃，大于10℃的积温一般为3200℃～3600℃，日照时数3400～3500小时/年。降雨稀少而蒸发强烈，东部地区多年平均降水量一般为100～150毫米，

---

① 吴月：《阿拉善沙漠国家地质公园旅游深度开发研究》，宁夏大学硕士学位论文，2009；丁贞玉：《石羊河流域及腾格里沙漠地下水补给过程及演化规律》，兰州大学博士学位论文，2010。

② 贾鹏、王乃昂、程弘毅等：《基于3S技术的乌兰布和沙漠范围和面积分析》，《干旱区资源与环境》2015年第12期；党慧慧：《乌兰布和沙漠地下水水化学特征和水文地球化学过程》，兰州大学硕士学位论文，2016。

中部为 70～100 毫米，西部仅 50 毫米左右，而大部分地区年蒸发量可达 2000～4000 毫米。降水主要集中在 7、8、9 三个月，占全年降水量的 60%～75%，且越向西越集中。风沙多是本区气候的突出特点，瞬间风速大于 17 米/秒或刮 7、8 级的大风日数，北部多达 50～100 天，南部较少，达 15～30 天，其中 4、5 月份的大风日数可占全年的 30% 左右。[①] 以上数据资料表明：阿拉善盟境内气候极端干旱，降雨量小而蒸发量大，夏热冬寒、昼暖夜凉，太阳能、风能资源较好，自然降水资源严重不足。

　　巴丹吉林沙漠地区呈现极端干旱的大陆性气候，主要受中纬度西风环流和亚洲季风的双重影响，冬春季主要盛行西风、西北风，夏秋季节主要盛行东南风。[②] 区内海拔高度总体呈东南高西北低，降水量及相对湿度都呈现东高西低的特点，蒸发量和风速则呈现西高东低的格局。巴丹吉林沙漠腹地年均温度约为 8℃（7 月约为 26℃，1 月约为 -12℃）。气温年较差在 35℃ 以上，夏季气温最高，其次是秋季、春季、冬季，日较差大；相对湿度在 2 月最高、6 月最小，全年气温分布腹地高、四周低。根据兰州大学资源环境学院地球系统科学研究所巴丹吉林沙漠课题组 2010 年气象观测数据可知，沙漠腹地的降水量沙山顶为 109 毫米，丘间地为 101 毫米，且主要集中在 9 月、5 月，占年降水量的 64.7% 以上。沙漠降水的日变化有很强的局地性，在时间、空间上都具有"斑块"状特点；苏木吉林观测站年总日照时数为 4660 小时。[③] 并通过兰州大学资源环境学院地球系统科学研究所课题组连续 3 年对沙漠内腹地降水的观测数据可知，其年平均降水量仅约 110 毫米，而水面蒸发量达到 1500 毫米[④]。

---

① 资料来源：《阿拉善盟生态建设数据资料汇编》，阿拉善盟环境保护局网站。
② 陈红宝：《巴丹吉林沙漠气象观测与气候特征初步研究》，兰州大学硕士学位论文，2011。
③ 陈红宝：《巴丹吉林沙漠气象观测与气候特征初步研究》，兰州大学硕士学位论文，2011；王乃昂、马宁、陈红宝等：《巴丹吉林沙漠腹地降水特征的初步分析》，《水科学进展》2013 年第 3 期。
④ 王乃昂、马宁、陈红宝等：《巴丹吉林沙漠腹地降水特征的初步分析》，《水科学进展》2013 年第 3 期。

腾格里沙漠地区终年受西风环流控制，属中温带典型的大陆性气候，降水量少而蒸发强烈，年均气温7.8℃，绝对最高气温39℃，绝对最低气温 -29.6℃，无霜期168天，光照3181小时，大于10℃的有效积温3289.1℃，终年盛行西风（西南风和西北风），年均风速4.1米/秒。[①]

乌兰布和沙漠地区属中温带典型的大陆性干旱气候，降水少而蒸发量大。根据1955～2005年吉兰泰气象站观测数据，区域年均气温6℃～8℃，极端最高气温41℃，极端最低气温 -31.2℃，日温差一般在10℃～20℃，霜冻期自10月至次年5月，全年日照数3000小时以上，3～5月盛行西北风，风势强烈，风速一般为3.5～10米/秒，最大风速15米/秒。[②]

二 水文地质条件

（一）水文条件

内蒙古自治区阿拉善盟以内陆河水系为主，东部有黄河过境（全程85千米，流域面积31万平方千米，多年平均径流量315亿立方米）；西部有黑河流入（河道长333千米，流域面积为8.04万平方千米）；山沟泉溪主要发源于贺兰山、雅布赖山、龙首山等山区，共70多处（长度在10千米以上的共27条），流域面积2676平方千米，由降雨补给而形成，泉溪清水流量287升/秒，年清水总量905万立方米，年平均洪水总量5000万立方米；境内四大沙漠中湖盆约有500多处，总面积达6700平方千米，其中：季节性湖泊面积4546平方千米，永久性湖泊面积231平方千米。根据《阿盟水资源开发利用规划（1999年）》，阿拉善盟水资源总量为22.28亿立方米，其中，地表水资源量为7.925亿立方米（包括黑河入境水量），地下水资源量为14.355亿立方米。可利用水资源

---

① 资料来源：http://baike.so.com/doc/5354910 - 5590374.html。

② 党慧慧：《乌兰布和沙漠地下水水化学特征和水文地球化学过程》，兰州大学硕士学位论文，2016。

总量只有 12.775 亿立方米，为水资源总量的 57%；地下水可开采量为 4.85 亿立方米，是地下水资源量的 34%。[1] 由此表明阿拉善地区水资源贫乏，地表径流极缺。

巴丹吉林沙漠地区多年平均降水量 40~110 毫米，降水主要集中在夏季，由东南向西北逐渐减少而蒸发量由东南向西北增加。巴丹吉林沙漠以沙山高大和湖泊众多而著名，最高沙山必鲁图峰超过 430 米。巴丹吉林沙漠共有常年积水湖泊 110 多个，主要分布于沙漠东南部沙山背风坡丘间洼地中，面积大小不等（面积最大湖泊布尔德海子，3.2 平方千米），深度差别也较大（最深湖泊诺尔图，水深 15.9 米），多数为咸水湖、盐水湖、卤水湖，少数微咸水湖和淡水湖分布于沙漠南缘和东缘地区。[2] 湖泊附近多泉水且地下潜水埋藏较浅，TDS < 1 克/升。Sven[3] 等众多学者通过考察巴丹吉林沙漠地区，认为阿拉善高原的西北部曾是河、湖众多的古地理环境；Pachur H. J.[4] 和 Wiiennemann B. 等[5]根据嘎顺诺尔的钻孔发现，当地最高河湖水位期主要出现在39~21ka BP 和 13ka BP 以来的两个时期。武选民等[6]将黑河下游地区分为四个含水层类型，如表 3-1 所示。

① 资料来源：《阿拉善盟水资源开发利用及现状用水情况》，阿盟水务局，2016 年 11 月 11 日。
② 吴月、王乃昂、赵力强等：《巴丹吉林沙漠诺尔图湖泊水化学特征与补给来源》，《科学通报》2014 年第 12 期。
③ Sven Hedin, *Central Asia atlas*, *Memoir on maps* (Stockholm：Statens Etnografiska Museum 1980), pp. 94 - 100.
④ Pachur H. J., Wiiemiemann B., and Zhang H., "Lake evolution in the Tengger Desert, Northwestern China, during the last 40 000 years," *Quaternary Research* 44 (1995), pp. 171 - 180.
⑤ Wiiennemann B., Pachur H. J., Zhang H., "Climatic and environmental changes in the deserts of Inner Mongolia, China since the Late Pleistocene [A]. Alsharhan A. S., et al., Quaternary Deserts and Climatic Change," *Balkema* (1998), pp. 381 - 394.
⑥ 武选民、史生胜、黎志恒等：《西北黑河下游额济纳盆地地下水系统研究（上）》，《水文地质工程地质》2002 年第 1 期。

表 3-1 第四系含水层结构及分布特征

第四系含水层	含水层厚度	特征	组成物质	分布地区
单一结构潜水	150～200 米	从北到南,含水层厚度变大,富水程度变好	洪积物、冲积物、湖积物	西、南部,西部戈壁带,中蒙边界、居延海
双层结构	5～15 米	呈条带状展布	黏土、亚黏土	中部地区
多层结构	150～180 米	与第四系下更新统的沉积中心相一致	中细砂、粉细砂、粉砂、亚黏土、黏土	额济纳旗、赛汗陶菜、古日乃
基岩裂隙水		呈条带状分布		盆地周边

　　巴丹吉林沙漠的北缘和西缘有典型干湖盆存在。谭见安[1]、冯绳武[2]指出,湖盆的形成与古代水网有关,推测可能是黑河水系在地质历史时期变迁中遗留的河床或古河道。仵彦卿等[3]推测河流流经途径为鼎新盆地-哨马营-古日乃湖-古居延泽。额济纳盆地,第四纪早期有两个水流系统,后两个合并为一个(第四纪晚期)。随着黑河水系不断地溯源萎缩及中下游上段人为活动影响,水系格局发生变化。1961 年西居延海干涸,1992 年东居延海干涸。

　　腾格里沙漠地区年平均降水量 102.9 毫米(头道湖气象站多年平均降水量 140 毫米),最大年降水量 150.3 毫米,最小年降水量 33.3 毫米,年均蒸发量 2258.8 毫米[4],表明区域水资源匮乏。

　　乌兰布和沙漠地区多年平均降水量为 110 毫米左右,吉兰泰以南可达 150 毫米,降水量自东向西减少;年平均蒸发量 2866 毫米,最高值 3000.8 毫米,最低值 2687 毫米,蒸发量自东向西递增;平均湿度

　　① 谭见安:《内蒙古阿拉善荒漠的类型》,科学出版社,1964。
　　② 冯绳武:《河西黑河(弱水)水系的变迁》,《地理研究》1988 年第 1 期。
　　③ 仵彦卿、慕富强、贺益贤等:《河西走廊黑河鼎新至哨马营段河水与地下水转化途径分析》,《冰川冻土》2000 年第 1 期。
　　④ 资料来源:http://baike.so.com/doc/5354910-5590374.html。

40.8%，最高为51%，最低仅为34.6%。[①] 表明区域年蒸发量远大于年降雨量、相对湿度较低，水资源比较匮乏，属典型的干旱荒漠地区。

（二）地质条件

内蒙古自治区阿拉善盟属于久经剥蚀夷平的古老高原，其中：戈壁面积9.22万平方千米，占总面积的34.12%；沙漠面积8.4万平方千米，占总面积的31.09%；山地与丘陵面积4.87万平方千米，占总面积的18.02%。[②] 区内沙漠湖盆、丘陵、残山、平地与沙丘交错分布。

巴丹吉林沙漠在大地构造背景上，属拗陷盆地，与额济纳盆地构成巴丹吉林 – 弱水盆地。[③] 在喜马拉雅、新构造运动影响下两盆地分离。[④] 宫江华等[⑤]认为阿拉善地块是华北克拉通的一部分，北大山地区存在新太古代岩石，且为花岗闪长质片麻岩。盆地主要由早中侏罗世、更新统、全新统等的洪积、冲积等粗碎屑，河流相、湖泊相沉积组成。[⑥] 河西走廊为中新生代断陷盆地和北山隆起带，龙首山北侧为古、中生代花岗岩，都构成祁连山地下水向北的阻水屏障。阿尔金断裂自西藏的拉竹龙到甘肃的金塔盆地，隐没于巴丹吉林沙漠之中，而并未在金塔终止[⑦]，可能通过巴丹吉林沙漠后继续延伸[⑧]。

---

① 党慧慧：《乌兰布和沙漠地下水水化学特征和水文地球化学过程》，兰州大学硕士学位论文，2016。

② 资料来源：《阿拉善盟生态建设数据资料汇编》，阿拉善盟环境保护局网站。

③ 龚家栋、程国栋、张小由等：《黑河下游额济纳地区的环境演变》，《地球科学进展》2002年第4期；卢进才、魏仙样、魏建设等：《内蒙古西部额济纳旗及其邻区石炭系—二叠系油气地质条件初探》，《地质通报》2010年第2期。

④ 龚家栋、程国栋、张小由等：《黑河下游额济纳地区的环境演变》，《地球科学进展》2002年第4期。

⑤ 宫江华、张建新、于胜尧等：《西阿拉善地块～2.5Ga TTG 岩石及地质意义》，《科学通报》2012年第Z2期。

⑥ 龚家栋、程国栋、张小由等：《黑河下游额济纳地区的环境演变》，《地球科学进展》2002年第4期。

⑦ 葛肖虹、刘永江、任收麦等：《对阿尔金断裂科学问题的再认识》，《地质科学》2001年第3期；葛肖虹、任收麦、刘永江等：《中国西部的大陆构造格架》，《石油学报》2001年第5期。

⑧ 任收麦、葛肖虹、刘永江：《阿尔金断裂带研究进展》，《地球科学进展》2003年第3期。

巴丹吉林沙漠湖盆内沉积了暗色泥页岩、泥灰岩。低绿片岩相、角闪岩相变质岩，火山岩、碎屑岩、碳酸盐岩分布于盆地不同区域。泥页岩带构成了大范围内的阻水层，可将基岩裂隙水、浅层地下水、深层地下水、地表水等隔开。[①]

腾格里沙漠为阿拉善台地东南部一断陷盆地，地质构造上属潮水－腾格里边缘拗陷的一部分，经加里东、海西运动产生褶皱隆起，并伴有深大断裂及岩浆侵入，后经燕山运动两侧山区急剧上升，盆地下陷接受了侏罗、白垩及第三纪的内陆湖相沉积，沉积层厚 3500～4000 米，构成山间自流水构造盆地。至上更新世，腾格里沙漠连续堆积洪、湖相碎屑物、冲积洪积物。全新世气候干旱，广泛堆积成各种形态沙丘，沙丘间干涸湖盆中沉积有薄层湖积物。[②]

乌兰布和沙漠腹地地形较平坦，上多覆盖风成砂，分布的风积层为土黄色的中细砂和细砂；巴彦乌拉山东侧为吉兰泰盆地，是由鄂尔多斯、银川、阿拉善高原和贺兰山抬升引起的新生代断裂盆地，吉兰泰盐湖沉积物主要是湖积沉积物和风成层沉积物；山间洼地沉积有渐新统红色碎屑岩及较薄的第四纪沉积物；贺兰山山前洪积平原上层覆盖着第四纪沉积物，其厚度大于 400 米；巴彦乌拉山东部山前平原主要由变质岩、砂岩、泥岩组成。[③] 地貌主要为垄状沙山、蜂窝状及新月形沙丘和平盖沙及新月形沙丘。

三　动植物条件

内蒙古自治区阿拉善盟境内主要植被类型为旱生和超旱生的灌木与

① 陈高潮、李玉宏、史冀忠等：《内蒙古西部额济纳旗及邻区石炭纪—二叠纪盆地重矿物的特征及意义》，《地质通报》2011 年第 6 期。
② 丁贞玉、马金珠、何建华：《腾格里沙漠西南缘地下水水化学形成特征及演化》，《干旱区地理》2009 年第 6 期。
③ 党慧慧：《乌兰布和沙漠地下水水化学特征和水文地球化学过程》，兰州大学硕士学位论文，2016。

小半灌木，呈单个丛状分布，植被盖度多数为 1% ～ 35%。[①] 主要类型及代表植物有以下几类。（1）贺兰山森林植物：青海云杉、山杨、白桦、油松、杜松及蒿草草甸等。（2）荒漠戈壁植物：木本猪毛菜、短叶假木贼、膜果麻黄、霸王、梭梭、泡泡刺、绵刺、琵琶柴及沙冬青等。（3）额济纳河河两岸草甸植被：胡杨、柽柳、沙枣和苦豆子等。其中：胡杨（又名胡桐，蒙古语称"陶来"）是世界上最古老的杨树品种，属落叶乔木，生命力极强，有"生而不死一千年，死而不倒一千年，倒而不朽一千年"的三千年生命之说，不仅可防风固沙，创造适宜农牧业生产的绿洲气候和形成肥沃土壤，而且是荒漠草原上绝无仅有的用材林；怪树林是胡杨林因地下水水位下降和气候干旱缺水枯死所致，有的枯枝遍野，有的枯干向天，有的仅存"一线生机"，怪树林已经成为"警世林"，它沉重地向人们敲响了必须重视保护生态环境的警钟。（4）盐湖周围多生长耐盐、泌盐植物：盐爪爪、芦苇、芨芨草等。（5）沙漠周围主要分布着沙生植物：沙竹、沙生针茅、多根葱及白刺、沙拐枣等。

巴丹吉林沙漠腹地高大沙山与丘间地分布有众多沙生植物，主要包括胡杨（*Populus euphratica*，高 15 ～ 30 米）、梭梭（*Chenopodiaceae*，高 1 ～ 7米）、红柳（*Tamarix ramosissima*，高 2 ～ 3 米）、沙拐枣（*Calligonum arborescens Litv.*，高 1 ～ 4 米）、花棒（*Hedysarum scoparium*，高 90 ～ 200 厘米）、沙冬青（*Ammopiptanthus mongolicus*，高 100 ～ 200 厘米）、麻黄（*Ephedra*，高 40 多厘米）、甘草（*Glycyrrhiza uralensis*，根茎长 25 ～ 100 厘米）、白刺（*Nitraria tangutorum Bobr*，高 30 ～ 50 厘米）、沙蒿（*Artemisia desterorum Spreng*，高 30 ～ 80 厘米）、沙米（*Agriophyllum squarrosum*，高 20 ～ 100 厘米）、沙葱（*Allium mongolicum*，高 20 ～ 50 厘米）及肉苁蓉（*Cistanche deserticola*，高 80 ～ 100 厘米）等。其中，灌木较零星分布，

---

① 资料来源：《阿拉善盟生态建设数据资料汇编》，阿拉善盟环境保护局网站。

草本植物成片分布。

复杂多样的地理条件是野生动物得天独厚的繁衍地，阿拉善盟境内的荒漠动物资源异常丰富。生态动物群属于温带荒漠、半荒漠动物群，群落结构简单，共计约 200 余种类，其中两栖类、爬行类、鸟类、兽类野生动物 188 种，[①] 主要包括梅花鹿、马鹿、岩羊、青羊、黄羊、麝、黑鹳、天鹅、蓝马鸡、野牦牛等。受国家一、二、三类保护的有 27 种，其中一级保护动物 6 种，二级保护动物 10 种，三级保护动物 11 种。沙漠地区还分布有大量的双峰驼，可以在阿拉善盟境内进行骆驼选育及科研工作，建成骆驼基因库，开发新的骆驼饲喂方式，开展骆驼品种资源调查和种畜鉴定。

四　小结：自然资源特征

1. 矿产资源富集

阿拉善盟现已探明的矿藏有 86 种，占内蒙古自治区发现矿种的 71.67%。其中有开发利用价值的 54 种，现已开采 40 种。[②]

2. 土地资源丰富

阿拉善盟属典型的生态经济型土地利用区域，有宜耕土地 300 万亩，其中现有水浇地 33 万亩，播种面积 28.6 万亩。全盟草场总面积 2.6 亿亩，可利用面积 1.5 亿亩。全盟森林总面积 1336.6 万亩，其中：贺兰山以青海云杉为主的天然次生林 36 万亩；额济纳天然胡杨林 45 万亩；天然梭梭林 1000 万亩。[③] 2018 年，全盟森林覆盖率为 8.0%。

3. 动植物资源独特

阿拉善双峰驼和白绒山羊是阿拉善盟的两大优势畜种，各类野生动

---

① 阿拉善盟行政公署，《阿拉善盟生物资源》，2019 年 4 月 9 日；阿拉善盟行政公署，《阿拉善概况》。

② 阿拉善盟国土资源部：《拟建内蒙古阿拉善盟沙漠世界地质公园总体规划》。

③ 资料来源：http：//baike. so. com/doc/5354910 - 5590374. html。

物 180 余种，其中国家重点保护动物 37 种；阿拉善盟有野生植物 600 多种，其中肉苁蓉、麻黄、甘草、琐阳、苦豆子、山沉香等属野生名贵中药材。[①]

4. 光热、风能资源丰富

阿拉善盟境内 ≥ 10℃ 的积温一般为 3200℃ ~ 3600℃，日照时数 3400 ~ 3500 小时/年，刮 7、8 级的大风日数北部多达 50 ~ 100 天、南部达 15 ~ 30 天，主要集中在春季。表明研究区日照充足，光热资源及风能资源丰富。

5. 旅游资源得天独厚

阿拉善盟境内奇特的大漠风光、秀美的贺兰山神韵、雄浑的戈壁奇观、神秘的宗教寺庙和岩画、古老的地质遗迹等旅游资源，构成独具特色的旅游景区及旅游产品，助推阿拉善盟旅游业的发展。

6. 水资源缺乏

阿拉善盟境内东部有黄河过境，西部有黑河流入，但河流在境内流程短、流域面积小，不能满足当地大规模农业、工业的开发。山沟、泉、溪、沙漠湖泊众多，但水量小且不易利用，故而当地民众对这部分水资源的利用率较低。阿拉善盟地处我国内陆地区，降水量小而蒸发量大，且降水季节分布不均匀，是典型的水量型缺水地区。以上水资源条件都显示阿拉善盟水资源贫乏，是发展当地经济的制约因素。

第三节　社会经济条件

一　社会经济条件

阿拉善盟位于内蒙古自治区西部，包括阿拉善左旗、阿拉善右旗、

---

① 资料来源：http://baike.so.com/doc/5354910 - 5590374.html。

额济纳旗，盟政府所在地为阿拉善左旗。巴丹吉林沙漠位于阿拉善盟右旗北部，主要属内蒙古额济纳旗和阿拉善右旗，东部小范围属阿拉善左旗；腾格里沙漠位于阿拉善左旗西南部，跨甘肃、宁夏、内蒙古三省区；乌兰布和沙漠位于阿拉善左旗和巴彦淖尔市境内。

根据阿拉善盟行政公署《阿拉善盟 2015～2018 年国民经济和社会发展统计公报》公布资料，2018 年，阿拉善盟地区生产总值合计 387 亿元，其中，第一产业增加值同比增长 3.8%，第二产业增加值同比增长 10.6%，第三产业增加值同比增长 7.5%，三次产业比例为 4.7∶59∶36.3；常住人口 24.94 万人，其中，城镇人口约 19.56 万人，农村人口约 5.38 万人，人均 GDP 约 155172 元。根据《内蒙古统计年鉴 2018》，阿拉善盟职工年平均工资约 72983 元，居全区第 2 位（见图 3-2）。城镇居民人均可支配收入、农牧民人均可支配收入、社会消费品零售总额、三次产业结构、农作物种植面积、年度牲畜总头数统计数据显示，2018 年全盟地区生产总值同比增长 8.8%，城镇居民人均可支配收入同比增长 7.5%，农村人均可支配收入同比增长 9.2%，社会消费品零售总额同比增长 4.4%，第三产业比重较 2015 年略有增加，农作物总播种面积自 2010 年以来呈波动增长，年度牲畜存栏头数呈下降趋势（见表 3-2、表 3-3、图 3-3）。阿拉善左旗和阿拉善右旗地区产业结构以第二产业为主，第三产业发展次之，第一产业相对薄弱并显示以种植与畜牧养殖业并重的特点；额济纳旗产业结构显示出第二产业与第三产业并重的特点，第一产业比较落后，旅游业成为当地经济发展的支柱产业。总体而言，阿拉善盟的经济结构趋于优化，逐步向第三产业转移。2015 年阿拉善盟人均 GDP 约 133187 元，居于鄂尔多斯、克拉玛依、东营、深圳、广州、苏州、包头之后，居全国第 8 位；[①] 2018 年阿拉善盟人均 GDP 约 155172 元，居于全国百强城市排名

---

① http：//www.360doc.com/content/16/0406/20/502486_ 548401078. shtml.

第 7 位的广州（158638 元）之后，表明阿拉善盟人民生活水平明显改善，高于全区乃至全国大多数地区。根据《2017 中国土地矿产海洋资源统计公报》，截至 2017 年末，全国耕地面积为 20.23 亿亩，人均耕地面积约 1.46 亩。阿拉善盟耕地面积约 41 万亩，① 人均耕种面积约 1.67 亩，区域农作物种植以水浇地为主，水资源短缺成为发展种植业的限制因素。阿拉善盟牛、羊、猪肉产量大，品质高，是我国重要的牛、羊肉供应区。

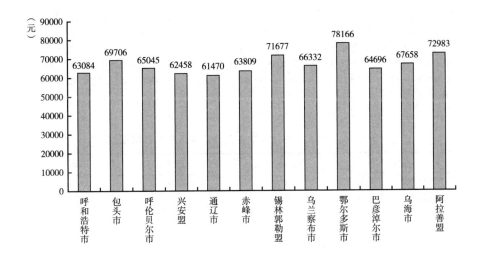

图 3 - 2　内蒙古自治区各盟市职工平均工资（2017）

资料来源：《内蒙古统计年鉴（2018）》。

随着改革开放及西部大开发战略的实施，特别是随着阿拉善盟实施"转移发展战略"，加大生态建设和基础设施建设的力度以及加速工业化、城镇化、农牧业产业化的推进以来，全盟经济呈现出良好的发展态势，为当地经济的进一步发展奠定了较好的基础。

---

① 资料来源：《内蒙古统计年鉴 2012》《内蒙古统计年鉴 2010》。

表 3 - 2 2015~2018 年阿拉善盟部分社会经济指标数据汇总

指标	2015 年	2016 年	2017 年	2018 年
地区生产总值(亿元)	322.58	342.32	355.67	387/284
人均生产总值(元)	133187	139951		155172
全体居民人均可支配收入(元)	28323	30569	33229	35854
城镇居民人均可支配收入(元)	32253	34737	37585	40407
农村人均可支配收入(元)	15563	16746	18186	19854
社会消费品零售总额(亿元)	68.06	74.44	79.44	82.9
三次产业结构	3.7:68:28.3	3.7:66.3:30	5.7:57.3:37	4.7:59:36.3
农作物总播种面积(千公顷)	56.86	61.34	80.42	82.00
年度牲畜存栏头数(万头/只)	176.10	175.89	149.45	102.60
森林覆盖率(%)	7.77	7.85	8.01	8.00

资料来源:《内蒙古统计年鉴 2016》《内蒙古统计年鉴 2017》《内蒙古统计年鉴 2018》,阿拉善盟行政公署、阿拉善盟统计局:《阿拉善盟 2018 年国民经济和社会发展统计公报》。其中:2017年地区生产总值根据统计资料增长速度 3.9% 计算得出;2018 年地区生产总值根据统计资料增长速度 9.0% 计算得出 387 亿元,284 亿元为"阿拉善盟行政公署-走进阿拉善-经济"数据,本文选用 387 亿元。

表 3 - 3 2018 年阿拉善盟主要社会经济指标数据汇总

指标	数量	指标	数量
全体居民人均可支配收入	35854 元	消费支出	26332 元
城镇居民人均可支配收入	40407 元	消费支出	29048 元
农村人均可支配收入	19854 元	消费支出	16880 元
社会消费品零售总额	82.9 亿元	三次产业结构	4.7:59:36.3
农作物总播种面积	82 千公顷	粮食总产量	18.8 万吨
年度牲畜存栏头数	102.6 万头/只	年度良种牲畜总头数	73.4 万只/头

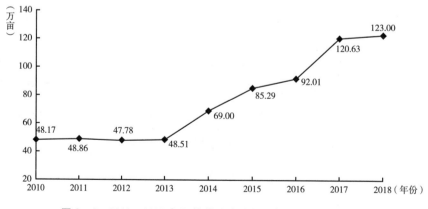

图 3 - 3 2010~2018 年阿拉善盟农作物总播种面积变化趋势

二　历史文化资源

1. 民族部落

阿拉善盟境内的少数民族以蒙古族为主。蒙古族主要有四个分支，即阿拉善和硕特部、额济纳土尔扈特部、原籍蒙古人民共和国喀尔喀部、原籍内蒙古东北蒙古各部。[①] 此外，阿拉善盟还有一支信仰伊斯兰教的蒙古族人，当地称其为"科布尔"蒙古，也称"蒙古回回"。

2. 民族历史与文化

和硕特部是中国卫拉特蒙古四部之一，中外史籍大多认为其是元祖成吉思汗之弟哈布图哈萨尔的后裔。阿拉善和硕特又称西套和硕特，位于内蒙古自治区西部、额济纳河以东、贺兰山以西，南接甘、凉，北临瀚海，即包括阿拉善左旗、阿拉善右旗、巴彦淖尔市磴口县。额济纳土尔扈特部也是我国西北卫拉特蒙古四部之一，主要分布于阿拉善盟额济纳旗境内。喀尔喀部是因受蒙古大革命影响，分批移居阿拉善盟境内的原籍蒙古人民共和国的蒙古族部落，主要分布在阿拉善左旗巴彦木仁、敖伦布拉格、乌素图苏木一带。东北蒙古各部是指原籍内蒙古自治区东部的蒙古族，后因工作调动、毕业分配、婚姻嫁娶及投亲靠友等定居阿拉善地区的蒙古族部落。

3. 民族歌舞

蒙古族有丰富多彩的歌舞、音乐和精湛的工艺品。蒙古民歌具有民族声乐的独有风格，表现了蒙古族人民质朴爽朗、热情豪放的性格。蒙古族舞蹈久负盛名，传统的马刀舞、顶碗舞、筷子舞等，表现了蒙古族劳动人民热情、精壮的健康气质。马头琴是蒙古人民最喜爱的民族乐器，因为琴杆的上端雕有一个很精致的马头，所以叫"马头琴"。马头琴的声音辽阔低沉，悠扬动听，仿佛把人们带进茫茫无边的草原。

---

① 吴月：《阿拉善沙漠国家地质公园旅游深度开发研究》，宁夏大学硕士学位论文，2009。

4. 民族食品

蒙民的饮食品，以牛肉、羊肉、奶制品为主，另有炒米等。平时宴请以手抓羊肉为主，尊贵客人则以羊背子、烤全羊款待。

5. 民族服饰

蒙古族人民的衣着具有明显的季节性，通常夏天穿单褂，春秋穿夹袍与薄棉袍（称蒙古袍），冬季穿羊皮袍，外披长毛羔皮大衣，具有典型的民族特征。自新中国成立以来，尤其是改革开放以来，全国各民族大融合，现如今，绝大多数蒙古族人民与汉族人民一样，穿时尚潮流服装，只有在重要场合或重大节日时蒙古族人民才盛装出行，如婚丧嫁娶、召开那达慕大会等时才穿蒙古袍。

三　旅游资源

（一）自然旅游资源

阿拉善盟自然旅游资源丰富，其中沙漠、戈壁、风蚀地貌景观类型多样，流水地质作用类及水文地质类景观独具特色，古生物化石类资源具有较高的考古学价值，光能资源极为丰富，热量资源在内蒙古自治区居于首位，风能资源也较好，沙漠生物多样性丰富，还有名贵的中药肉苁蓉等，都具有较高的经济和观赏价值。

1. 风力作用形成的地质景观资源

巴丹吉林沙漠、腾格里沙漠、乌兰布和沙漠、亚玛雷克沙漠、广袤的戈壁是阿拉善盟境内风力作用形成的地质旅游资源，其中巴丹吉林沙漠以高大雄伟的沙山、密集分布的沙漠湖泊和奇特的鸣沙景观闻名于世。

额济纳旗的戈壁多为"黑戈壁"，地表碎石累累，多具有明显的棱角和油黑发光的漆皮，称之为"荒漠漆"①，是研究戈壁形成、发展和演化的最佳场所。

---

① 阿拉善盟国土资源部：《拟建内蒙古阿拉善盟沙漠世界地质公园总体规划》。

海森楚鲁风蚀地貌出露面积约为数十平方千米，花岗岩岩体表面千疮百孔、形如蜂巢、状如巨龛，数量众多、大小参差、形态各异，可谓一本研究风蚀地貌的天然教科书，具有很高的科研和美学观赏价值。

2. 沉积作用类地质景观资源

巴丹吉林沙漠鸣沙声音类似直升轰炸机的声响，似雷声滚滚，沉闷而深远，25 千米处可清楚听见，而且鸣沙山数量之多、分布之广、响声之大，世界少见，与美国鸣沙、甘肃敦煌和内蒙古鄂尔多斯市的鸣沙相比，沙丘高、污染少、保护好、面积大，为"世界鸣沙王国"。[1]

3. 流水作用形成的地质景观资源

敖伦布拉格峡谷群又名"梦幻峡谷群"，位于阿拉善左旗敖伦布拉格镇境内，是在早期流水作用侵蚀下形成的丹霞地貌的基础上，又在风蚀作用下形成的雅丹地貌，岩石呈深红色。[2] 该地区发育较好的大峡谷就有十条，峡谷蜿蜒曲折，发育有大量的风蚀龛、象形石（如猛虎、绵羊、蘑菇等），记录了百万年来该地区地貌的变迁及地质的演化过程，具有较高的科学研究和美学观赏价值。

红墩子大峡谷又称"一线天大峡谷"，属于风蚀原石构造的稀有峡谷景观，全长约 5 千米，遍布红色或红褐色风蚀岩壁，陡峭险峻，宏伟壮观，谷内风光秀丽、奇峰突起，并发育有断层、重力堆积物、涡穴等许多地质遗迹景观，具有很高的美学观赏价值。[3]

骆驼瀑位于阿拉善左旗敖伦布拉格苏木境内，是随季节和降雨变化而出现的落差可达 50 米的时令性瀑布。[4] 夏季暴雨过后，水流从悬崖倾泻而下，形成瀑布，驼影栩栩如生，景观十分罕见，具有极高的观赏游览价值。

---

① 吴月：《阿拉善沙漠国家地质公园旅游深度开发研究》，宁夏大学硕士学位论文，2009。
② 阿拉善盟国土资源部：《拟建内蒙古阿拉善盟沙漠世界地质公园总体规划》。
③ 阿拉善盟国土资源部：《拟建内蒙古阿拉善盟沙漠世界地质公园总体规划》。
④ 阿拉善盟国土资源部：《拟建内蒙古阿拉善盟沙漠世界地质公园总体规划》。

4. 水文地质类地质景观资源

居延海位于额济纳旗达来呼布镇东北约 50 千米，古弱水的归宿地，史前是西北最大的湖泊之一。[①] 阿拉善盟境内的沙漠湖泊主要分布于巴丹吉林沙漠和腾格里沙漠内，多为咸水湖，存在不同程度的富营养化，湖泊内多有淡水泉，四周环境优美，风景宜人，其中月亮湖旅游开发程度已经达到较高水平，还包括风景优美的天鹅湖、通湖等 500 多个沙漠湖泊，为农牧民的生活提供了天然的牧场和农耕的基地。

5. 古生物化石类地质旅游资源

（1）动物化石。额济纳旗马鬃山古生物化石自然保护区主要的保护对象为早白垩纪地层中的恐龙骨架化石、恐龙足迹化石及其蛋化石，龟鳖类化石、鳄类化石等古脊椎动物化石，同时还包括石炭纪地层中的古脊椎动物化石，这些都是国内罕见的地质遗迹。[②] 阿拉善左旗罕乌拉苏木恐龙化石地质遗迹自然保护区主要的保护对象包括下白垩纪地层中晰臀目兽脚亚目的一些肉食龙类和鸟臀目的禽龙类化石，以及上白垩纪地层中甲龙类和鸭嘴龙类化石等，[③] 具有重要的科学研究价值、保护价值和开发价值。

（2）木化石。钙化木化石主要分布在额济纳旗马鬃山古生物化石自然保护区的南泉分区，分布面积约 16.7 平方千米，粗者直径约 70～80 厘米，细者直径约 5 厘米左右，颜色呈棕红色，质地硬脆、纹理清楚，年轮清晰可见，似成片的森林，故称"钙化木森林"。[④] 这样大片的钙化木化石群在国内都是罕见的，具有极高的科学研究和保护价值。

6. 构造–重力地质作用类

"神根"位于阿拉善左旗敖伦布拉格苏木境内，是挺立于山间的天

---

① 阿拉善盟国土资源部：《拟建内蒙古阿拉善盟沙漠世界地质公园总体规划》。
② 阿拉善盟国土资源部：《拟建内蒙古阿拉善盟沙漠世界地质公园总体规划》。
③ 阿拉善盟国土资源部：《拟建内蒙古阿拉善盟沙漠世界地质公园总体规划》。
④ 阿拉善盟国土资源部：《拟建内蒙古阿拉善盟沙漠世界地质公园总体规划》。

然风蚀石柱，高约 28.5 米，石柱整体由褐红色砂砾岩组成，柱身稍有倾斜。[①] 因其伟岸挺拔、直刺蓝天，被称为"神根"。有少数民族先人筑庙宇于其侧，曰"红塔寺"。

神水洞位于阿拉善左旗敖伦布拉格峡谷群的一峡谷中，属层间裂隙汇水后经构造裂隙渗透而形成。[②] 洞穴水流长年不断，泉水甘甜可口，经检验达到国家饮用矿泉水标准，且含有多种对人体有益的元素，当地牧民奉其为"神泉"。

7. 沉积矿产

吉兰泰盐湖位于阿拉善左旗北部吉兰泰镇的西南部，矿产资源丰富，是第四纪以来形成的固液相并存的石盐、芒硝矿床，属内陆中型盐矿。盐湖总面积为 120 平方千米，有盐面积达 60 平方千米，总储量约1.2 亿吨，[③] 有近 300 年的开采历史，是内蒙古面积最大、产盐量最多的盐湖，也是中国第一座大型机械化天然盐湖生产基地。吉兰泰盐湖是开展工业游及盐浴和理疗的最佳场所，具有很高的旅游开发价值。

8. 戈壁奇石

阿拉善戈壁奇石主要分布于阿拉善左旗北部戈壁地带，主要产于乌力吉苏木、银根苏木等戈壁地区，在巴丹吉林沙漠腹地也有分布。奇石属风凌石，主要为硅质岩，有水晶、玛瑙、碧石、玉髓、蛋白石、硅华、硅化物等。[④] 其中葡萄玛瑙是戈壁奇石中的珍品，坚硬如玉、晶莹剔透、色彩绚丽、造型奇特，形成条件又十分苛刻，非常稀少，因此十分贵重。

（二）人文旅游资源

阿拉善盟悠久的历史文化旅游资源包括古老的民族历史文化、令人神往的蒙古风情、众多美丽的传说等，加之曼德拉岩画、巴丹吉林庙、

---

① 阿拉善盟国土资源部：《拟建内蒙古阿拉善盟沙漠世界地质公园总体规划》。
② 阿拉善盟国土资源部：《拟建内蒙古阿拉善盟沙漠世界地质公园总体规划》。
③ 阿拉善盟国土资源部：《拟建内蒙古阿拉善盟沙漠世界地质公园总体规划》。
④ 阿拉善盟国土资源部：《拟建内蒙古阿拉善盟沙漠世界地质公园总体规划》。

南寺、北寺、延福寺等宗教文化遗产，黑城遗址、东风航天城、策克口岸等，使当地的旅游资源不仅具有较高的观赏价值和科学考察价值，更具有深厚的历史文化价值。

巴丹吉林庙系阿拉善八大古庙之一，是我国唯一坐落于沙漠腹地的佛教寺院。建于1791年（乾隆五十六年），总占地面积约273.7平方米。[①] 当初建庙用的一砖一瓦一木，全是虔诚的信徒用骆驼从几百里之外搬运而来，现在的庙室分为上、下两层，寺庙建筑气势雄伟、庄重肃穆、典雅美观，有"沙漠故宫"之称，是巴丹吉林沙漠中人们集会和礼佛的重要场所。巴丹吉林庙常年香烟缭绕，主要佛事活动包括每年正月初七至十五的祈愿法会、每年六月初七至十六举行的尼玛会、每年十月二十一日举行的展灯法会等。

黑城遗址位于弱水河东岸，东西长47米，南北宽384米，总面积18050平方米。其西北角屹立着一座高12米的覆钵式佛塔，是黑城的标志。在西汉时期，黑城是居延地区的重要组成部分。[②] 1372年明朝征西将军冯胜攻破黑城后，明朝随即放弃了这一地区，此后黑城便在尘封的历史里沉睡了几百年。

策克口岸距达来呼布镇60千米，与蒙古国西伯库伦口岸相对应。1992年经内蒙古自治区人民政府批准开通为季节性二类陆路口岸。2004年9月1日新口岸正式开通，成为与蒙古国贸易交流的重要陆路通道。

曼德拉岩画是古代游牧民族在曼德拉山黑色岩石上，凿刻和磨制的几千幅图像，包括各种动物图案及宗教活动、图腾等，具有较高的科研价值。

南寺，又称广宗寺，位于阿拉善左旗巴润别立镇，寺内珍藏有大量稀有的佛像、佛经和佛教文物、艺术品等，是研究藏传佛教的重要庙

---

① 阿拉善盟国土资源部：《拟建内蒙古阿拉善盟沙漠世界地质公园总体规划》。
② 阿拉善盟国土资源部：《拟建内蒙古阿拉善盟沙漠世界地质公园总体规划》。

宇。而且南寺的动植物种类众多，尤其原始森林内的珍贵树种是研究当地气候变化的重要物种。

北寺，又称福音寺，为阿拉善八大寺庙之一，建筑物多达百座，亭、堂、殿、阁遍布。其悠久的历史文化和得天独厚的自然景观，吸引众多的游客游览参观和参与佛事活动。

延福寺，俗称"王爷庙"，也叫"王爷家庙"，属阿拉善八大寺庙之一，寺内有大经堂、菩萨殿、四大天王殿、转经楼、钟鼓楼、阿拉善神殿等。

四 小结

阿拉善盟地处我国西北内陆地区，土地资源丰富。沙漠及戈壁面积广阔，导致其交通不便，社会经济条件落后，人们的科学文化水平低。当地人口稀少，人均占有的土地面积丰富，但由于气候干旱、水资源严重匮乏，可利用的土地面积相对较少。阿拉善盟发展经济的最大限制因素就是缺少水资源。故而本书通过研究阿拉善盟地下水水质、水源等问题，基本了解该地区水资源状况及水资源开发利用现状，探讨区域荒漠化防治及沙产业发展的主要措施及建议，以期在优先保护生态环境的同时，促进当地社会经济发展，建设天蓝、地绿、水美、人民富裕的阿拉善，助推阿拉善盟与全国同步建成全面小康社会。

如何利用丰富的土地资源、有限的水资源发展当地的经济，是摆在我们面前亟待解决的问题之一。因此，通过引进先进的科学技术、工程技术、生物技术等改变现有基础设施条件及生物生长环境条件等，推进未来农业——沙产业的发展，是推动阿拉善盟经济发展、社会稳定、生态优美的一项重要工作。

阿拉善盟依托丰富的地质旅游资源、悠久的历史文化资源，可以助推当地旅游业的发展，进而增加当地的财政收入，财政投资又可推动沙产业的进一步发展，从而形成良性的产业发展模式。

第四章　阿拉善沙漠地区
水质水源特征

　　水资源是制约西北干旱区经济、社会发展的重要因素。如何合理利用、开发、保护干旱区稀缺水资源，是政府部门和科研工作者们共同考虑的问题之一。其中，非常重要的一点就是必须了解水资源的类型、特征、水质、补给来源、补给量等。而水循环研究中的一项重要内容是根据地下水水化学及同位素特征，进一步研究：（1）定量估算含水层可更新能力、补给速率等；（2）识别地下水补给源、估算地下水补给量；（3）判别大气降水、地下水与地表水之间补排关系；（4）不同来源的古老地下水的混合作用；（5）追溯地下水污染源；（6）测定水文地质参数；（7）进行地下水水资源评价；等等。[①]

　　阿拉善盟境内黄河分配的水资源量有限，西部黑河入境流量少、覆盖地域范围小，区域地表水资源匮乏。沙漠与戈壁赋存的地下水是当地居民生活和生产的重要水资源，而沙漠地区地下水的赋存形式、水质、水源、水资源量及补给速率等问题是政府部门和学术界一直关注的民生问题，但目前尚未形成定论。因此，本书通过研究巴丹吉林沙漠、腾格里沙漠、乌兰布和沙漠地区地下水的水质、水源及更新速率，基本了解

---

　　① 翟远征、王金生、左锐等：《地下水年龄在地下水研究中的应用研究进展》，《地球与环境》2011年第1期。

阿拉善盟的地下水资源情况，明确当地水资源开发利用模式，对确立阿拉善盟在"建设美丽新中国"一盘棋规划中的生态屏障地位，进而探讨如何利用有限的水资源发展未来农业——沙产业和生态旅游业具有重要意义。

第一节　巴丹吉林沙漠地区的水质水源特征

俄罗斯探险家科兹洛夫 1908 年考察了巴丹吉林沙漠黑城 - 波罗聪芝的谷地 - 戈伊措谷地 - 哈沙塔牧场 - 永红、珠斯郎 - 鄂博 - 扎门呼都克 - 哈亚 - 塔尔加 - 埃利肯呼都格 - 多石谷地 - 丘伦奥恩盖楚 - 塔木素 - 塔布阿尔达 - 摩托奥博嫩希 - 曼达尔井 - 阿尔滕布雷克 - 杜尔本莫托（四棵树） - 察凯尔代克泰呼都克（大杨树巴彦乌拉山）。英国探险家马克·奥雷尔·斯坦因四次深入我国西北地区进行考察并窃取了许多保存完好的历史文物。巴丹吉林沙漠早期的科学调查，作为阿拉善戈壁探险的一部分，只进行了周边地区调查，如以斯堪的纳维亚科学家为首的调查。中国 - 瑞典西北联合考察团于 20 世纪 30 年代考察了弱水下游终端湖。中国科学院治沙队 20 世纪五六十年代调查了巴丹吉林沙漠的社会、经济、自然状况。20 世纪 80 年代后，柏林自由大学、中国科学院沙漠所（中国兰州）、德国哥廷根大学多次考察巴丹吉林沙漠地区。自 2009 年 9 月至 2014 年，兰州大学资源环境学院地球系统科学研究所课题组对巴丹吉林沙漠腹地及周边进行长期连续考察，获得了大量第一手实验数据及观测数据，填补了该区域系统研究的空白。

一　巴丹吉林沙漠典型湖泊水与地下水野外参数特征

本书选取兰州大学资源环境学院地球系统科学研究所课题组采集于 2009～2011 年巴丹吉林沙漠地区 36 个典型湖泊水及地下水的野外测量数据（见图 4 - 1），并结合最深、最大的湖泊——诺尔图的湖水和附近地下水的野外理化参数制表（见表 4 - 1），分析巴丹吉林沙漠腹地湖泊群典型湖水与附近地下水理化参数特征。本书所使用的多参数电导水

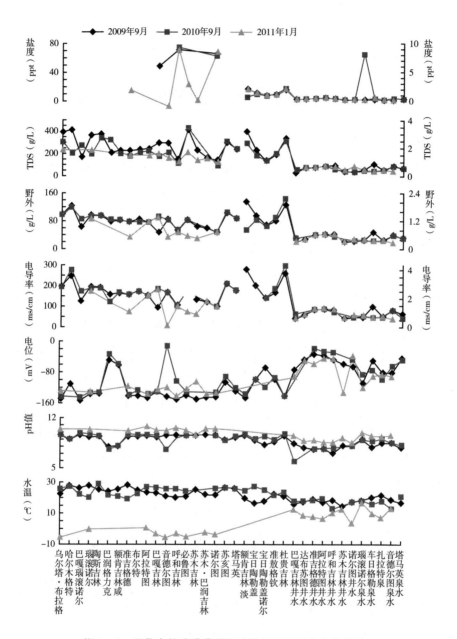

图 4 - 1 巴丹吉林沙漠典型湖泊及地下水理化参数统计

表 4 – 1　诺尔图及湖边地下水理化参数

样品	采样时间	纬度(°N)	经度(°E)	水温(℃)	pH 值	电位(mV)	电导率(ms/cm)	野外 TDS(克/升)	盐度(ppt)
湖水	2009.9	39.77	102.47	22.0	9.56	-143	100.70	50.30	73.00
井水	2009.9	39.77	102.47	17.4	8.22	-64	0.70	0.35	0.34
湖水	2010.10	39.78	102.46	26.1	9.69	-132	98.30	49.20	71.30
井水	2010.10	39.77	102.47	17.3	8.19	-46	0.71	0.36	0.35
湖水	2011.1	39.77	102.47	-3.6	10.52	-134	97.00	48.40	73.90
弃用井	2011.1	39.77	102.47	3.1	8.51	-35	0.89	0.44	0.42

参仪共有两个探头，一个是 pH 探头，另一个是电导探头，二者测定不同的参数项，但二者都能测定水温值，很多情况下测得的同一时间、同一地点、同一水样的温度差异不大，但有时温度差达 3℃ 左右，鉴于此，在室内利用温度计对电导水参仪的温度进行校正（见表 4 – 2），结果显示 pH 测得的水温值与温度计测得的值更接近，所以本书使用的野外参数温度是指 pH 探头温度。

表 4 – 2　多参数电导水参仪与温度计测定的水温数据

实验次数	1	2	3	4	5	6
温度计/℃	18.0	18.4	41.2	23.0	20.6	22.4
pH 探头温度/℃	18.1	18.5	41.3	23.3	21.0	22.5
电导探头/℃	17.9	17.9	41.5	24.2	20.8	20.4

从图 4 – 1、表 4 – 1 可以看出：（1）不论是水温、pH 值、电位，还是电导率、TDS、盐度，巴丹吉林沙漠湖泊水和地下水的年际变化都较小，但湖泊水的变化大于地下水的变化；（2）地下水的水温冬季略低于夏秋季节，但变化幅度小于湖泊水温变化，地下水源源不断补给湖泊水，这可能是冬季部分湖泊表层水温低于 0℃ 亦不结冰的原因之一，另一主要原因是湖泊的盐度较高；（3）湖泊水和地下水的 pH 值均冬季大于夏秋季节，且地下水的 pH 值低于湖泊水，因为温度影响氢离子的活度，即低温时 pH 值高；（4）电导率与 TDS 成正比关系，即电导率 ≈ 2 TDS，湖泊水

的电导率、TDS 值冬季低于夏秋季节，湖泊水的野外现场测量 TDS 值低于实验数据，而地下水野外现场测量与室内测试数据基本一致。[①] 主要原因可能与盐分浓度过大影响探头测量精度有关，即高盐分误差大；实验室测定离子含量时，要求对盐度较高的水样先进行稀释（盐度越高稀释倍数越大，稀释倍数最高为 5000 倍），之后再根据测定结果乘以稀释倍数换算为室内测试数据，在此过程中引起了湖泊水野外测定与实验数据的差异。实验表明有些湖水样品稀释 5000 倍时只能测出 2~3 个离子的含量，而当稀释 500 倍时氯离子等个别离子的含量又超出实验仪器的测量精度，故而湖泊水的稀释倍数需要根据多次测得水平样确定，但只要实验仪器能测得六大离子含量的有效值，就能确定稀释倍数对湖水 TDS 值影响不大，即由 500 倍稀释至 5000 倍或由 1000 倍稀释至 5000 倍，95% 样品 TDS 的变化在 3 克/升以内。

二 巴丹吉林沙漠典型湖泊水与地下水水化学特征

（一）典型湖泊的水化学时空特征

综合图 4-2、图 4-3 数据资料，可以得出以下结论：（1）湖泊水中 Na^+（K^+）、Cl^-、SO_4^{2-} 的变化趋势与 TDS 的变化趋势一致，其中绝大多数水样 Na^+ 的毫克当量值占阳离子含量的 97% 以上，阴离子以 Cl^- 为主；CO_3^{2-} 离子浓度高于 HCO_3^- 离子浓度，Mg^{2+} 与 Ca^{2+} 离子浓度较低；离子含量季节变化主要表现在春季 CO_3^{2-} 含量低于其他季节，夏季 Mg^{2+} 含量略有增加，表明春季地下水的补给量增大；（2）湖水的 TDS 普遍存在季节变化：具有 9 月 >7 月 >1 月 >4 月（或 9 月 >1 月 >7 月 >4 月）的变化特征，结合课题组水位计资料显示诺尔图湖泊水位变化特征为 4 月 >7 月 >1 月 >9 月；湖水 TDS 夏秋季大于冬春季，主

---

① 吴月、王乃昂、赵力强等：《巴丹吉林沙漠诺尔图湖泊水化学特征与补给来源》，《科学通报》2014 年第 12 期。

要是受大气界面上增温与冷却作用、冬春季地下水补给量相对于蒸发量
更大一些等影响所致，而秋季 TDS 高于夏季，主要原因则在于蒸发作
用及地下水补给周期性变化的累积效应；（3）从巴丹吉林沙漠腹地 3
个淡水湖泊和 16 个咸水湖泊 TDS 与主要离子含量变化趋势图可以看
出，在咸水湖泊中除 Mg^{2+} 与 Ca^{2+} 离子浓度较低、变化不明显外，其他
六大离子与 TDS 的变化趋势一致，并有明显的月季特征，即从 9 月到
来年的 4 月，TDS 一直在降低，而自 4 月至 9 月又再增长；但是淡水
湖泊的 TDS 值与八大离子含量的变化较复杂，变化趋势与 Na^+、Cl^-、
SO_4^{2-} 近似，表明地下水中 Mg^{2+}、Ca^{2+}、HCO_3^- 浓度的增加，对低盐度

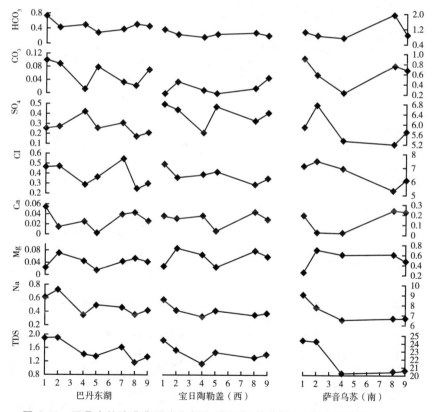

图 4 – 2　巴丹吉林沙漠典型淡水湖泊 TDS 与主要离子含量变化趋势（g/L）

注：图中数字指采样时间，1 – 2009.9，2 – 2010.9，3 – 2011.1，4 – 2011.4，5 –
2011.7，6 – 2011.10，7 – 2012.4，8 – 2013.4，9 – 2013.7。

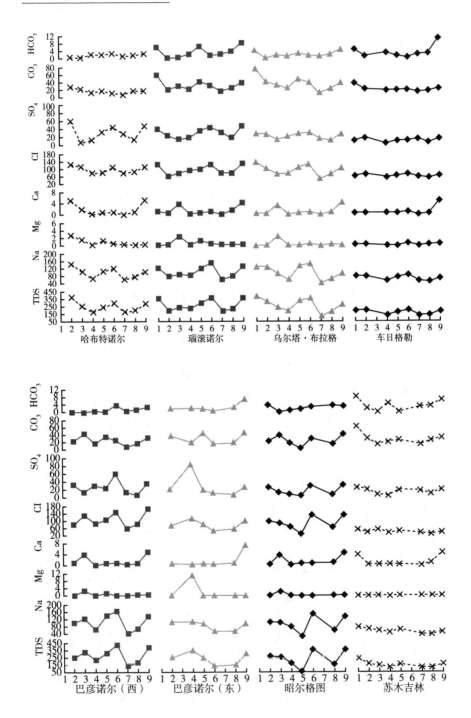

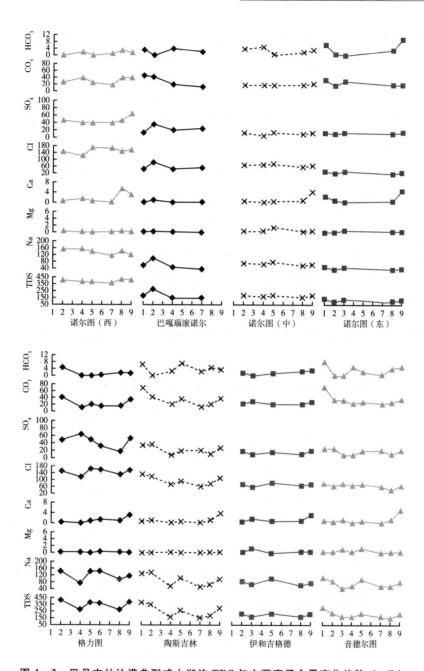

图 4 - 3　巴丹吉林沙漠典型咸水湖泊 TDS 与主要离子含量变化趋势（g/L）

注：图中数字指采样时间，1 - 2009. 9，2—2010. 9，3 - 2011. 1，4 - 2011. 4，5 - 2011. 7，6 - 2011. 10，7 - 2012. 4，8 - 2013. 4，9 - 2013. 7。

湖泊的 TDS 变化趋势影响明显。①

（二）水平方向湖水水化学特征——以诺尔图为例

图 4 - 4 中，1999 年 9 月数据②、2006 年 9 月数据③为前人研究成果，2009 年 9 月数据、2010 年 9 月数据及 2011 年 1 月数据为采集诺尔图湖边表层水样实验数据，2011 年 5 月 7 日数据为湖中心水面以下 2 米的实验数据，后 4 个数据为湖中心采集的湖表层水样实验数据。表明：（1）1999 年 9 月、2009 年 9 月的 TDS 数据一致，2006 年 9 月、2010 年 9 月的 TDS 数据一致，表明诺尔图 TDS 的年际变化较小，而前组数据与后组数据的差异可能是采样点距离地下水泉眼补给区的位置、风力对表层湖水与地下水的混合影响程度、前期降水等使然；（2）2006 年 9 月、2010 年 9 月、2011 年 5 月、2011 年 10 月、2012 年 1 月、2012 年 4 月 TDS 数据一致，表明诺尔图水平方向上 TDS 的变化较小，即表层湖水混合较均匀。④

（三）垂直方向上湖水水化学特征——以诺尔图为例

根据 2010 年 9 月对巴丹吉林沙漠典型湖泊进行水深测量，诺尔图最深约为 15.9 米，为巴丹吉林沙漠最深湖泊。本书通过分析诺尔图不同深度湖水样的 TDS 及水化学型，从而判断湖水垂直方向上的混合情况。从图 4 - 5 中可以看出，湖泊水的理化性质随深度的变化具有如下特征：（1）TDS、八大离子含量随深度的变化较小，表明湖水在垂直方

① 吴月、王乃昂、赵力强等：《巴丹吉林沙漠诺尔图湖泊水化学特征与补给来源》，《科学通报》2014 年第 12 期。

② Yang Xiaoping, Liu Tungsheng, and Xiao Honglang, "Evolution of megadunes and lakes in the Badain Jaran Desert, Inner Mongolia, China during the last 31, 000 years," *Quaternary International* 104 （2003）, pp. 99 - 112.

③ 马妮娜、杨小平、Rioua P.：《巴丹吉林沙漠地区水样碱度特征的初步研究》，《第四纪研究》2008 年第 3 期；马妮娜、杨小平：《巴丹吉林沙漠及其东南边缘地区水化学和环境同位素特征及其水文学意义》，《第四纪研究》2008 年第 4 期。

④ 吴月、王乃昂、赵力强等：《巴丹吉林沙漠诺尔图湖泊水化学特征与补给来源》，《科学通报》2014 年第 12 期。

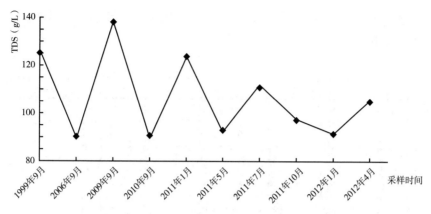

图 4 - 4　1999 年 9 月 ~ 2012 年 4 月诺尔图 TDS 变化趋势

向上混合较均匀。(2) 水温随深度的变化表现为表层高、中间低、底层高的特征；TDS 的变化显示由于表层蒸发强烈，表层湖水的 TDS 较高，随着深度的增加缓慢降低，后又逐渐增高，大约在湖泊中下部时达到最大，继而又降低，至湖泊底部降到最低，而湖泊底部的 TDS 值最低，除测量误差外，可能是由于湖泊底部大量上涌的泉水不断补给湖水稀释造成的；TDS 的变化与水温呈相反的趋势，除 2012 年 1 月水温和 TDS 均显示较低值外，季节变化具有夏秋季节 TDS 值高、冬春季节 TDS 值低的特征。(3) 诺尔图湖泊水温四季都存在同温层，春、夏、秋、冬厚度分别为 2 米、4 米、9 米、全层。春季全层为正温层，且 2 ~ 8 米出现温跃层，温度降低了 14℃，即降温 2.3℃/米；夏、秋季自表层到 13 米深度表现为正温层、13 米至湖底表现为逆温层，且夏季正温层内 4 ~ 8 米存在明显的温跃层，降温 4.3℃/米，秋季 9 ~ 13 米温跃层，降温 3℃/米。(4) Na^+（K^+）、Cl^-、SO_4^{2-} 的变化趋势与 TDS 的变化趋势一致，其中绝大多数水样 Na^+（K^+）的毫克当量值占阳离子含量的 97% 以上，阴离子以 Cl^- 为主，即诺尔图不同深度湖水的水化学型主要为 $Na - Cl - CO_3 -$（SO_4）。(5) 湖泊水样中 CO_3^{2-} 离子浓度高于 HCO_3^- 离子浓度，Mg^{2+} 与 Ca^{2+} 离子浓度较低，离子含量季节变化主要表现在 2011 年 4 月 CO_3^{2-} 含量低于其他季节，7 月 Mg^{2+} 含量略有增加。[1]

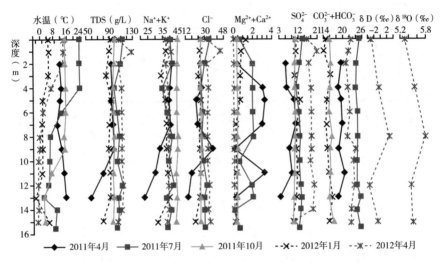

图 4-5　2011 年 4 月~2012 年 4 月不同季节诺尔图湖水
分层 TDS 随深度的变化趋势

（四）巴丹吉林沙漠地下水水化学特征

巴丹吉林沙漠地处西北内陆干旱区，地表水资源匮乏，而高大沙山与湖泊相间分布的格局是世界罕见的奇观。在如此干旱的地区，竟然有众多常年积水湖泊及泉水的存在，引起国内外众多学者对其成因进行探讨。为了了解地下水的成因与来源，首先我们必须了解沙漠地区地下水的水化学特征，鉴于此，自 2009 年至今兰州大学资源环境学院地球系统科学研究所巴丹吉林沙漠课题组进行了不同年度季节性采样与分析工作，通过实验数据分析（见图 4-6、图 4-7），其中 2009年 9 月~2012 年 1 月数据为兰州大学资源环境学院地球系统科学研究所课题组前期多位同学实验数据，2012 年 1 月之后数据为课题组同学

---

① 吴月、王乃昂、赵力强等：《巴丹吉林沙漠诺尔图湖泊水化学特征与补给来源》，《科学通报》2014 年第 12 期。

与本人共同采集水样进行实验室分析得出的数据结果，并结合采样时周围环境条件，总结其规律如下[①]。

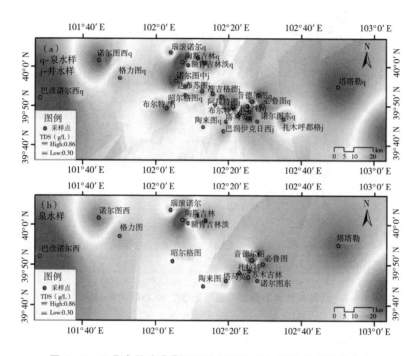

图 4 - 6　巴丹吉林沙漠典型湖泊附近地下水 TDS 空间插值分布

1. 巴丹吉林沙漠湖泊群附近地下水的 TDS 具有纬向分布规律

巴丹吉林沙漠湖泊群附近泉水的 TDS 分布具有纬向分布规律：（1）除陶斯吉林外，北部地区泉水的 TDS 较小（0.34～0.44 克/升），因为陶斯吉林、中诺尔图等泉水海拔较低，与湖泊相连导致其 TDS 高于附近其他地区。（2）西部和中西部地区泉水的 TDS 明显增大（0.48～0.93 克/升），井水的 TDS 变化较大（0.36～0.81 克/升）。（3）南部和东中部泉水的 TDS 较低（0.3～0.53 克/升），大片区域的 TDS ＜ 0.4 克/升，而音德尔图泉有 0.74 克/升的高值是因为该泉水汇集于一个洼

---

① 吴月、王乃昂、赵力强等：《巴丹吉林沙漠诺尔图湖泊水化学特征与补给来源》，《科学通报》2014 年第 12 期。

图 4-7　巴丹吉林沙漠典型湖泊附近地下水 TDS 均值分布 (g/L)

坑中、洼坑较深致其排泄较慢、蒸发浓缩作用导致其 TDS 高于附近其他地区地下水；井水 TDS 介于 0.35～0.67 克/升，高于附近泉水 TDS，部分地区的井水与泉水样的 TDS 非常接近，表示二者水源及埋深等水文地质条件和补给、蒸发条件等较一致。

2. 巴丹吉林沙漠湖泊群附近及周边地区地下水的 TDS 差异

巴丹吉林沙漠湖泊群附近及周边部分地下水的 TDS 均值介于 0.26～0.93 克/升，采集剖面或洼地地下水获得的 TDS 差距较大，少数样品值＜1 克/升，绝大多数样品值＞1 克/升，而且干涸湖盆剖面下采集的地下水盐度更高，达到 11 克/升，表明地表附近及干湖盆采集的地下水受蒸发浓缩作用的影响，导致其地下水盐度增大；比较同一时期、同一湖泊附近泉水及井水的 TDS，绝大多数井水的 TDS 高于附近泉水的 TDS。

3. 巴丹吉林沙漠湖泊群附近地下水的主要离子含量特征

地下水中阳离子、阴离子主要以 Na^+ （K^+）和 HCO_3^- 为主，Cl^- 和

SO_4^{2-} 离子含量也较大，基本不含 CO_3^{2-} 离子。地下水较湖水而言，Mg^{2+}、Ca^{2+} 离子的含量明显增加。

4. 巴丹吉林沙漠湖泊群附近地下水 TDS 的年际与年内变化特征

计算不同年份及不同季节获得的巴丹吉林沙漠腹地典型地区地下水样品的标准差，数值介于 0.007 ~ 0.206，其中 54% 的样品标准差 < 0.05，75% 的样品标准差 < 0.1，表明地下水的 TDS 年内及年际变化都很小。

（五）根据水化学特征判别水质及补给源

巴丹吉林沙漠湖泊与沙丘相间分布，发源于祁连山的黑河及石羊河流域的地表水不流经该地区，表明巴丹吉林沙漠地区无地表径流补给湖水。图 4 - 8 显示湖水的 TDS 均值介于 109.01 ~ 295.38 克/升，大多数地下水的 TDS 均值介于 0.44 ~ 0.92 克/升，即 TDS < 1 克/升，由此推断湖水不可能补给地下水，相反的是地下水补给湖泊[1]，并判断巴丹吉林沙漠腹地地下水水质较好，尤其是泉水更加甘甜可口。根据布设于巴丹吉林沙漠苏木吉林地区两个气象站及阿拉善右旗、拐子湖和雅布赖的气象站降水数据，多年平均降水量最高值（118.8 毫米）出现在阿拉善右旗，而水面蒸发量达到 1500 毫米之多[2]，表明该地区降水量小而蒸发量大，无法支持常年湖泊面积维持不干涸的事实[3]。结合兰州大学资源环境学院地球系统科学研究所巴丹吉林沙漠课题组 2010 ~ 2013 年在巴丹吉林沙漠开展的湖泊和地下水水位连续观测，结果显示湖泊和地下水水位全年变化趋势基本一致，冬春季节高，夏秋季节低，与年降水量的变化趋势相反，表明地下水存在持续的补给源，且湖泊水位变化明显滞

① 吴月、王乃昂、赵力强等：《巴丹吉林沙漠诺尔图湖泊水化学特征与补给来源》，《科学通报》2014 年第 12 期。

② 王乃昂、马宁、陈红宝等：《巴丹吉林沙漠腹地降水特征的初步分析》，《水科学进展》2013 年第 3 期。

③ 吴月、王乃昂、赵力强等：《巴丹吉林沙漠诺尔图湖泊水化学特征与补给来源》，《科学通报》2014 年第 12 期。

后于地下水水位的变化，由此进一步证明巴丹吉林沙漠湖泊群湖水的主要补给源为地下水。[1]

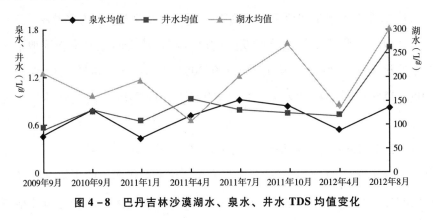

图 4 – 8　巴丹吉林沙漠湖水、泉水、井水 TDS 均值变化

根据湖泊群典型湖泊附近地下水水化学型分布（见图 4 – 9），主要体现以下规律：（1）湖泊群西部地下水水化学型以 $Cl – SO_4$ 型为主，向东南逐渐变为 HCO_3 型，由此判断巴丹吉林沙漠腹地地下水流动方向自东南向西北部汇集。（2）在干旱气候条件下，地下水中 HCO_3^- 流出地表后容易发生反应，$HCO_3^- + H^+ \rightarrow H_2O + CO_2 \uparrow$，使得 HCO_3^- 含量降低。（3）巴丹吉林沙漠湖泊群附近地下水的水化学型年际变化不明显，阳离子以 Na^+ 为主。年内变化主要表现在 1 月 HCO_3^- 离子浓度明显增加，而 1 ~ 4 月 SO_4^{2-} 离子含量增加明显，4 ~ 7 月 Cl^- 离子含量增加明显，表明 1 ~ 4 月地下水补给量增大，下半年地下水有效补给量减小，且伴有蒸发作用的影响以及风速等使然。[2]

本书通过测定巴丹吉林沙漠腹地湖泊群附近湖水及地下水的野外理化参数及八大离子含量，计算各水体的 TDS 含量，分析其理化特征，得出以下结论。

---

① 吴月、王乃昂、赵力强等：《巴丹吉林沙漠诺尔图湖泊水化学特征与补给来源》，《科学通报》2014 年第 12 期。

② 吴月、王乃昂、赵力强等：《巴丹吉林沙漠诺尔图湖泊水化学特征与补给来源》，《科学通报》2014 年第 12 期。

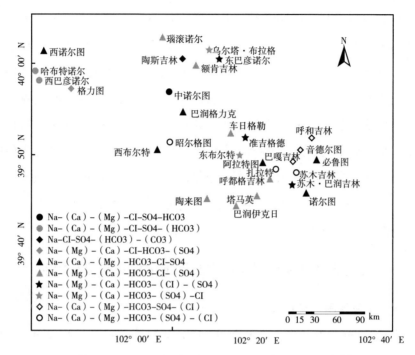

图 4 - 9　巴丹吉林沙漠腹地部分地下水水化学型分布

（1）不论是水温、pH 值、电位，还是电导率、TDS、盐度，巴丹
吉林沙漠腹地湖泊水和地下水的年际变化都较小，但湖泊水的变化大于
地下水的变化；水温、pH 值、电导率、TDS 具有季节变化特征。

（2）巴丹吉林沙漠湖泊群附近湖水的 TDS 值盐度高且差异大，同一湖
泊、同一时间采集的水体样品在水平方向及垂直方向上部分理化要素（如
温度）显示不同，但整体而言混合较均匀；湖水的 TDS 普遍存在季节变化，
具有 9 月 >7 月 >1 月 >4 月（或 9 月 >1 月 >7 月 >4 月）的变化特征。

（3）巴丹吉林沙漠湖泊群附近地下水的 TDS 年内及年际变化都很
小，且绝大多数井水的 TDS 及其变化幅度都高于附近泉水，可能是受
蒸发浓缩作用的影响，其地下水盐度增大。地下水的水化学型存在一定
的规律性，具有自东南部 HCO_3^- 型逐渐向西北部 Cl^- 型演化，表明其地
下水流动方向为自东南向西北流动。

（4）巴丹吉林沙漠地区无地表径流直接补给地下水；根据湖水与地下水的 TDS 均值推断湖水不可能补给地下水，且巴丹吉林沙漠降水量小而蒸发量大，现代大气降水无法支持常年湖泊面积维持不干涸的事实；结合兰州大学资源环境学院地球系统科学研究所巴丹吉林沙漠课题组水位观测数据，地下水水位冬春季高、夏秋季低，与年降水量的变化趋势相反，且年际变化不大，表明地下水存在持续的补给源；地下水中 HCO_3^- 浓度高，且春季时 HCO_3^- 浓度较夏秋季增高，表明春季地下水补给量最大。

（5）巴丹吉林沙漠腹地地下水水质较好，地下水补给湖水，且补给方向是自东南向西北补给。

三　巴丹吉林沙漠典型湖泊水及地下水稳定同位素特征

（一）氢氧同位素特征

选取 2009 年 9 月[①]、2010 年 9 月[②]、2011 年 4 月[③]、2012 年 4 月、2013 年 10 月巴丹吉林沙漠部分湖水和地下水水样，2013 年 6～9 月雨水样，共 140 个水样，测定其氢氧稳定同位素含量组成。通过实验数据分析可知：湖泊水 δD 介于 -35.89‰～45.32‰、$\delta^{18}O$ 介于 -2.77‰～18.11‰，地下水 δD 介于 -77.23‰～-27.99‰、$\delta^{18}O$ 介于 -12.36‰～1.97‰，地表水（冲沟及东大河河水）δD 介于 -62.67‰～5.86‰、$\delta^{18}O$ 介于 -6.15‰～9.64‰，雨水 δD 介于 -44.47‰～54.54‰、$\delta^{18}O$ 介于 -7.00‰～6.20‰。[④] 从图 4-10 可以得出：（1）除了音德尔图（3次数值比较接近，只有 1 次数据差异较大，是音德尔图钙华泉位于湖中央，个别采样时间内湖水位升高与泉水样有部分混合导致泉水的氢氧稳

① 张华安、王乃昂、李卓仑等：《巴丹吉林沙漠东南部湖泊和地下水的氢氧同位素特征》，《中国沙漠》2011 年第 6 期。

② 陈立：《应用地球化学方法探究巴丹吉林沙漠地下水源》，兰州大学硕士学位论文，2012。

③ 陈立：《应用地球化学方法探究巴丹吉林沙漠地下水源》，兰州大学硕士学位论文，2012。

④ 吴月、王乃昂、赵力强等：《巴丹吉林沙漠诺尔图湖泊水化学特征与补给来源》，《科学通报》2014 年第 12 期。

定同位素值略有富集）和苏木吉林泉水外，$\delta^{18}O$ 标准差变化范围是 0.24 ~ 1.24，δD 标准差变化范围是 0.63 ~ 9.86，表明地下水的氢氧稳定同位素含量年际和年内变化都很小。湖泊水的 $\delta^{18}O$ 标准差变幅为 1.15 ~ 4.72，δD 标准差变化范围是 3.37 ~ 27.92，明显大于地下水的变化程度，表明湖泊水受到蒸发作用导致的同位素分馏更明显，即湖泊水中更容易富集重同位素，年内和年际变化较地下水大。在同位素分馏过程中，无论是地下水还是湖泊水中，δD 比 $\delta^{18}O$ 变化更明显。（2）对同一地区的湖泊水、泉水和井水的 δD 与 $\delta^{18}O$ 进行比较，以瑙滚诺尔、音德尔图、苏木吉林、诺尔图、车日格勒为例，发现湖泊水明显高于附近地下水（泉水和井水）的氢氧稳定同位素含量，比如瑙滚诺尔的 δD 值湖水是井水的 10 倍以上，而泉水和井水的氢氧稳定同位素含量比较接近，但井水略高于泉水的 δD 值和 $\delta^{18}O$ 值，表明泉水、井水和湖泊水经历了不同程度的蒸发，井水的蒸发作用较泉水略强，而湖泊水的二次蒸发很明显。（3）沙漠腹地北部与西部区域地下水的氢氧稳定同位素含量偏正，东南部广大区域的氢氧稳定同位素含量偏负。可能是距离补给区的远近不同导致地下水同位素值有所差异，抑或是地下水埋藏条件不同、流经路径不同或蒸发分馏导致其差异。（4）巴丹吉林沙漠腹地地下水 δD 值空间分布显示西北高东南低的特征，表征地下水（自东南向西北）的径流方向。

　　根据蒸发线与全球大气降水线交点处的同位素含量，可以得出地下水初始补给源的同位素组分[①]，即能够有效补给地下水的初始降水的加

---

① 顾慰祖、庞忠和、王全九等：《同位素水文学》，科学出版社，2011；刘忠方、田立德、姚檀栋等：《中国大气降水中 $\delta^{18}O$ 的空间分布》，《科学通报》2009 年第 6 期；郑淑蕙、侯发高、倪葆龄：《我国大气降水的氢氧稳定同位素研究》，《科学通报》1983 年第 13 期；刘进达、赵迎昌：《中国大气降水稳定同位素时 – 空分布规律探讨》，《勘察科学技术》1997 年第 3 期；陈宗宇、聂振龙、张荷生等：《从黑河流域地下水年龄论其资源属性》，《地质学报》2004 年第 4 期；陈宗宇、万力、聂振龙等：《利用稳定同位素识别黑河流域地下水的补给来源》，《水文地质工程地质》2006 年第 6 期；陈建生、凡哲超、汪集旸等：《巴丹吉林沙漠湖泊及其下游地下水同位素分析》，《地球学报》2003 年第 6 期；杨小平：《近 3 万年来巴丹吉林沙漠的景观发育与雨量变化》，《科学通报》2000 年第 4 期。

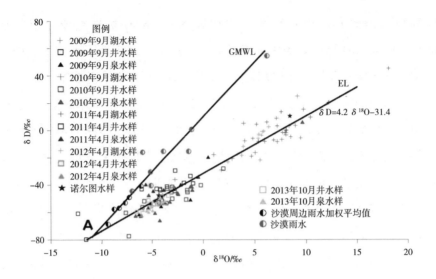

图 4 – 10　巴丹吉林沙漠湖泊群湖水和地下水 $\delta D - \delta^{18}O$ 关系

权平均值。本书根据不同年际巴丹吉林沙漠湖泊水与地下水氢氧稳定同位素组成绘制蒸发线，分别为 $\delta D = 4.10\delta^{18}O - 30.21$ （样品数 $n = 37$，趋势线拟合度 $R^2 = 0.94$）、$\delta D = 4.36\delta^{18}O - 33.48$ （$n = 44$，$R^2 = 0.91$）、$\delta D = 3.25\delta^{18}O - 27.05$ （$n = 11$，$R^2 = 0.80$）、$\delta D = 4.72\delta^{18}O - 32.07$ （$n = 18$，$R^2 = 0.96$），综合 2009 ~ 2012 年所得的氢氧同位素组成绘制蒸发线为 $\delta D = 4.2\delta^{18}O - 31.4$ （$n = 110$，$R^2 = 0.92$），并测得 8 次雨水值 $\delta^{18}O$ 介于 – 7.00‰ ~ 6.20‰和 δD 介于 – 44.47‰ ~ 54.54‰。根据国际原子能机构提供的研究区周边地区大气降水同位素长期监测数据，当地降水 $\delta^{18}O$ 和 δD 的多年加权平均值分别为张掖（ – 9.4‰， – 68.7‰）、兰州（ – 7.7‰， – 53.1‰）、平凉（ – 6.1‰， – 40.7‰）、银川（ – 8.8‰， – 57.7‰）、包头（ – 8.3‰、 – 56.8‰）、西安（ – 7.3‰、 – 49.0‰），其变化范围分别为 – 9.4‰ ~ – 6.1‰和 – 68.7‰ ~ – 40.7‰。由此得出，巴丹吉林沙漠地区大气降水的 $\delta^{18}O$ 和 δD 多年加权平均值应该在 – 12‰ ~ – 6‰和 – 90‰ ~ – 40‰范围内。本书选用郑淑蕙得出的年平均 $\delta^{18}O$ 值与地面平均气温（t）关系，得出巴丹吉林沙漠及周边地区初

始降水补给温度为2.6℃~8℃，巴丹吉林沙漠年均气温8℃（实际观测值），表明初始降水补给地下水时气温较现在低。至此可以推断，巴丹吉林沙漠地区湖泊主要是由地下水补给的，而补给地下水的初始降水温度较现在低，可能形成于某阶段气候湿润期。

（二）d盈余特征

不同研究区大气降水或地下水的δD、$\delta^{18}O$受采样时间（季节性）、位置、高度、水汽来源、补给源或水岩作用等因素的影响而异，很难单独依据氢氧同位素含量的不同准确的判别其来源及成因。而d值变化幅度较小，不受时间、空间、补给源等的影响，且沿地下水径流方向，d值逐渐降低。

2009年9月、2010年9月分别于宝日陶勒盖和黄草湖附近采集了2次雨水样，并在2013年6~9月采集了6个雨水样，实验测得氢氧稳定同位素含量并计算d值，雨水的d值比湖水及地下水较"正"，除2009年样品外，其范围在-4‰~16‰。地下水的d值变化较小（介于-5‰~-38‰），绝大多数d值在-20‰左右，且沿地下水补给-排泄方向，d值逐渐降低，表明地下水自东南向西北的补给。湖泊水的d值变化较大，除东南部的淡水湖泊（如巴丹东湖等）外，d值介于-42‰~-100‰。巴丹吉林沙漠d值较其他研究区（见表4-3）异常低（绝对值较大），引起该异常现象的主要原因是，巴丹吉林沙漠位于西风环流中部、我国东南季风的边缘，属于干旱气候区，即湖泊群地区温度高而湿度低，降雨量小而蒸发速率大，风速大，这些都可以导致沙漠地区d值（绝对值）增大，而且湖泊群深居我国内陆地区，海洋潮湿气团经过长距离的水汽输送，使得降水中贫化重同位素，δD比$\delta^{18}O$反应更明显，最终导致d值与全球平均值（+10‰）产生差异。异常负的d值表明，巴丹吉林沙漠地区地下水形成于温度较现在低、相对湿度较高的古气候环境下，很可能来自东南某地的高海拔山区。

表 4-3 巴丹吉林沙漠及其他地区 d 值研究部分结果

单位：‰

数据来源	样品点	范围/加权平均		d	样品类型	采样时间
		δD/‰	δ¹⁸O/‰			
顾慰祖	古日乃	−247.4 ~ −19.3	−30.83 ~ −2.89	−22	雨水	1987 ~ 1995
杨小平	绍白吉浪、巴丹、萨音乌苏等巴丹吉林沙漠	−32 ~ −5.3	1.8 ~ 5.9 −8.58 ~ −0.36	−61 ~ −33	湖水 地下水	2010 2006
陈建生	额济纳盆地	−86.1 ~ −15.6	−10.3 ~ −2.9	−30.5	地下水	2004
	黑河水、雪山融水	−50	−8			
马妮娜	巴丹吉林沙漠	−32 ~ −5.3	1.8 ~ 5.9		湖水	
		−38.7 ~ −26.5	−3.9 ~ −1.7		腹地地下水	
		−91.1 ~ 45.1	−10.6 ~ −3.9		边缘地下水	
刘进达	祁连山雪水		−12 ~ −14			
	黑河下游降水		−6			
钱云平	古日乃地区	−52.7	−7.86		深层地下水	2002 样 5
	黑河两侧广大戈壁沙漠	−58.1	−4.52			2003 样 10
赵良菊①	巴丹吉林沙漠			−17.5		2012
				−7.4	附近地下水	
				5.7	降水	
	黑河			12.1	地下水	
				15.2	上游河水	
				14.4	河水	
苏永红②	额济纳盆地	−84 ~ −42/ −56.3	−10.7 ~ −2.3/ −7.3		浅层地下水	2009
		−53 ~ −24/−50	−5 ~ −1.6/−4.5		地表水	
Wu Y.③	黑河流域	−254 ~ 59/ −52.86	−33.4 ~ 6.5/ −7.64		河水	2004
Zhu C.④	石羊河流域	−170.9 ~ 35.7/ −50.8	−23.3 ~ 4.6/ −7.25		河水	2012

续表

数据来源	样品点	范围/加权平均		d	样品类型	采样时间
		δD/‰	δ¹⁸O/‰			
丁贞玉	石羊河流域及腾格里沙漠	−90.9 ~ −27/−65.1	−11.5 ~ −1.5/−8.84		地下水	2010
	石羊河流域	−158 ~ 33.1/−46.9	−20.6 ~ 3.8/−7.3		降水	
	张掖站	−43.9	−6.5		降水	
苏小四	黄河	−83 ~ −61/−83 ~ −53	−11.8 ~ −8.3/−13.1 ~ −7		黄河水	2000.9/2001.4
苏小四	包头平原	−72 ~ −56/−66 ~ −59−69 ~ −57/−65 ~ −59	−9.8 ~ −6.2/−9.8 ~ −8.8−8.5 ~ −10/−9.9 ~ −9		潜水/承压水	2000.92001.4
杨郧城⑤	鄂尔多斯盆地	−153.84 ~−8.80/−49.59	−21.8 ~ 0.70/−7.43		雨水	(2004、2005、2007)
高晶	羊卓雍错流域		−16.6/−14.3		降水	2004/2007
			−5.9/−4.7		湖水	2004/2007
			−18.3/−17.7		河水	2004/2007
郑淑蕙	广西			16.8	大气降水	冬
				10.5		夏
	延安			7.3		6 ~ 9月
				15		10 ~ 5月
	厦门			11.8		1 ~ 4月
				9		5 ~ 10月

资料来源：①Zhao Liangju, Xiao Honglang, Dong Zhibao, et al., "Origins of groundwater inferred from isotopic patterns of the Badain Jaran Desert, Northwestern China," *Groundwater* 50, 5 (2012), pp. 715 – 725.

②苏永红、朱高峰、冯起等：《额济纳盆地浅层地下水演化特征与滞留时间研究》，《干旱区地理》2009 年第 4 期。

③Wu Y., Wen X., and Zhang Y., "Analysis of the exehange of groundwater and river water by using Radon – 222 in the middle Heihe Basin of northwestern China," *Environmental Geology* 45, 5 (2004), pp. 647 – 653.

④Zhu C., "Estimate of recharge from radiocarbon dating of groundwater and numerical flow and transport modeling," *Water Resources Research* 36, 9 (2000), pp. 2607 – 2620.

⑤杨郧城、侯光才、马思锦：《鄂尔多斯盆地地下水中氚的演化及其年龄》，《西北地质》2004 年第 1 期；杨郧城、侯光才、文东光等：《鄂尔多斯盆地大气降雨氢氧同位素的组成与季节效应》，《地球学报》2005 年第 Z1 期；杨郧城、文冬光、侯光才等：《鄂尔多斯白垩系自流水盆地地下水锶同位素特征及其水文学意义》，《地质学报》2007 年第3 期。

（三）根据氢氧同位素特征判别地下水水源

巴丹吉林沙漠拥有地球上最高的沙丘，具有独特的大型沙丘和湖泊相间分布的景观特征。现在激烈的争论集中在沙漠环境，特别是高大沙山与沙漠湖泊是怎样发展和演变的，沙漠的形成时间范围从早更新世到全新世。湖水的来源存在 4 种假设：大气降水补给，附近地区地下水补给，降水和远源融雪补给（如祁连山和青藏高原），或形成于过去湿润气候期的古水补给。

根据氢氧稳定同位素特征判别研究区地下水的来源，讨论如下。

（1）根据前人对不同研究区（黄河－黑河－黑河下游巴丹吉林沙漠地区）不同水体的氢氧稳定同位素进行研究，如：苏小四等[①]得出黄河水从源头至入海口的 $\delta^{18}O$ 值介于 $-13.1‰ \sim -7‰$；高建飞等[②]所得相同站点数据与前者略不同，但总体都呈现波动富集重同位素的特征；张应华等[③]得出黑河流域降水 $\delta^{18}O$ 冬夏相差 20‰以上，河水全年 $\delta^{18}O$ 平均值为 $-8‰$；Wu Y. 等[④]得出黑河水的 $\delta^{18}O$ 介于 $-33.4‰ \sim 6.5‰$；陈建生等[⑤]得出 9 月黑河水的 $\delta^{18}O$ 为 $-6.5‰$，祁连山顶部雪山融水的 $\delta^{18}O$ 为 $-10‰$，黑河水和形成径流的雪山融水的 $\delta^{18}O$ 均为 $-8‰$。从中

① 苏小四、林学钰、廖资生等：《黄河水 $\delta^{18}O$、δD 和 ^3H 的沿程变化特征及其影响因素研究》，《地球化学》2003 年第 4 期。

② 高建飞、丁睇平、罗续荣等：《黄河水氢、氧同位素组成的空间变化特征及其环境意义》，《地质学报》2011 年第 4 期。

③ 张应华、仵彦卿：《黑河流域中上游地区降水中氢氧同位素与温度关系研究》，《干旱区地理》2007 年第 1 期；张应华、仵彦卿：《黑河流域大气降水水汽来源分析》，《干旱区地理》2008 年第 3 期；张应华、仵彦卿：《黑河流域中游盆地地下水补给机理分析》，《中国沙漠》2009 年第 2 期。

④ Wu Y., Wen X., and Zhang Y., "Analysis of the exehange of groundwater and river water by using Radon – 222 in the middle Heihe Basin of northwestern China," *Environmental Geology* 45, 5（2004）, pp. 647 – 653.

⑤ 陈建生、凡哲超、汪集旸：《巴丹吉林沙漠湖泊及其下游地下水同位素分析》，《地球学报》2003 年第 6 期；陈建生、汪集旸、赵霞等：《用同位素方法研究额济纳盆地承压含水层地下水的补给》，《地质评论》2004 年第 6 期；Chen Jiansheng, Li Ling, Wang Jiyang, et al., "Groundwater maintains dune landscape," *Nature* 432（2004b）, pp. 459 – 460.

我们可以得出黑河流域降水和河水的同位素比率变幅较大。陈建生等[1]
测得黑河下游额济纳盆地地下水中 $\delta^{18}O$ 为 -10.3‰ ~ -2.9‰；苏永红
等[2]得出其浅层地下水的 $\delta^{18}O$ 为 -10.7‰ ~ -2.3‰；钱云平等[3]测得古
日乃地区样品 5 的 $\delta^{18}O$ 为 -7.86‰；马妮娜等[4]得出巴丹吉林沙漠腹
地地下水 $\delta^{18}O$ 为 -3.9‰ ~ -1.7‰，边缘地下水 $\delta^{18}O$ 为 -10.6‰ ~
-3.9‰；杨小平、刘进达、赵良菊等都对巴丹吉林沙漠地区降水、
地下水的同位素特征进行了研究。如果不考虑实验室测样精度的差
异、不同采样时间和地点对样品结果的影响，可以发现沙漠腹地的地
下水较周边地区和额济纳盆地/古日乃地区富集重同位素。但实际上
由于采样时间、位置、多寡、实验室测试精度等对区域 $\delta^{18}O$ 的影响
较大，降低了同一地区不同研究者数据结果之间的可比性，仅通过单
次采样数据结果分析巴丹吉林沙漠腹地湖水和地下水的来源是不可靠
的，还需要结合当地的气候、水文地质条件、补给蒸发等的影响综合
分析。故而本书选用 2009.9、2010.9、2011.4、2012.4、2013.10
不同年际和季节的 5 次采样数据进行巴丹吉林沙漠地区氢氧稳定同位
素特征的分析，更能反映该地区的真实情况。兰州大学资源环境学院
地球系统科学研究所巴丹吉林沙漠课题组测得巴丹吉林沙漠地区雨水
的 $\delta^{18}O$ 介于 -7.00‰ ~ 6.20‰，地表水（冲沟及东大河河水）$\delta^{18}O$
介于 -6.15‰ ~ 9.64‰，地下水 $\delta^{18}O$ 介于 -12.36‰ ~ 1.97‰，湖泊

① 陈建生、汪集旸、赵霞等：《用同位素方法研究额济纳盆地承压含水层地下水的补给》，《地质评论》2004 年第 6 期；Chen Jiansheng, Li Ling, Wang Jiyang, et al., "Groundwater maintains dune landscape," *Nature* 432 (2004b), pp. 459 - 460。

② 苏永红、朱高峰、冯起：《额济纳盆地浅层地下水演化特征与滞留时间研究》，《干旱区地理》2009 年第 4 期。

③ 钱云平、秦大军、庞忠和等：《黑河下游额济纳盆地深层地下水来源的探讨》，《水文地质工程地质》2006 年第 3 期。

④ 马妮娜、杨小平、Rioua P.：《巴丹吉林沙漠地区水样碱度特征的初步研究》，《第四纪研究》2008 年第 3 期；马妮娜、杨小平：《巴丹吉林沙漠及其东南边缘地区水化学和环境同位素特征及其水文学意义》，《第四纪研究》2008 年第 4 期。

水 $\delta^{18}O$ 介于 $-2.77‰ \sim 18.11‰$，这些数据都显示不同水体的同位素含量变幅较大，但地下水较雨水、地表水、湖水更贫化重同位素，所以可以排除地下水主要受当地现代降水的主要补给，不排除有少部分现代降水的补给。

（2）兰州大学资源环境学院地球系统科学研究所巴丹吉林沙漠课题组所得 2009 ~ 2012 年的蒸发线方程为 $\delta D = 4.2\delta^{18}O - 31.4$（$n = 110$，$R^2 = 0.92$）。其中：张华安等[1]计算得 $\delta D = 4.10\delta^{18}O - 30.21$（$n = 37$，$R^2 = 0.94$）；而陈建生等得出巴丹吉林沙漠及其下游承压水蒸发线方程为 $\delta D = 6.1\delta^{18}O - 30.5$[2]，黑河流域地下水理想蒸发线斜率为 4.5[3]；马金珠等[4]得出巴丹吉林沙漠地区湖泊和地下水的斜率为 4.46 的蒸发线方程；马妮娜等[5]得出斜率为 4.21；Yang Xiaoping 等[6]得出斜率约为 4.2；赵良菊等[7]得出巴丹吉林沙漠地下水蒸发线斜率为 4.509，附近地区地下水斜率为 4.856，黑河盆地地下水斜率为 6.634，黑河盆地河水斜率为 6.202。由此可以看出，巴丹吉林沙漠地区湖水、地下水的蒸发线斜率介于 4.1 ~ 4.856，那么利用单次或者样品较少时绘制的全球大气降水线与

[1] 张华安、王乃昂、李卓仑等：《巴丹吉林沙漠东南部湖泊和地下水的氢氧同位素特征》，《中国沙漠》2011 年第 6 期。

[2] 陈建生、凡哲超、汪集旸等：《巴丹吉林沙漠湖泊及其下游地下水同位素分析》，《地球学报》2003 年第 6 期。

[3] 陈建生、汪集旸、赵霞等：《用同位素方法研究额济纳盆地承压含水层地下水的补给》，《地质评论》2004 年第 6 期；Chen Jiansheng, Li Ling, Wang Jiyang, et al., "Groundwater maintains dune landscape," Nature 432 (2004b), pp. 459 - 460。

[4] 马金珠、黄天明、丁贞玉等：《同位素指示的巴丹吉林沙漠南缘地下水补给来源》，《地球科学进展》2007 年第 9 期。

[5] 马妮娜、杨小平、Rioua P.：《巴丹吉林沙漠地区水样碱度特征的初步研究》，《第四纪研究》2008 年第 3 期；马妮娜、杨小平：《巴丹吉林沙漠及其东南边缘地区水化学和环境同位素特征及其水文学意义》，《第四纪研究》2008 年第 4 期。

[6] Yang Xiaoping, Ma Nina, Dong Jufeng, et al., "Recharge to the inter-dune lakes and Holocene climatic changes in the Badain Jaran Desert, western China," Quaternary research 73 (2010), pp. 10 - 19。

[7] 赵良菊、尹力、肖洪浪等：《黑河源区水汽来源及地表径流组成的稳定同位素证据》，《科学通报》2011 年第 1 期。

蒸发线交点的氢氧稳定同位素值计算初始降水补给地下水时的温度是不合适的。故而本书选择兰州大学资源环境学院地球系统科学研究所巴丹吉林沙漠课题组 5 年来不同季节采集的不同水体的氢氧稳定同位素值绘制的当地蒸发线与全球大气降水线的交点值，参考采集于巴丹吉林沙漠腹地雨水样的氢氧稳定同位素值及 IAEA 长期监测的沙漠周边地区大气降水的多年加权平均值，计算初始降水补给地下水时的温度，结果更可靠。

（3）实地考察发现存在一个沙山之隔的两个湖泊——巴丹西湖和巴丹东湖有些季节会连成一个大湖，有时分为两个独立的小湖，且巴丹东湖补给巴丹西湖。测定其水化学性质，得出巴丹东湖为淡水湖泊（TDS 约为 1.5 克/升），而巴丹西湖为咸水湖泊（TDS 约为 400 克/升）。巴丹东湖和巴丹西湖的 d 值分别为 − 30‰和 − 44‰；苏木吉林、东诺尔图等东南部地区 d 值较大，布尔特、达布苏图等地 d 值明显减小，北部陶斯吉林、瑙滚诺尔 d 值有高有低。结合前文提到的湖泊群附近地下水及湖水的氢氧稳定同位素分布特征，我们认为，湖泊水主要是由地下水补给的，还有部分降水的补给；巴丹吉林沙漠东南部地区 d 值高于西北部，表明地下水自东南向西北的补给；异常负的 d 值表明该地区地下水形成于温度较低、相对湿度较高的高海拔气候环境下。

本书通过测定巴丹吉林沙漠腹地部分湖水及地下水的氢氧稳定同位素含量，根据其分布特征，推断沙漠腹地地下水水源及径流方向，得出以下结论。

（1）巴丹吉林沙漠腹地地下水的氢氧稳定同位素值年际和年内变化都很小，且井水的 δD 值和 $\delta^{18}O$ 值略富集于泉水值，湖水值较其他水体更富集，表明泉水、井水和湖泊水经历了不同程度的蒸发。

（2）根据湖泊及地下水 $\delta D - \delta^{18}O$ 关系图，可以看出：湖水、地下水同位素沿着低于全球大气降水线斜率的当地蒸发线展布，较低的斜率表明强烈的蒸发环境特征；地下水同位素主要位于蒸发线的左下角，湖水位于其右上角，表征地下水与湖泊水源基本一致，且湖泊水的主要补给来源为地下水，在地下水补给湖泊的过程中，湖水二次蒸发很明显、更易富集重同位素。

（3）巴丹吉林沙漠腹地北部与西部区域地下水的氢氧稳定同位素含量偏正，东南部广大区域的氢氧稳定同位素含量偏负，也可印证沿径流方向同位素值越富集重同位素，或是地下水埋藏条件不同、流经路径不同或蒸发分馏导致其富集。

（4）根据年平均 $\delta^{18}O$ 值与当地地面平均气温（t）关系，得出巴丹吉林沙漠的补给温度为 2.6℃ ~ 8℃，而巴丹吉林沙漠年均气温约 8℃，表明初始降水补给地下水时气温较现在低。

（5）地下水的 d 值（ -5‰ ~ -38‰）变化较小，而绝大多数 d 值在 -20‰左右，且沿地下水补给 - 排泄方向，d 值逐渐降低，表明地下水自东南向西北的补给；异常负的 d 值表明巴丹吉林沙漠地区地下水形成于温度较现在低、相对湿度较高的古气候环境下，很可能来自东南某地的高海拔山区。

四　巴丹吉林沙漠地下水循环速率及径流方向

理论上讲，从地下水的主要补给区到主要排泄区，地下水的年龄应当是逐渐增大的[①]，即沿地下水径流方向，地下水年龄逐渐增大[②]。但也有实例表明，地下水年龄并不都表现出随埋深增加或沿径流方向而增大的规律，这主要是水文地质条件和地下水流动的复杂性所致。[③] 同

[①] 翟远征、王金生、左锐等：《地下水年龄在地下水研究中的应用研究进展》，《地球与环境》2011 年第 1 期。

[②] 苏小四、林学钰、董维红等：《银川平原深层地下水 ^{14}C 年龄校正》，《吉林大学学报》（地球科学版）2006 年第 5 期；苏小四、林学钰、董维红等：《反向地球化学模拟技术在地下水 ^{14}C 年龄校正中应用的进展与思考》，《吉林大学学报》（地球科学版）2007 年第 2 期。

[③] Hanshaw B. B., Back W., and Rubin M., "Radiocarbon determinations for estimating groundwater flow velocities in Central Florida," *Science* 148 (1965), pp. 494 - 495; （转下页注）

样，我们可以根据实验测得并校正后的区域地下水年龄变化趋势，基本判定地下水径流方向。

根据兰州大学地球系统科学研究所巴丹吉林沙漠课题组测定的沙漠腹地湖泊群附近典型地下水的放射性同位素氚含量（T）及 ^{14}C 含量[①]，推断沙漠腹地地下水可更新性及径流方向，主要结论如下。

（1）利用地下水溶解无机碳（DIC）中的 ^{14}C 进行研究区承压水定年，结果显示湖泊群附近承压水校正后的年龄基本介于 1.77～6.87ka BP，而且样品中不具有现代水特征（$^{14}C > 60pmc$），属于全新世中期两个较为湿润气候期形成的古水。此时巴丹吉林沙漠地区及其地下水补给区处于湿润气候期，降水量大，下渗形成古地下水，并且东南部新形成的地下水与古地下水混合后，地下水径流过程中循环速率较慢，待补给到湖泊群地带地下水年龄亦随着变老。

（2）根据巴丹吉林沙漠腹地地下水的氚浓度估算地下水更新速率 < 0.1%，结合 ^{14}C 含量计算其循环速率为 < 30 米/年，表明巴丹吉林沙漠腹地地下水在径流过程中循环速率较慢，更新速率很慢，故而深层地下水年龄较老。

（接上页注③）Tarmers M. A. "Radiocarbon ages of groundwater in an arid zone unconfined aquifer," *Geophysical Monograph Series* 11 (1967), pp. 143 - 152; Pearson F. J., "Use of C - 13/C - 12 ratios to correct radiocarbon ages of material initially diluted by limestone," *Proceedings of the 6th International Conference on Radiocarbon and Tritium Dating*, *Pulman*, *WA.* (1965); Smethie W. M., Solomon D. K., Schiff S. L., et al., "Tracing groundwater flow in the Borden aquifer using Krypton - 85," *Journal of Hydrology* 130, 1 (1992), pp. 279 - 297; Price R. M., Top Z., Happell J. D., et al., "Use of tritium and helium to define groundwater flow conditions in Everglades National Park," *Water Resources Research* 39 (2003), pp. 1267 - 1282; 马致远、范基娇、苏艳等：《关中南部地下热水氢氧同位素组成的水文地质意义》，《地球科学与环境学报》2006 年第 1 期；林学钰、王金生：《黄河流域地下水资源及其可更新能力研究》，黄河水利出版社，2006。

① 吴月：《巴丹吉林沙漠地下水同位素特征与地下水年龄研究》，兰州大学博士学位论文，2014。

第二节　腾格里沙漠及周边地区水质水源特征

腾格里沙漠腹地分布有大小湖盆达 422 个之多，且以淡水湖泊居多，是我国拥有湖泊最多的沙漠，亦是世界上发育沙湖最多的沙漠。沙漠腹地及边缘地下水丰富，水质较好，形成零星及片状分布的绿洲，不仅成为解决农牧民生计的重要地域，亦成为阻止沙漠侵入的重要生态屏障。

一　腾格里沙漠及周边地区各水体水化学特征

本书通过总结前人研究成果[①]（丁贞玉部分研究结果见表 4 - 4），并根据 2012 年 8 月兰州大学资源环境学院地球系统科学研究所巴丹吉林沙漠课题组采集并测定腾格里沙漠及周边地区各水体的 TDS 含量（见表 4 - 5），分析其水化学特征，得出如下结论。

表 4 - 4　腾格里沙漠及周边地区各水体 TDS 含量

样品	样品类型	采集时间	TDS(g/L)	$\delta^{18}O$(‰)	δD(‰)
武威 1	雨	2006.07	0.059	- 1.662	- 22.95
武威 2	雨	2006.07	0.057	- 2.45	- 25.16
沙漠公园	雪	2006.02	0.31	—	—
古浪 R5	雪	2006.02	0.070	- 8.6	- 56.74
乌鞘岭 R6	雪	2006.02	0.046	—	—

---

① 刘亚传：《石羊河流域的水文化学特征分布规律及演变》，《地理科学》1986 年第 4 期；羊世玲、石培泽、俞发宏：《腾格里西部邓马营湖沙漠地下水动态分析》，《甘肃水利水电技术》1996 年第 4 期；羊世玲：《石羊河流域东部沙漠边缘地下水水质 20a 动态分析》，《甘肃水利水电技术》2006 年第 2 期；刘振敏：《腾格里沙漠地区水化学特征》，《化工矿产地质》1998 年第 1 期；王琪、史基安：《石羊河流域地下水化学特征及其分布规律》，《甘肃科技》1998 年第 3 期；李博昀、刘振敏、徐少康等：《腾格里沙漠地区盐湖卤水水化学特征》，《化工矿产地质》2002 年第 1 期；张燕霞、韩凤清、马茹莹等：《内蒙古西部地区盐湖水化学特征》，《盐湖研究》2013 年第 3 期；丁贞玉、马金珠、何建华：《腾格里沙漠西南缘地下水水化学形成特征及演化》，《干旱区地理》2009 年第 6 期；丁贞玉：《石羊河流域及腾格里沙漠地下水补给过程及演化规律》，兰州大学博士学位论文，2010。

表 4 - 5　2012 年腾格里沙漠及其周边地区各水体 TDS 含量

编号	类型		纬度	经度	海拔（米）	TDS(g/L)
1 - 19h	湖水		38°44.933′	105°09.844′	1306	29.98
1 - 20h	湖水		38°46.335′	105°08.180′	1288	100.55
1 - 21h	湖水	巴日德木其	38°44′14.78″	104°46′56.13″	1299	34.68
01h30	湖水		38°46′42.35″	105°08′9.19″	1283	104.78
01h31	湖水		38°46′36.73″	105°00′52.60″	1289	32.54
01h32	湖水	阿波什	38°46′31.31″	104°55′49.29″	1288	10.15
01h33	湖水		38°44′38.30″	104°50′43.60″	1306	8.48
02h34	湖水		38°41′17.73″	104°31′22.67″	1315	61.12
02J35	井水	巴润吉浪	38°40′48.92″	104°31′20.23″	1309	1.19
02h36	湖水	巴润吉浪	38°40′53.07″	104°31′22.42″	1309	2.18
02J37	井水		38°40′23.50″	104°15′59.44″	1320	3.25
02J38	井水		38°35′59.60″	104°08′18.23″	1328	0.96
02J39	井水		38°34′57.29″	104°06′1.64″	1327	1.48
02J40	井水		38°29′50.70″	103°57′3.48″	1341	1.24
03J42	井水	哈什哈	38°24′33.31″	103°50′52.83″	1367	0.66
03J43	井水		38°08′51.97″	103°30′12.25″	1476	1.29
03J44	井水	南井村	38°07′26.55″	103°19′15.24″	1477	4.18

（1）石羊河流域及腾格里沙漠周边地区降水中主要化学离子总量不高，阴离子组成按含量多少排序为 HCO_3^- > SO_4^{2-} > Cl^-，阳离子以 Ca^{2+} 为主，且随流域海拔降低而有所增加。随径流方向，化学类型由 HCO_3 型变为 HCO_3 - SO_4 型，可能受降雨持续时间、降雪沉积时间及地表物质影响差别有所不同。

（2）根据 Na^+、Cl^-、SO_4^{2-}、K^+、Ca^{2+}、NO_3^- 等离子含量探讨石羊河流域大气降水来源，判断腾格里沙漠周边地区大气降水既有海相来源又有陆相来源，并为腾格里沙漠毗邻地区地下水的补给过程和水化学演化提供依据。

（3）丁贞玉等[1]得出腾格里沙漠西南缘地下水 TDS 一般为 0.15 ～ 5.22 克/升，沿地下水的补给区（山前洪积扇）→腾格里沙漠过渡带→邓马营湖区的中深层地下水，水化学型变化规律为 $HCO_3^- - Ca^{2+} - Mg^{2+}$ 型→$Cl^- - SO_4^{2-} - Na^+ - Mg^{2+}$ 型→$HCO_3^- - SO_4^{2-} - Na^+$ 型。其影响因素主要包括：阳离子交换吸附作用、溶滤与蒸发浓缩作用、微弱的混合作用和地下水补给水源水化学成分等。石羊河流域东部腾格里沙漠边缘地下水的水化学分布具有水平分带特征，但浅层水与深层水矿化度及水化学类型并无明显的垂直性分布特征；区域深层承压水形成年代老，循环缓慢。石羊河流域古浪－武威剖面、红崖山－民勤剖面及腾格里沙漠东缘贺兰山－腰坝剖面地下水流动系统的模拟结果表明，沿地下水水流路径水化学离子不断从水体中析出剥离，最终演化成矿化度偏高、水化学成分单一的地下水水体。

（4）腾格里沙漠腹地自流井、泉水、井水的 TDS 一般在 0.44 ～ 2.15 克/升（2012 年实验数据），水质较好。

（5）羊世玲等[2]观测分析得出腾格里沙漠邓马营湖区的地下水基本源于大气降水入渗补给，水位比较稳定，水质一般较好，沿径流方向矿化度逐渐增高。

二 腾格里沙漠及周边地区同位素特征

张长江等[3]认为腾格里沙漠西部湖积盆地第四系厚度大，是地下水

① 丁贞玉、马金珠、何建华：《腾格里沙漠西南缘地下水水化学形成特征及演化》，《干旱区地理》2009 年第 6 期；丁贞玉：《石羊河流域及腾格里沙漠地下水补给过程及演化规律》，兰州大学博士学位论文，2010。

② 羊世玲、石培泽、俞发宏：《腾格里西部邓马营湖沙漠地下水动态分析》，《甘肃水利水电技术》1996 年第 4 期；羊世玲：《石羊河流域东部沙漠边缘地下水水质 20a 动态分析》，《甘肃水利水电技术》2006 年第 2 期。

③ 张长江、张平川、杨俊仓：《甘肃民勤邓马营湖滩地地质环境条件分析》，《甘肃科学学报》2003 年第 S1 期。

赋存的天然场所。苏小四等①根据褶积法求得银川平原潜水的平均停留时间是 30 年。马金珠等②采用氯质量平衡法计算的地区补给量平均仅为 1126 毫米，将气候划分为 4 个干期和 3 个湿期。王新平等③得出大气降水是沙坡头地区唯一的补给源。陈浩④得出随着地下水流动方向氢氧稳定同位素含量逐渐增大，李井滩灌区内地下水主要接受灌溉水和降雨补给，且地下水形成于早期（氚定年研究得出）。丁贞玉⑤研究了石羊河流域及腾格里沙漠的地下水氢氧稳定同位素含量、张掖站降水同位素，得出：地下水基本上没有受到现代大气降水的直接补给，过去湿润期降水对地下水的贡献大，$\delta^{18}O$ 与温度（t）的关系为 $\delta^{18}O = 0.593t - 12.59$；$^{14}C$ 结果显示荒漠盆地地区主要具有轻同位素的晚更新世及全新世时期的水（40~12ka）特征，部分中上游地区地下水具有同位素现代水特征。

第三节　乌兰布和沙漠地下水水质水源特征

一　乌兰布和沙漠各水体水化学特征

乌兰布和沙漠地区水化学主要研究成果有：朱锡芬⑥利用水化学示踪技术、水文地球化学模拟及多元统计方法，分析了乌兰布和沙漠地区

① 苏小四、林学钰：《包头平原地下水水循环模式及其可更新能力的同位素研究》，《吉林大学学报》（地球科学版）2003 年第 4 期；苏小四、林学钰：《银川平原地下水水循环模式及其可更新能力评价的同位素证据》，《资源科学》2004 年第 2 期。

② 马金珠、李相虎、黄天明等：《石羊河流域水化学演化与地下水补给特征》，《资源科学》2005 年第 3 期。

③ 王新平、李新荣、康尔泗等：《腾格里沙漠东南缘人工植被区降水入渗与再分配规律研究》，《生态学报》2003 年第 6 期。

④ 陈浩：《内蒙李井灌区土壤水分运移及地下水氢氧稳定同位素特征研究》，中国海洋大学硕士学位论文，2007。

⑤ 丁贞玉：《石羊河流域及腾格里沙漠地下水补给过程及演化规律》，兰州大学博士学位论文，2010。

⑥ 朱锡芬：《乌兰布和沙漠地下水补给来源及演化规律》，兰州大学硕士学位论文，2011。

地下水水化学特征及其补给演化规律，推断乌兰布和沙漠浅层地下水的补给来源有大气降水、巴彦乌拉山山前浅层地下水、贺兰山北侧山前浅层地下水、黄河水、引黄灌溉田间水，并在沙漠西南侧浅层地下水补给吉兰泰盐湖浅层地下水；深层地下水的补给来源有黄河水、吉兰泰盐湖深层地下水、贺兰山北侧山前深埋潜水、巴彦乌拉山基岩裂隙水；沙漠自流区内，深层地下水自流补给浅层地下水。党慧慧[①]研究显示，乌兰布和沙漠多咸水湖泊，浅层地下水 TDS 平均值 1.93 克/升，变化范围为 0.36 ~ 6.78 克/升；中层地下水 TDS 平均值 1.23 克/升，变化范围为 0.37 ~ 3.48 克/升；深层地下水 TDS 平均值 0.62 克/升，变化范围为 0.05 ~ 1.25 克/升，主要为淡水，水质较好；巴彦乌拉山和贺兰山基岩裂隙水下渗、黄河水的侧渗补给和不同含水层间的越流补给，是乌兰布和沙漠地下水的主要来源；沿着水流路径，地下水水化学类型表现垂直分层性，浅层地下水和中层地下水都以 $Cl-Na$ 型水为主，深层地下水主要水化学类型为 $HCO_3-Ca-Na$ 型、HCO_3-Ca 型和 $Cl-Na$ 型；浅层地下水水化学组成主要受蒸发/浓缩作用控制，深层地下水主要由岩石风化作用和阳离子交换作用主导。

二　乌兰布和沙漠同位素特征

贾铁飞等[②]根据沙漠北部出露的典型剖面，结合 ^{14}C 测年，初步判定乌兰布和沙漠形成于全新世，其形成因素以自然因素为主，人为因素为辅。春喜等[③]从沉积学和地貌学角度出发，采用 OSL 定年技术，研究

① 党慧慧：《乌兰布和沙漠地下水水化学特征和水文地球化学过程》，兰州大学硕士学位论文，2016。

② 贾铁飞、石蕴琮、银山：《乌兰布和沙漠形成时代的初步判定及意义》，《内蒙古师范大学学报》（自然科学汉文版）1997 年第 3 期；贾铁飞、何雨、裴冬：《乌兰布和沙漠北部沉积物特征及环境意义》，《干旱区地理》1998 年第 2 期。

③ 春喜、陈发虎、范育新等：《乌兰布和沙漠的形成与环境变化》，《中国沙漠》2007 年第 6 期。

结果表明沙漠形成年代约在 7ka BP 前后。

顾慰祖等[1]研究乌兰布和沙漠北部地下水环境同位素（δ^2H、δ^3H、δ^{18}O、δ^{13}C、^{14}C），测得地下水中同位素含量范围 δ^{18}O 介于 $-7.4‰$ ~ $12.1‰$、氚含量介于 $0 \sim 190$TU，^{14}C 浓度为 $1.7 \sim 97$pmc，识别出两类承压水的 3 个补给源（一类：补给源为古地下水，沙漠降水下渗和黄河渗漏水；二类：补给源为古地下水，沙漠降水下渗和山地裂隙泉水）和潜水的 3 个补给源（1963 年以后的降水和灌溉渗漏所补给；早期降水和黄灌下渗滞留在沙漠中的潜水；由特殊机制形成，接近本区潜水最低值）。柳富田[2]利用 CFCs 方法对鄂尔多斯白垩系盆地地下水年龄进行测定，结果表明地下水盆地内局部地下水年龄为 20 年左右，地下水年龄随深度增加而增加，中间地下水系统和区域地下水系统年龄大于 70 年。党慧慧[3]研究乌兰布和沙漠地下水同位素特征，得出随着埋深增加地下水 δ^2H 和 δ^{18}O 平均值均减小，具有明显的分层特征；乌兰布和沙漠当地大气降水线为 δ^2H $= 6.93\delta^{18}$O $- 8.68$（$R^2 = 0.95$），蒸发线为 δ^2H $= 5\delta^{18}$O $- 35.14$，认为地下水受低湿度条件下降水补给，补给过程中经历强烈蒸发；地下水的主要来源为大气降水的间接补给和古地下水在偏冷气候下的混合补给；通过 Netpath 软件模拟计算乌兰布和沙漠地下水的 ^{14}C 年龄，经校正得出地下水年龄约 22ka ~ 现在，在地质年代上为第四纪时期，包括全新世早期及更新世晚期，补给环境较现在偏冷湿。

第四节　阿拉善沙漠地区地下水特征

巴丹吉林沙漠湖泊群附近地下水的 TDS 值年内及年际变化都很小，

① 顾慰祖、陆家驹、谢民等：《乌兰布和沙漠北部地下水资源的环境同位素探讨》，《水科学进展》2002 年第 3 期。
② 柳富田：《基于同位素技术的鄂尔多斯白垩系盆地北区地下水循环及水化学演化规律研究》，吉林大学博士学位论文，2008。
③ 党慧慧：《乌兰布和沙漠地下水水化学特征和水文地球化学过程》，兰州大学硕士学位论文，2016。

且绝大多数井水的 TDS 值及其变化幅度都高于附近泉水，可能是受蒸发浓缩作用的影响，其地下水盐度增大。地下水的水化学型存在一定的规律性，具有自东南部 HCO_3^- 型逐渐向西北部 Cl^- 型演化，表征其地下水流动方向。巴丹吉林沙漠地区无地表径流直接补给地下水；根据湖水与地下水的 TDS 均值推断湖水不可能补给地下水，且巴丹吉林沙漠降水量小而蒸发量大，现代大气降水无法支持常年湖泊面积维持不干涸的事实；结合兰州大学资源环境学院地球系统科学研究所巴丹吉林沙漠课题组水位观测数据，地下水水位冬春季高、夏秋季低，与年降水量的变化趋势相反，且年际变化不大，表明地下水存在持续的补给源；地下水中 HCO_3^- 浓度高，且春季时 HCO_3^- 浓度较夏秋季增高，表明春季地下水补给量最大。巴丹吉林沙漠腹地地下水水质较好，地下水补给湖水，且补给方向是自东南向西北补给。根据前人研究成果及兰州大学地球系统科学研究所巴丹吉林沙漠课题组实验数据得出：石羊河流域及腾格里沙漠周边地区大气降水既有海相来源又有陆相来源；从山前洪积扇地下水的补给区深入腾格里沙漠过渡带再到邓马营湖区中深层地下水，水化学型变化规律为 HCO_3 型→$Cl-SO_4$ 型→HCO_3 型；区域深层承压水形成年代老，循环缓慢；腾格里沙漠邓马营湖区的地下水基本源于大气降水入渗补给，水位比较稳定，水质一般较好，沿径流方向矿化度增高。乌兰布和沙漠浅层地下水的补给来源有大气降水、巴彦乌拉山山前浅层地下水、贺兰山北侧山前浅层地下水、黄河水、引黄灌溉田间水，并在沙漠西南侧浅层地下水补给吉兰泰盐湖浅层地下水；深层地下水的补给来源有黄河水、吉兰泰盐湖深层地下水、贺兰山北侧山前深埋潜水、巴彦乌拉山基岩裂隙水；沙漠自流区内，深层地下水自流补给浅层地下水；乌兰布和沙漠的地下水主要来源为巴彦乌拉山和贺兰山基岩裂隙水下渗、黄河水的侧渗补给和不同含水层间的越流补给。

巴丹吉林沙漠腹地地下水的氢氧稳定同位素值年际和年内变化都很小，且井水的 δD 值和 $\delta^{18}O$ 值略富集于泉水值，湖水值较其他水体更富集，表明泉水、井水和湖泊水经历了不同程度的蒸发。根据湖泊及地下水 $\delta D - \delta^{18}O$ 关系图可以看出：湖水、地下水同位素沿着低于全球大气降水线斜率的当地蒸发线展布，较低的斜率表明强烈的蒸发环境特征；地下水同位素主要位于蒸发线的左下角，湖水位于其右上角，表征地下水与湖泊水源基本一致，且湖泊水的主要补给来源为地下水，在地下水补给湖泊的过程中，湖水二次蒸发很明显、更易富集重同位素。巴丹吉林沙漠腹地北部与西部区域地下水的氢氧稳定同位素含量偏正，东南部广大区域的氢氧稳定同位素含量偏负，也可印证沿径流方向同位素值越富集重同位素，或是地下水埋藏条件不同、流经路径不同或蒸发分馏导致其富集。根据年平均 $\delta^{18}O$ 值与当地地面平均气温（t）关系，得出巴丹吉林沙漠的补给温度为 2.6℃ ~ 8℃，而巴丹吉林沙漠年均气温约 8℃，表明初始降水补给地下水时气温较现在低。地下水的 d 值（ -5‰ ~ -38‰）变化较小，而绝大多数 d 值在 -20‰ 左右，且沿地下水补给 - 排泄方向，d 值逐渐降低，表明地下水自东南向西北的补给；异常负的 d 值表明巴丹吉林沙漠地区地下水形成于温度较现在低、相对湿度较高的古气候环境下，很可能来自东南某地的高海拔山区。根据巴丹吉林沙漠腹地地下水的氚浓度估算地下水更新速率 <0.1%，结合 ^{14}C 含量计算其循环速率为 <30 米/年，表明巴丹吉林沙漠腹地地下水在径流过程中循环速率较慢，更新速率很慢，故而深层地下水年龄较老。根据前人研究成果得出：石羊河流域及腾格里沙漠的地下水基本上没有受到现代大气降水的直接补给，过去湿润期降水对地下水的贡献大，地下水形成于晚更新世及全新世时期的水（40 ~ 12ka），部分中上游地区地下水具有同位素现代水特征。乌兰布和沙漠北部两类承压水的 3 个补给源（一类：补给源为古地下水，沙漠降水下渗和黄河渗漏水；二类：补给源为古地下水，沙漠降水下渗和山地裂隙泉水）和潜水的 3 个补给源（1963 年以后的降水和灌溉渗漏所补给；早期降水和黄灌下渗滞留在沙漠中的潜水；由特殊机制形成，接近本区潜水最

低值）；乌兰布和沙漠地下水补给环境较现在偏冷湿。

由此可见，阿拉善沙漠地区地下水以潜水、承压水或泉水形式存在于自然界，当地居民以打井或直接采集泉水的形式利用有限的水资源。水资源是当地经济社会发展的"瓶颈"资源，因此，不能过度开发沙漠地区有限的水资源，以防植被枯死、生物多样性锐减、土地荒漠化、风沙危害，甚至城镇消失。沙漠地区赋存的深层地下水（包括泉水）水质较好，以古地下水、少量降水及侧向径流补给为主，补给速率慢。因此，深层地下水应尽可能用于居民生活用水，对人口稀少的沙漠腹地居民而言，可进行适量的生态农业种植，维护绿洲地区的生态保护和合理发展，但对于城镇及乡村人口密集的地区应严格限制开发利用深层地下水发展工业及大田漫灌农业。沙漠地区浅层地下水含盐量较深层地下水高，补给来源有深层地下水的越流补给、大气降水、山前裂隙水、少量地表水等，补给速率也较慢。因此，政府及相关部门应严格遵循"优水优用，劣水劣用，节水优先"的原则，将水质较好的浅层地下水首先用于解决居民生活用水。适当开发利用盐度较高的浅层地下水发展当地节水产业、生态产业、高新产业，以提高居民生活质量。

第五章　阿拉善盟水生态建设

　　阿拉善盟境内地表水资源匮乏，降水量小而蒸发量大，致使区域水资源紧缺。根据《内蒙古自治区水资源公报（2018）》《中国水资源公报（2018）》，阿拉善盟人均水资源量约为 1756 立方米，约是全国人均水资源量的 89%（较 2017 年二者占比 66% 提高了近 20 个百分点）。阿拉善盟沙漠戈壁广布，平原绿洲面积较少，因此，如何利用有限的水资源和土地资源推动区域经济高质量发展显得尤为重要。随着阿拉善盟工业化、城镇化步伐的加快，水资源短缺趋势日益严重（尤其是地下水超采严重），加之土壤盐渍化、水土流失、草场退化、土地荒漠化、水污染等生态问题日益凸显，人们对饮水安全、粮食安全、清新空气等生存环境的需求日益提高。因此，如何构建安全的生态环境是摆在政府部门及科研工作者面前亟待解决的重要问题之一。

第一节　黑河下游水资源保护和水生态建设

　　黑河发源于南部祁连山区，经莺落峡、正义峡等地，注入额济纳旗东西居延海，全长 821 千米，流域面积 14.29 万平方千米，是中国第二大内陆河。黑河自金塔县鼎新至额济纳旗湖西新村段又称弱水，进入阿拉善盟又称额济纳河。黑河流域位于河西走廊中部，是甘肃、内蒙古西部地区最大的内河流域。其上游属青海省祁连县，中游属甘肃山丹、民乐、张掖、临泽、高台、肃南、酒泉等市县，下游属甘肃金塔县和内蒙古额济纳旗。黑河下游阿拉善盟境内河道长 333 千米，流域面积约8.04 万平方千米。

一 黑河下游阿拉善盟境内水系格局变化

由于气候变化等自然因素影响，黑河水系不断溯源萎缩，加之 20 世纪中叶以来人为活动影响，致使黑河下游额济纳旗境内河道断流，水系格局发生较大变化。20 世纪 60 年代，黑河中游地区农业和林草业耗水过大，下游水量严重不足，1961 年西居延海干涸；90 年代，黑河中游建成曹滩庄分水枢纽工程，引黑河水入张掖南部用于灌溉，致使下游水量锐减，1992 年东居延海干涸，至此黑河下游阿拉善盟境内河流基本干涸。黑河下游水量锐减，东西居延海干涸，周边众多湖泊水面缩小或干涸，部分泉水消失，地下水水位下降，致使绿洲面积减少、草场退化、沙漠化速度加快、沙尘暴频发，生态环境恶化。为了有效遏制黑河下游生态恶化，自 2000 年起国家开始实施黑河流域水资源统一调度、黑河治理、水利工程设施建设等项目，基本恢复了黑河下游居延海水域面积和额济纳绿洲灌溉区及草地面积，有效保护了额济纳胡杨林保护区的生态环境，为阿拉善盟生态环境保护和民生改善做出了重要贡献。

二 黑河下游阿拉善盟境内水资源保护与水生态建设

自 2000 年开始进行黑河调水以来，2002 年东居延海首次恢复进水，2003 年西居延海过水，黑河干流全线贯通。"十五"期间，额济纳旗启动实施了黑河水利一期工程与退牧还草、退耕还林等大型项目，黑河流域初步形成了灌溉、防洪、供水、水土保持等多功能的水利工程体系。2000～2005 年，持续 5 年完成黑河调水计划，至 2005 年，东居延海蓄水量 3590 万立方米，建成黑河生态工程饲草料基地 3 万亩①，初步恢复了黑河下游水域面积，有效保障了下游灌溉区人民的生活和生产，明显改善了黑河流域生态环境。

"十一五"期间，国家和地方政府继续加强黑河分水和综合治理，通过实施黑河水利工程二期项目，计划建成东河灌溉区 88.3 万亩的绿洲灌溉配套工程，治理水土流失面积 20 万亩②，基本遏制黑河流域下游地区生态恶化趋势。截至 2006 年 10 月，东居延海水域面积达 38.6 平方千米。③ 2008 年，根据黄委会黑河流域管理局年度黑河水量调度工作总体部署，采取"全线闭口、集中下泄"的调度措施，加之当年降水量较多，土壤墒情较好，从上中游地区统一调水补充额济纳河干流沿岸以及额济纳绿洲地下水，至 2008 年 5 月 21 日，东居延海湖区水域面积为 36.8 平方千米，库容（蓄水量）为 4040 万立方米④，增加了绿洲地区农田灌溉地表水用水量，缓解了绿洲地下水水位下降趋势，对植被恢复与治理、绿洲生态恢复发挥了重要作用。2009 年 12 月 19 日黑河下泄水头到达狼心山水文站断面，12 月 26 日到达来呼布镇一道桥，2010 年额济纳旗冬春季灌溉面积达 10 万亩，其中，饲草料地灌溉 2 万亩，林草地灌溉 8 万亩。⑤ 至 2010 年底，东居延海水域面积约 40.0 平方千米，库容（蓄水量）为 5380 万立方米。⑥ 经过近十年的水资源保护与水生态治理，黑河下游水量不断增加，东居延海水域面积逐渐增加，额济纳胡杨林保护区生态环境明显改善，为构筑西部生态安全屏障及全国生态安全做出了积极贡献。

---

① 阿拉善盟行政公署：《阿拉善盟水利事业发展第十一个五年规划》，2008 年 4 月 8 日。

② 阿拉善盟行政公署：《额济纳旗国民经济和社会发展第十一个五年规划纲要》，2008 年 4 月 8 日。

③ 阿拉善盟行政公署：《东居延海连续 4 年碧波荡漾》，2012 年 4 月 16 日。

④ 阿拉善盟行政公署：《黑河下游额济纳河冬春季调水》，2008 年 5 月 30 日。

⑤ 阿拉善盟行政公署：《额旗水务局认真组织开展全旗农田草牧场春灌工作》，2012 年 4 月 16 日。

⑥ 阿拉善盟行政公署：《额济纳旗东居延海实现连续 6 年不干涸》，2012 年 4 月 16 日。

"十二五"期间，阿拉善盟及额济纳旗政府依托国家黑河综合治理规划、黑河引水调水项目、阿右旗黑河饮水项目、胡杨林保护区建设等重大项目工程，推进黑河流域阿拉善盟境内水资源保护与开发，确保黑河下游居延海水域面积不萎缩，保障绿洲地区冬春和夏秋灌溉用水充足，积极开展下游地区胡杨林、草场等生态保护，极大改善了流域生态环境。2010 年 12 月 14 日，黑河下泄水头到达狼心山水文站断面，2011 年 1 月 11 日到达来呼布镇一道桥，额济纳旗春季灌溉面积达 23 万亩，其中，饲草料地灌溉 3.9 万亩，林草地灌溉 19 万亩。[①] 截至 2011 年末，狼心山断面过水量 0.522 亿立方米，东居延海水面面积 42.4 平方千米，库容（蓄水量）约 8250 万立方米。[②] 至 2015 年末，狼心山水文站断面过水 255 天，年径流量 6.53 亿立方米；东居延海水文站断面过水 31 天，年径流量 4760 万立方米；东居延海全年最大水域面积达 40.6 平方千米，库容（蓄水量）约 5820 万立方米；全年向西河调入的水量累计达 2.54 亿立方米；西居延海过水面积达到 6.3 平方千米，巴格淖尔蓄水量 2567 立方米，西河农田草牧场累计灌溉达 31.5 万亩；全年灌溉农田草牧场面积 80.3 万亩（其中灌溉饲草料地 6.3 万亩、灌溉林草地 74 万亩，春季灌溉 44.3 万亩、夏秋季灌溉 36.0 万亩），浸润面积达 94 万亩。[③] 2000～2015 年，东居延海水域面积波动增长，近年来基本保持在 40 平方千米以上，蓄水量明显增加，缓解了额济纳旗水资源"瓶颈"压力，不仅维护了生物多样性，保护了生态环境，而且为推动绿洲生态农业、林草业、旅游业发展奠定了资源基础。

自 2000 年国家开始实施黑河流域水资源统一调度，至 2016 年末，17 年来累计调入阿拉善盟额济纳旗水量为 98.52 亿立方米，即平均每年入境水量为 5.80 亿立方米，累计灌溉牧草场 961.52 万亩，年均约

---

① 阿拉善盟行政公署：《额旗组织开展农田草牧场冬春灌工作》，2012 年 4 月 16 日。

② 阿拉善盟行政公署：《2011 年黑河水量调度情况》，2012 年 4 月 16 日。

③ 阿拉善盟行政公署：《2015 年度黑河水量调度工作圆满结束》，2015 年 11 月 12 日。

56.56万亩，累计调入东居延海水量83705万立方米，多年来水域面积保持在40平方千米。① 截至2016年11月，狼心山断面累计来水量9.83亿立方米，向东居延海补水8926万立方米，使东居延海水域面积达42.5平方千米，相应蓄水量为8340万立方米；向天鹅湖补水1500万立方米，向巴格淖尔补水450万立方米；共灌溉农田草牧场面积109.6万亩；向西河末端的巴彦塔拉草场、班布尔河草场等草场及周边胡杨林进行调水灌溉，额济纳绿洲生态环境得到显著改善。② 截至2018年11月，狼心山断面过水343天，年径流量9.79亿立方米，共灌溉林草地面积109.25万亩；采取"分区轮灌、精细调度"的配水方法，加强了对西河的水量配置，增加生态空间及生态用水，向东居延海补水3020万立方米，使东居延海水域面积达43.2平方千米，蓄水量首次突破1亿立方米；西居延海过水面积达50平方千米，巴格淖尔连续4年水域面积达9平方千米；将黑河水引入黑城附近干涸646年的黑河古河道，使黑河调水工作取得了历史性突破。③ 黑河下游额济纳旗春季融冰灌溉及夏秋季灌溉主要用于河流沿岸、绿洲及周边地区的林草地生态用水和部分农业灌溉用水，黑河调水不仅使已干涸的居延海恢复了碧波荡漾的自然风光，而且有效补充了沿河地下水，增加了沿河绿洲植被覆盖度，保护了生态脆弱区的生物多样性，尤其是胡杨林保护区成为西部地区重要的候鸟迁徙通道，充分发挥了水资源的生态效益。

近年来，黑河下游额济纳旗政府及相关部门立足构建西部生态安全屏障的定位，通过优化水资源配置、合理开发和保护水资源、提高水资

---

① 阿拉善盟行政公署：《额济纳旗统筹施策构筑生态屏障》，2017年3月28日。

② 阿拉善盟行政公署：《历时290天，2015～2016年度黑河调水圆满结束》，2016年11月25日。

③ 黄河水文：《黑河勘测局圆满完成黑河2017～2018调水年度水量监测工作》，http://www.hwswj.com.cn/aspx/subsite/syj – show.aspx？id＝156264. 2018年11月16日；央广网：《2017年至2018年度额济纳绿洲黑河调水工作圆满结束》，http://news.cnr.cn/native/city/20181112/t20181112_524413110.shtml.，2018年11月12日。

源综合利用效率、保护和恢复自然保护区及湿地、调整产业结构、开展生态旅游、发展沙产业等生态保护和产业发展的顶层设计，将保持东西居延海水域面积、提高额济纳旗民众生活生产及生态用水水质、改善周边生态环境、加强河湖管理和水污染防治等作为改善流域生态环境的主要工作和任务，利用行政及法律手段管好用好黑河水，推进绿色发展，使额济纳旗绿洲带成为阻止沙漠侵蚀的天然屏障和生态农业示范区，使额济纳旗成为集河流湖泊、沙漠戈壁、胡杨林、鸟类迁徙地为一体的旅游胜地，逐步实现流域生态保护与高质量发展。

第二节　阿拉善盟水资源开发利用现状

一　阿拉善盟水资源量

据 1999 年《阿盟水资源开发利用规划》数据资料，阿拉善盟水资源总量为 22.28 亿立方米，其中，地表水资源量为 7.925 亿立方米（包括黑河入境水量），地下水资源量为 14.355 亿立方米。可利用水资源总量为 12.775 亿立方米，为水资源总量的 57%；地下水可开采量为 4.85 亿立方米，是地下水资源量的 34%。[1] 表明阿拉善盟水资源贫乏，地表径流极缺。截至 2018 年，全盟共有中小型水库 37 座，总库容 2802.57 万立方米；塘坝 87 处，总容积 243.83 万立方米；地下水取水井 15173 眼，取水量 2.96 亿立方米。[2]

根据《内蒙古自治区水资源公报（2018）》，阿拉善盟降水总量 282.78 亿立方米，约占全区降水量的 7.45%，较 2017 年降水量增加 49.7%，较多年平均降水量有所增加；地表水资源量 0.37 亿立方米，

---

① 阿拉善盟水务局：《阿拉善盟水资源开发利用及现状用水情况》，2016 年 11 月 11 日。
② 中国政务网：阿拉善盟行政公署—走进阿拉善—自然环境，http：//www. als. gov. cn/col/col3386/indeh. html#zrhj。

约占全区地表水资源量的 0.12%，与 2017 年持平，与多年平均值接近；地下水资源量 5.78 亿立方米，约占全区地下水资源量的 2.28%，较 2017 年增加 16.5%；地表水资源量与地下水资源量之间的重复计算量 1.77 亿立方米，水资源总量 4.38 亿立方米，较 2017 年增加 28.1%；产水系数 0.02，是内蒙古全区产水系数 0.12 的 1/6（见表 5-1）。[1]

表 5-1　阿拉善盟 2018 年水资源量

单位：亿立方米

行政分区		年降水量	地表水资源量	地下水资源量	重复计算量	水资源总量
全国		682.5 毫米	26323.2	8246.5	1139.3	27462.5
内蒙古全区		328.2 毫米（3796.43 亿立方米）	302.35	253.59	94.42	461.52
阿拉善盟	亿立方米	282.78	0.37	5.78	1.77	4.38
	全区占比(%)	7.45	0.12	2.28	1.87	0.95

黄河是阿拉善盟境内最大的过境河流，境内流程 85 千米，流域面积 31 万平方千米，多年平均径流量 315 亿立方米，分配的黄河水取水指标为 5000 万立方米，全部用作李井滩灌区的农业灌溉用水。根据阿拉善盟水务局统计资料，2000~2015 年，李井滩灌区年均引用黄河水约 4296 万立方米，灌溉面积约 8 万亩。[2] 黄河分水正义峡水文断面下泄水量多年平均约 10.9 亿立方米，进入阿拉善盟额济纳旗狼心山水文断面正常年份下泄水量 5.80 亿立方米。阿拉善盟西部有黑河流入，河道长 333 千米，流域面积为 8.04 万平方千米。自 2000 年国家实施黑河流域水资源统一调度以来，截至 2018 年 11 月，东居延海水面面积为 43.2 平方千米，相应蓄水量突破 1 亿立方米，西居延海过水面积达 50 平方千米。山沟泉溪主要发源于贺兰山、雅布赖山、龙首山等山区，共 70

---

① 内蒙古自治区水利厅：《内蒙古自治区水资源公报（2018）》，2019 年 8 月 23 日。
② 阿拉善盟水务局：《阿拉善盟水资源开发利用及现状用水情况》，2016 年 11 月 11 日。

多处，流域面积 2676 平方千米。年清水总量 905 万立方米，年平均洪水总量 5000 万立方米。巴丹吉林沙漠、腾格里沙漠、乌兰布和沙漠中共有湖盆总面积达 6700 平方千米，其中季节性湖泊（草地湖）面积为 4546 平方千米，永久性湖泊（集水湖）面积为 231 平方千米。①

二 阿拉善盟水环境质量

2018 年考核的国家重要水功能区阿拉善盟境内评价河长 249.60 千米，达到全因子Ⅱ类标准、双因子Ⅰ类标准；考核的国家重要水功能区 2 个，参评 2 个，全因子达标率为 100%、高于全区达标率均值（49.7%），双因子达标率为 100%、高于全区达标率均值（80.0%）。自治区级水功能区全因子评价河长 95.5 千米，达到Ⅰ类标准 13 千米，达到Ⅱ类标准 82.5 千米；双因子评价河长 103.0 千米，达到双因子Ⅰ类标准 103.0 千米；阿拉善盟境内自治区级水功能区 9 个，全因子参评 7 个（未参评 2 个）、达标率 42.9%、高于全区达标率均值（24.1%），双因子参评 8 个（未参评 1 个）、达标率 87.5%、高于全区达标率均值（70.1%）。②

阿拉善盟境内浅层地下水埋深较浅、矿化度较高、受季节影响变幅较大，深层承压水受季节影响较小、水质较好。全区范围内作为饮用水源的承压水水质均符合《地下水水质标准（GB/T14848 - 93）》Ⅲ类标准。阿拉善盟地下水水质有明显的地带性分布特征，水质自东向西由好变劣。其中：阿拉善盟左旗地下水水质最好，矿化度在 1~3 克/升的水体分布最广，有些地区矿化度可达 10 克/升；阿拉善盟右旗大部分地区的地下水矿化度在 1~5 克/升、水质良好，最高可达 50 克/升、水质较差；阿拉善盟额济纳旗绝大多数地区的地下水矿化度在 1~5 克/升、水

---

① 阿拉善盟水务局：《阿拉善盟水资源开发利用及现状用水情况》，2016 年 11 月 11 日。
② 内蒙古自治区水利厅：《内蒙古自治区水资源公报（2018）》，2019 年 8 月 23 日。

质良好，有小范围沿河分布的地区地下水水质最好，部分地区矿化度最高可达 15 克/升、水质最差。① 阿拉善盟地下水水质主要分布特征为山区及山前冲积平原、沿河两岸水质较好，高平原、低山区、沙漠区次之，地下水汇集区、湖泊、盆地地区的水质最差。

三　阿拉善盟水资源开发利用现状

根据《阿拉善盟行政公署转发内蒙古自治区人民政府批转自治区水利厅关于实行最严格水资源管理制度实施意见的通知》，2015 年，阿拉善盟用水总量控制指标为 4.22 亿立方米，2020 年为 4.90 亿立方米，2030 年为 5.97 亿立方米。②③ 2015 年，全盟用水量为 3.68 亿立方米，其中：地下水用水量为 2.78 亿立方米（农业用水为 2.04 亿立方米，工业用水为 0.54 亿立方米，城镇公共用水为 0.04 亿立方米，居民生活用水为 0.11 亿立方米，生态用水为 0.05 亿立方米）；地表水用水量为 0.85 亿立方米（孪井滩灌区提取黄河水 0.47 亿立方米，开发区提取黄河水 0.33 亿立方米，阿左旗水库蓄水利用 0.05 亿立方米）；中水再利用为 0.05 亿立方米（其中用于工业生产的水量为 0.013 亿立方米）。④ 根据《内蒙古自治区水资源公报（2018）》，2018 年全盟用水量为 13.14 亿立方米，较 2015 年增加了近 3 倍，其中黑河调水约 9.79 亿立方米；按行业分，农业用水为 2.33 亿立方米，工业用水为 0.45 亿立方米，城镇公共用水为 0.04 亿立方米，居民生活用水为 0.15 亿立方米，生态用水为 10.17 亿立方米。阿拉善盟工业园区水资源开发利用及配置情况如下：（1）阿拉善经济开发区。根据《开发区水资源评价报告》数据，开发区水资源总量为 3166.52 万立方米，可开采量为 2999.37 万

---

① 阿拉善盟水务局：《阿拉善盟水资源开发利用及现状用水情况》，2016 年 11 月 11 日。
② 阿拉善盟水务局：《阿拉善盟水资源开发利用及现状用水情况》，2016 年 11 月 11 日。
③ 阿拉善盟水务局：《阿拉善盟节水型社会建设实施方案》，2018 年 9 月 30 日。
④ 阿拉善盟水务局：《阿拉善盟水资源开发利用及现状用水情况》，2016 年 11 月 11 日。

立方米/年。开发区无黄河水取水指标，通过水权转换，从孪井滩灌区取得1200万立方米的黄河水取水指标，其中黄委会批复600万立方米用于乌斯太电厂（263万立方米）和庆华集团水权转换项目（337万立方米）。2014年跨盟市水权转让指标分配开发区晨宏利集团100万立方米。2015年阿拉善盟经济开发区水资源开发利用现状见表5－2。经济开发区现状可供水能力为6900万立方米/年，经预测，近中期开发区需水量1.05亿立方米/年，用水缺口约3600万立方米。（2）腾格里经济技术开发区。根据《腾格里地区水资源评价报告》数据，腾格里园区多年平均地下水可开采量为1682.1万立方米（矿化度＞2克/升）。2013年，盟水行政主管部门给内蒙古庆华集团精细化工年产200吨碳纤维、10万吨己内酰胺及配套项目配置劣质地下水594.1万立方米/年，给盾安集团金石镁业有限责任公司年产20万吨高品质金属镁工程项目配置劣质地下水150万立方米/年（并办理了取水许可证）。2014年，跨盟市水权转让分配指标：内蒙古庆华集团精细化工配置200万立方米/年，盾安集团金石镁业有限责任公司配置200万立方米/年。至此，两家企业用水问题得到初步解决。根据《孪井滩示范区毛不拉湖－葡萄墩水资源调查报告》数据，葡萄墩园区总面积2102.2平方千米，矿化度＞2克/升地下水可开采量为1182.19万立方米。根据腾格里经济技术开发区近中期经济社会发展需求，用水缺口约2000万立方米。（3）敖伦布拉格产业园区。根据《阿左旗敖伦布拉格地区水资源评价报告》数据，评价区多年平均可利用水资源量为4824.7万立方米，其中矿化度＞2克/升地下水可开采量为1766.6万立方米。据2013年《敖伦布拉格产业园区总体规划》，园区工业用水近期规划（2015年）用水约2369万立方米/年、中期规划（2020年）用水约4465万立方米/年、远期规划（2030年）用水约8148万立方米/年。因此，近期需解决用水缺口2800万立方米。（4）雅布赖工业园区。根据《阿拉善右旗雅布赖地区水资源评价报告》数据，评价区总面积为1475.2平方千米，地表水可利用量为 99.78 万立方米，矿化度 > 2 克/升地下水可开采量为 902.21 万立方米。园区现状用水量为 415 万立方米/年。经预测，园区中期 2020 年工业需水量为 1100 万立方米/年，远期 2030 年工业需水量为 2300 万立方米/年。根据地下水可开采量，园区近期工业用水缺口为 200 万立方米，远期工业用水缺口将达到 1400 万立方米。

（5）策克口岸园区。根据《阿拉善盟策克口岸水资源评价报告》数据，评价区总面积为 1306 平方千米，多年平均水资源量为 1201.3 万立方米，地下水可开采量为 961 万立方米。园区现状用水量为 75 万立方米/年。经预测，策克口岸园区 2020 规划年生产需水量为 1510.5 万立方米/年。根据园区可供水量预测，到 2020 年用水缺口约 480 万立方米。

（6）赛汉陶来园区。根据《内蒙古额济纳赛汉陶来地区水资源评价报告》数据，评价区总面积为 1451 平方千米，矿化度 > 2 克/升地下水可开采量为 2848.3 万立方米，现状用水量为 50 万立方米/年。根据《额济纳旗赛汉陶来工业园区十二五规划》，经预测，园区 2020 规划年生产需水量为 775 万立方米/年。

表 5 - 2　2015 年阿拉善经济开发区水资源开发利用现状

单位：万立方米，%

			总量	2113.97	占比
阿拉善经济开发区用水量	来源		地表水（黄河水）	1426.44	67.5
			地下水	687.53	32.5
	分行业用水		农业用水		
			工业用水	1709.70	80.9
			城镇生活用水（公共用水）	119.22	5.6
			生态用水	285.05	13.5

2018 年阿拉善盟总供水量为 13.14 亿立方米，较 2017 年减少了 0.93 亿立方米，占内蒙古自治区总供水量的 6.84%，居 12 个盟市的第 6 位。其中：地下水供水量为 2.48 亿立方米（较 2017 年减少 0.14 亿立

方米），占总供水量的 18.87%；地表水供水量为 10.55 亿立方米（较 2017 年减少 0.83 亿立方米），占总供水量的 80.29%；污水处理回用水量为 0.11 亿立方米（较 2017 年增加 0.03 亿立方米），占总供水量的 0.84%。[①]

2018 年阿拉善盟总用水量为 13.14 亿立方米，较 2017 年减少 0.93 亿立方米。其中：农田灌溉用水量为 0 亿立方米，林果地用水量为 0.15 亿立方米，草场用水量为 2.1 亿立方米，牲畜鱼塘用水量为 0.08 亿立方米，农业总用水量约 2.33 亿立方米，占全盟总用水量的 17.73%；工业用水量为 0.45 亿立方米（较 2017 年减少 0.09 亿立方米），占总用水量的 3.42%；城镇公共用水量为 0.04 亿立方米（较 2017 年减少 0.01 亿立方米），占总用水量的 0.30%；生活用水量为 0.15 亿立方米（较 2017 年增加 0.02 亿立方米），占总用水量的 1.14%；生态用水量为 10.17 亿立方米（较 2017 年减少 0.76 亿立方米），占总用水量的 77.40%。[②]

2018 年，阿拉善盟总耗水量为 11.37 亿立方米，较 2017 年减少 0.84 亿立方米，占全区总耗水量的 8.74%。[③]

四　存在的主要问题

（一）水资源短缺对经济社会发展的约束性日趋明显

阿拉善盟地区主要受蒙古高压、大陆气团控制，为典型的内陆气候区，属于中温带干旱半干旱气候。该区多年平均年降水量不到 200 毫米，主要集中于夏秋季且多暴雨不易利用，蒸发强烈，表明区域有效降水较少，属典型的资源性缺水地区；加之境内流经的地表水主要是石羊河、黄河及其支流，流域面积小，而且国家分配的黄河水用水量有限，

---

① 内蒙古自治区水利厅：《内蒙古自治区水资源公报（2018）》，2019 年 8 月 23 日。
② 内蒙古自治区水利厅：《内蒙古自治区水资源公报（2018）》，2019 年 8 月 23 日。
③ 内蒙古自治区水利厅：《内蒙古自治区水资源公报（2018）》，2019 年 8 月 23 日。

致使地区水量型缺水严重；区域内深层地下水水质较好，但浅层地下水多属苦水或咸水，不易利用，属典型的水质型缺水地区；该区域属西北内陆地区，经济欠发达，水利设施不健全，粗放式利用水资源，导致水资源利用效率低，加剧了区域缺水形势。区域沙漠戈壁广布，成为全国乃至全世界水资源严重匮乏的地区。水资源短缺进而引发草场退化、天然植被死亡、土地沙化和次生盐渍化等生态问题。因此，水资源短缺成为制约当地经济社会发展和生态建设的主要瓶颈因素。

（二）地下水超采严重

2011～2015 年，内蒙古自治区新增灌溉机井 19.75 万眼，占现有灌溉机井的 35%，全区 33 个地下水超采区年均超采量为 6.27 亿立方米，超采导致多盟市地下水水位下降明显，仅 2014～2015 年，通辽、呼和浩特和包头地下水水位分别下降 0.85 米、0.62 米、0.31 米。[①]

阿拉善盟超采井灌区有 4 个，分别是阿拉善左旗的巴润别立镇腰坝滩井灌区、吉兰泰镇查哈尔滩井灌区、温都尔勒图镇西滩井灌区和阿拉善右旗陈家井井灌区。2017 年，四个超采区灌溉总用水量为 7613.1 万立方米，较 2014 年的 11146.45 万立方米减少灌溉用水量 3533.35 万立方米，完成总压采目标的66.08%。[②] 2017 年，全盟封闭超采井灌区机电井 5 眼，压缩耕地面积 1325.58 亩。2004～2017 年连续 13 年的地下水动态监测显示：巴润别拉镇腰坝滩井灌区地下水位年下降幅度由初期的 0.76 米下降至 0.22 米；吉兰泰镇查哈尔滩井灌区地下水水位年下降幅度由初期的 0.39 米下降至 0.04 米；温都尔勒图镇西滩井灌区地下水位由 2012 年下降 1.80 米到 2017 年上升 0.32 米。特别是 2013 年以来下降幅度逐年减缓，地下水水位下降趋势基本得到

---

① 阿拉善盟水务局：《内蒙古阿拉善盟中央环保督察反馈意见整改情况说明——地下水超采严重》，2018 年 5 月 26 日。

② 阿拉善盟水务局：《内蒙古阿拉善盟中央环保督察反馈意见整改情况说明——地下水超采严重》，2018 年 5 月 26 日。

遏制，局部地区水位有所上升。

（三）水生态与水环境持续恶化

由于灌溉农业及工业的发展，阿拉善沙漠腹地绿洲及沙漠南缘地区土壤盐渍化、土地荒漠化与沙化、水污染日益严重，加大了农牧民生产和生活用水难度，水安全隐患日益加重。

1. 草场退化、土地荒漠化加剧

阿拉善盟位于我国东南季风边缘，常年受西风带控制，致使当地降水稀少且年际与季节变化大，蒸发强烈，大风日数多，植被稀疏，地表物质疏松等自然因素，加之人为不合理的开发利用导致草场退化、土地荒漠化严重，进而破坏土地资源和生物资源，使区域生态环境恶化，直接影响农牧业生产，并对交通水利和居民点等设施造成威胁。土地沙化下泄泥沙使宁蒙河道缩窄，河床抬高，削弱了天然河道的泄洪能力，并淤积湖泊和水库。频繁的沙尘暴，造成农田被埋、禾苗被毁、牲畜丢失、渠道淤塞，甚至人员伤亡。

区域土地利用类型以荒漠草原和旱耕地为主，广种薄收的旱作生产方式和超载过牧的草地粗放利用方式，使该区土地长期处在恶性循环之中，土地利用系统极不稳定。由于土地退化趋势得不到有效控制，各种自然灾害发生强度和频度增加，本区域土地退化越来越严重。

2. 土壤盐渍化

在干旱半干旱农耕地区，蒸发强烈，加之人类不合理地利用水资源（如大水漫灌或只灌不排）导致局部灌区地下水位上升，土壤底层或地下水的盐分随毛管水上升到地表，水分蒸发后，使盐分积累在表层土壤中，而且部分地区引黄带来的大量盐分也在干旱条件下集聚在耕土层，最终导致水利建设的负面效应。

3. 水污染严重

影响水体质量的因素很多，按污染物的成因，可归纳为天然污染源和人为污染源两种。天然污染源包括降雨的来源、水体所处的地理环境和自然条件、泥沙等。人为污染源主要来源于工业废水、城乡居民生活污水、医院废水，以及工业废渣和生活垃圾等点源污染，还有农业、林业、牧业等大量施用化肥、农药等形成的面污染源。区域内地表水流经城市的河段有机污染较重，企业排放的工业废水和居民日常生活所排放的污水含有大量有机物质，加重水体的污染程度，并对当地及周边的工农业用水、居民生活用水造成严重威胁。

（四）经济社会发展加剧了水生态环境的压力

随着经济社会的发展，所产生的水环境污染、水生态破坏给原本已很脆弱的生态环境带来了更大压力。

区域环境承载能力低下与人口不断增长构成一对尖锐矛盾，人口增长造成开垦面积不断增加，放牧牲畜越来越多，地下水开采迅速增加，水资源供需矛盾日益突出，从而使土地承载力进一步下降，特别是对旱作农业区生态环境产生了极大破坏力。2015 年国家全面放开二孩政策，预计区域内人口自然增长率将有小幅增长。人口基数的增大，首先面临的就是解决温饱问题，大量的新增人口给农业用地带来更大压力，加之对水资源的需求增加，进而导致土地的不合理利用问题加重，人地矛盾更加突出。

（五）节水意识不足，技术落后

阿拉善盟政府在超采区实施严格的农业控水指标（腰坝滩井灌区 2017 年亩均用水指标为 550 立方米，2018 年亩均用水指标为 470 立方米），在控水实施初期，农户抵触情绪很高，水事纠纷不断，偷水、破坏计量设施的行为时有发生。政府采取坚持不懈的政策引导、宣传推广、节水补贴、控制亩均用水指标、建立水权交易制度、严厉惩处偷水及破坏水表电表的行为、推进滴灌及地灌设施改造、发展温室大棚种植、调整种植业结构等多种方式，发展高效节水农业，农户的节水意识显著提高。但由于阿拉善盟经济基础条件薄弱，人才匮乏，政府及有关部门对节水技术的推广和宣传力度不够，农户的节水意识仍需继续加强。

无论农业节水技术、工业节水技术，还是生活用水习惯、节水器具、污水处理等方面，阿拉善盟的节水技术投入力度、技术推广及实施诸方面都较落后。

第三节　阿拉善盟水生态建设的主要措施

水资源本身具有可再生、不可替代的基本特性，使得水资源成为社会经济发展的必要条件。随着人类社会的进步，水资源的价值日益凸显，要求社会各行业更加重视水生态建设。阿拉善盟作为我国的干旱地区、边远地区、贫困地区、少数民族地区，如何满足农牧民的生产和生活用水问题？如何保障水生态安全问题？生态安全是当地居民对优美生态环境的诉求，利用有限的水资源实现经济高质量发展是解决区域农牧民贫困问题的根本，亦是实现伟大中国梦的重要内容。

一　调整产业结构，建立与水资源承载能力相适应的经济结构体系

调整产业结构和农业种植结构，合理配置水资源，抑制不合理的用水需求，有效实现节水，提高水资源的利用效率和效益，建立与水资源承载能力相适应的经济结构体系。农业要在稳定粮食总产的基础上，走特色、高质、高端、高效的发展路子，抓好葡萄、草畜、瓜菜园艺和农产品加工业，即压缩高耗水粮食作物面积，扩大优质饲草和高效经济作物种植面积，建立布局合理的"粮－经－草"三元种植体系；加强温室大棚、管道灌溉等节水设施农业的发展。工业要以提高发展质量和效益为核心，推进产业优化升级，做强煤炭、煤化工等一批优势产业；抓好新能源、新材料等产业发展；源头控制与末端控制相结合，以节水促减排，减少工业污染物的排放量，改善区域水生态环境。生活用水方面

重点是城镇生活节水，在保证不降低城镇生活用水标准的前提下，积极开展城市供水管网改造工作，加大实施再生水回用工程建设；继续实行"差别水价"和"阶梯式水价"改革；强化计划用水和定额管理；加大节水型企业、单位、学校和社区的建设力度；推广使用节水器具。在优化产业结构的同时，进一步优化"三产"用水结构，以有限的水资源支持阿拉善盟经济社会的可持续发展。

二　改革用水制度，建立与现代水权制度相适应的水资源管理体系

我国的水资源管理制度随着社会经济的发展经历了"以需定供"和"以供定需"两个阶段。"以需定供"阶段的缺水是水需求大于水供给，水资源管理的重点是以工程配置为主，即通过修建大量的蓄、引、提水工程和地下水利用工程，对水资源在空间上和时间上进行配置，以满足社会经济的发展要求；"以供定需"阶段的缺水是水需求大于水资源承载能力，水资源管理的重点是统筹考虑社会经济系统、水系统和生态环境系统的协调发展，通过各种有效的节水措施，抑制水需求的快速增长。水资源作为一种特殊的商品存在于人们的日常生产和生活中，加之长期以来民众形成的用水习惯，使得原有的水资源管理体系已经难以适应区域社会经济发展和生态建设的要求。因此，急需开展水权、水市场理论的探索，改革用水制度，建立与现代水权制度相适应的水资源管理体系。

（一）节水增效，优化用水结构

大力实施农业节水工程，积极推进工业节水和城市生活节水，开展水权置换，优化用水结构。以提高灌溉水利用率和发展高效节水农业为核心，建设高效输配水工程，推广和普及田间喷灌、滴灌等高效节水技术，全面提高农业节水水平。2015 年，阿拉善盟节水灌溉面积普及率达 60% 以上，农田灌溉有效利用系数提高到 0.6 以上；规划至 2020 年，节水灌溉面积普及率达 80% 以上，农田灌溉有效利用系数达 0.6 以上。

合理调整工业布局，严格市场准入，推广工业节水技术，提高企业用水循环利用水平。2015 年，阿拉善盟万元工业增加值用水量降至约 20 立方米/万元，工业用水重复利用率达到 70%；规划至 2020 年，万元工业增加值用水量降至约 16 立方米/万元，工业用水重复利用率达到80% 以上。完善城乡供水设施，加快城乡供水管网改造，提高节水器具普及率。2015 年，阿拉善盟城镇生活用水定额为 90 升/人·日，节水器具普及率达到 60%，供水管网平均漏损率为 14% 左右，城镇再生水利用率达 30% 以上；规划至 2020 年，城镇生活用水定额为 100 升/人·日，节水器具普及率达 70% 以上，供水管网平均漏损率降至 10% 左右，城镇再生水利用率达 40% 以上。开展跨盟市水权转让及跨行业水权转让，优化用水结构，助推阿拉善盟节水型社会建设。

（二）多源共济，争取客水支持

协调推进南水北调西线工程前期工作，积极争取更多的客水支持。根据《内蒙古自治区盟市间黄河干流水权转让试点实施意见》，2013年试点从河套灌区转让黄河干流水权 1.2 亿立方米，其中分配到阿拉善盟 2500 万立方米/年。2014 年 4 月，自治区政府将黄河水权转让分配指标中的 2000 万立方米暂借给鄂尔多斯市，将 100 万立方米分配给阿拉善经济开发区，将 400 万立方米分配给腾格里经济技术开发区。国家黄委会批准的孪井滩灌区每年黄河水取水指标为 5000 万立方米，全部用作农业灌溉用水。合理开发利用地表水、地下水，根据水资源供需状况，逐步提高再生水、雨洪水、苦咸水、湖水与井水（泉水）等非常规水源的利用水平。鼓励水资源梯级循环利用，加强水源涵养能力，实现水资源的高效利用。

（三）因地制宜，完善水资源配置格局

实现黄河水、当地水和非常规水的"多水"共用，形成"区域统一配置、城乡统筹兼顾、年际丰枯相济"的水资源配置格局。根据阿拉善盟实际，逐级分解取水控制指标，对农业、工业用水实行严格的总量控制指标，合理分配黄河水用水指标并严格控制黄河水取水量，严格控制地下水开采量实现灌区地下水采补平衡，推进非常规水的利用率，加强取水用水管理及法治化建设。全盟共有中小型水库 37 座，总库容2802.57 万立方米，塘坝 87 处，总容积 243.83 万立方米，有效调节水资源时空分布不均，保障年内及年际间工农业及生态用水供给。阿拉善盟通过水利设施建设，基本解决了城镇和农村农区的生活用水问题，对于农村牧区偏远分散牧户通过找水打井、"一户一窖"的方式分批解决饮水困难问题，政府通过设立专项资金建设牧区储水窖工程，提升牧民取水便捷性，筑牢农村牧区脱贫攻坚饮水基础。

（四）建立健全相关制度

结合阿拉善盟实际，修改完善《阿拉善盟节水型社会建设规划》，制定完善《阿拉善盟城镇供水管理办法》《阿拉善盟再生水利用管理办法》《阿拉善盟节约用水管理办法》《阿盟水权制度》《超计划超定额累进加价收费办法》等政策法规制度，并加大执法监督力度。建立健全用水总量控制、用水效率控制和水功能区限制纳污指标体系，建立定额管理制度、水价改革、水权交易制度和水资源有偿使用制度，取水许可制度、论证制度、排污许可制度和污染者付费制度，建立节水产品认证和市场准入制度，建立绩效责任考核制度等，规范取水用水行为，实现水资源的有序开发、有偿使用、高效利用、可持续发展。

针对阿拉善盟地下水超采严重问题，阿拉善盟委、行署严格落实"农业收缩、农村整合、农民集中"的决策部署，自 2016 年 3 月以来，先后印发了《阿拉善盟农业节水工作实施方案》《阿拉善盟农业水权改革试点工作方案》《阿拉善盟地下水超采区综合治理方案》等政策性文件，加快推进超采区地下水采补平衡进程。2016 年以来，阿拉善盟、旗两级水行政主管部门对阿左旗腰坝滩井灌区 296 眼机电井进行了在线计量设备升级改造，并对阿左旗西滩 154 眼机电井、查哈尔滩 65 眼机电井、阿右旗陈家井 91 眼机电井安装了远程监控计量设备。自 2016 年，阿左旗腰坝滩井灌区建立了灌溉水权交易试点平台，至 2017 年，两年累计进行灌溉水权交易 24 次，交易水量 15 万立方米。严格落实水价改革，完善非居民用水单位计划用水管理和超计划超定额累进加价收费制度，完善农业水费计收办法。

积极开展法治教育，普及法律知识，用法律规范全社会的取水、用水、节水行为，不断提高全民的法治观念，强化法律监督，依法查处和打击各种破坏生态环境的行为，创造良好的法治环境，为节水型社会建设提供法律保障。

三 合理配置水资源，建立与水资源优化配置相适应的水工程体系

阿拉善盟应加强宏观水资源调配工程、农业及其他各用水行业节水技术工程、饮水安全保障工程、非常规水源利用及水生态环境保护工程建设，对各类工程设施进行有机整合，以实现单一工程多用、多项工程联用，提高水工程的配置效率和综合利用效益。

（一）水资源联动机制建设

通过地表水和地下水，常规水和非常规水等不同水源的统一调配，区内工程与区外工程、区内水利工程和水保工程，以及不同水利工程之间的联合运用，农业、工业、生活和生态供水目标的系统整合，提高阿拉善盟水安全保障程度。实行盟水务局、发改委、财政局、农牧业局、环保局、住建局、国土资源局等部门水资源管理联动机制，严格落实各部门职责，全程监督落实节水项目的申报、核准、备案、验收、"回头看"，确保节水设施和主体工程同时设计、同时施工、同时投入使用。

（二）各行业节水工程与技术措施

以农业节水为主体，以工业节水为保障，以生活节水和非常规水源利用为补充，抑制各业需水的快速增长，提高水资源利用效率和效益。

一是积极构建农业节水灌溉工程体系。因地制宜，大力推广渠道防渗、渠道衬砌、地下管道（地灌）输水、微灌、滴灌、喷灌、膜下滴

灌、小畦灌溉、细沟灌溉等节水灌溉技术，采用地膜覆盖、深松深耕、轮耕轮作等种植模式，广种节水型农作物，合理发展旱作大田农业，大力发展温室大棚农业及生态农业，推动节水农业的规模化、产业化发展。

二是大力发展工业节水工程体系。积极推进阿拉善盟煤炭、煤化工、精细化工、制盐制碱等行业的节水工艺和水处理技术改造升级，依托阿拉善盟丰富的风能、太阳能、光热资源发展风电、光伏等新能源产业，淘汰落后的用水设施，安装用水计量设施，加强企业用水总量控制、定额管理及非常规水源的利用率，实现工业节水目标。

三是加快推进城镇生活节水工程体系。进行民用、工业建筑设计时要严格按照《民用建筑节水设计标准》进行，选择节水器具要符合《节水型生活用水器具标准》，更新改造正在使用的非节水型器具，逐步淘汰旧式用水器具，在家庭生活中循环利用水资源，加大水资源的利用效率。加大城镇园林绿化节水设施改造升级及灌溉方式变革，在城镇绿地建设集雨设施，充分利用凝结水发展绿化工程，洗浴业及洗车业等行业都要安装节水设施和循环用水设施，增加水体的重复利用率。

四是扩大非常规水源设施建设。将再生水广泛用于城镇绿化、市政环卫、建筑施工、生活杂用、工农业等领域，通过循环利用水资源增加干旱地区的实际用水量，提高再生水（中水）的利用率。充分利用重点煤炭、采矿企业的矿井水，将矿井水与生产、生活、绿化、生态用水有机结合。在农村地区推广水窖、水池、水塘等小型雨水集蓄工程建设，增加农牧区人畜生活饮水和农业灌溉用水。开展非常规水源建设项目，有利于缓解阿拉善盟的水资源短缺问题。

（三）水生态系统保护和治理工程

针对土壤盐渍化、荒漠化、地下水超采、湖泊湿地退化等问题，按照以人为本、点面结合、突出重点、分类实施的原则，切实保护好水生态，实现水生态系统的有效保护和适度修复。

推行清洁生产，推动产业结构升级和工艺改进，从源头上减少污染物排放量，并采取集中处理和分散处理相结合的方式，提高污水处理程度，强化污水处理回用和中水利用。2015年，阿拉善盟工业污水处理达标排放率达100%，规划至2020年，达标排放率保持不变。2015年，盟、旗城镇污水处理率分别为85%和75%，再生水利用率达30%以上；规划至2020年，城镇污水处理率分别为90%和80%，再生水利用率达40%以上。2015水平年与2020规划年水功能区水质达标率都为100%。

（四）建立与完善水监控及管理设施体系

严格落实有代表性的地表水、地下水、湖泊水、入河排污口、企业排污口等水体的实时监测和监控，实现地下水水量与水位的动态监测和管理，建立并完善水情监测体系（包括地表水情、地表水与地下水水质、水环境信息、盐碱化监测等），根据实际需要公布地下水超采、水污染、水质、盐碱化、洪涝、干旱、汛期水量水位等监测数据，以期在自然灾害或人为因素影响下尽可能减少农牧民的经济损失，并为政府应对突发事件提供数据资料。建立并完善用水和排水计量体系（包括农业用水和城市用水等），推进机电井计量设备升级改造、安装机电井远程监控计量设备（GPRS远传模块），安装超声波流量计、IC卡智能水价处理器、安防柜等设备，建立旗、苏木镇、嘎查三级水资源管理平台，提高全盟应急供水调度能力和水资源管理水平。构建大数据平台，实现取用水管理自动化和信息化。

四 建立与小康社会相适应的社会管理体系

建立政府调控、市场引导、公众参与，与小康社会相适应的社会管理体系。通过法律、经济、行政、技术、宣传等措施，开展广泛、深入、持久的节水宣传教育，培育公众节水意识，使公众树立正确的用水观念。

（一）加强组织领导

将节水型社会建设纳入国民经济与社会发展规划和政府重要议程。

明确阿拉善盟、旗、苏木镇、嘎查各级党政领导关于水资源利用与保护的目标责任，明确相关部门的责任与分工，确保责任到位、投入到位、措施到位、落实到位。党委、政府及相关部门要严格落实农业、工业、城镇用水总量控制指标及节水指标，严格控制企业污水排放量、确保工业污水处理达标排放率基本达到100%，因地制宜制定政策措施逐步实现灌区地下水采补平衡，加强监督检查力度，各部门联合施策推动节水型社会建设。

（二）建立稳定的投资融资机制

阿拉善盟、旗（区）、苏木镇各级人民政府及各部门要积极争取国家和自治区财政资金支持，积极开展工业节水、农业节水、生活节水等设施和技术的升级改造，并确保用于节水型社会建设的国家财政支出与地方财政支出同步增长。拓宽筹资融资渠道，积极争取国家和自治区专项资金用于节水工程建设，同时加大地方配套资金的筹措力度，引进外资、民间资金的投入，形成多元化投融资体系，构建稳定的节水型社会建设投入机制。

（三）加强宣传

阿拉善盟、旗（区）、苏木镇各级政府及部门要狠抓水资源管理和节约用水管理日常工作，加强节水宣传工作，逐步使民众树立资源有价、用水有偿、水是商品以及节约和保护水资源的意识，增强全社会珍惜水、爱护水、节约水的意识，大力倡导践行文明的生产和生活方式，形成节水光荣、浪费水可耻的社会风尚，建设与节水型社会相符合的节水文化。

（四）建立节水型社会考核评价体系

根据《中共中央　国务院关于加快水利改革发展的决定》和《国务院关于实行最严格水资源管理制度的意见》，建立水资源管理责任和考核制度，将农业、工业、居民生活、生态的用水量及水功能区达标率、节水灌溉面积普及率、农田灌溉水有效利用系数、万元工业增加值用水量、工业用水重复利用率、节水器具普及率、供水管网平均漏损率、城镇再生水利用率、污水处理率等纳入考核评价体系，将水量水质检测结果作为考核的技术手段，对各地区水资源管理状况进行考核，并将考核结果纳入领导干部考核评价体系。

第四节　构建阿拉善盟沙漠南缘生态安全屏障

依托阿拉善盟有限的水资源，开展水生态建设，并积极构筑西部生态安全屏障，为本区域及中东部地区生态安全做贡献。

一　打造防风固沙生态屏障

甘肃、内蒙古、宁夏地区协同构建北部防风固沙生态屏障，遏制巴丹吉林沙漠、腾格里沙漠、乌兰布和沙漠向南扩张。依托自然保护区建设、沙漠地质公园建设、"三北"防护林建设、封山禁牧、退耕还林（草）、荒漠化治理、水源地和绿洲保护等重点工程，采取工程措施与生物措施相结合、人工治理与自然修复相结合，实施防沙治沙综合示范区建设项目，加强沙化土地植被保护和恢复。针对草场退化、土地沙化、土壤盐渍化严重的问题，生态建设以沙化土地治理为重点，将生态建设与转变农牧业发展方式有机结合，切实解决农牧业发展与草原保护、资源开发与生态建设的矛盾，建设北部防风固沙生态屏障。具体措施有以下几方面。

1. 营造林及森林资源保护工程

加强"三北"防护林建设，大力实施天然林资源保护工程，增加公益林保护面积、提高公益林补偿标准，积极争取国家退耕还林任务、巩固退耕还林成果，完善沙区防风固沙林、灌区农田防护林、道路沿线治沙造林、水土保持林体系建设，扩大造林面积。在沙漠边缘地带种植抗旱性强的梭梭、沙柳、沙拐枣等灌木林，并在灌木林中植入经济林种，发展林下经济，并借助先进技术及设备（便捷式沙漠造林器、军

用固定翼"运五 B 型"飞机、商用直升机等）以增加林木的成活率，
积极探索"草方格＋"治沙方式，结合封山（沙）育林，构建腾格里
沙漠南缘防风固沙生态屏障为主的经济林产业区；依托腐殖酸生态液膜
喷施野外固沙项目、绿森林硅藻泥造林项目、自动灌装沙袋沙障综合治
沙技术等，充分利用雨季进行飞播造林，形成巴丹吉林沙漠南缘、腾格
里沙漠东南缘、乌兰布和沙漠西南缘生物防沙治沙带，有效阻挡三大沙
漠的南侵。

2. 草地保护与建设工程

阿拉善盟境内沙漠腹地及南缘低洼地带零星分布有面积不一的草
原，繁杂的草地根系是防风固沙的天然屏障。因此，区域应该注重从草
原生态保护建设、草地开发利用、禁牧轮牧休牧、围栏等方面，实施退
牧还草工程、沙化草原治理工程、草业良种工程、草原防灾减灾等工
程，通过草原改良、人工草地建设、科学饲养、家畜改良，实现草地保
护和开发。宁夏中卫"草方格"压沙、内蒙古恩格贝人工种草及沙柳
深植、甘肃古浪田间地埂埋压麦草沙障等技术都较成熟，可根据当地实
际情况进行推广实施，逐步实现区域草场恢复与建设。

3. 湿地与自然保护区建设工程

湿地的保护、自然保护区建设、水源地保护等被列为"十三五"
生态文明建设的重要内容。阿拉善盟境内沙漠以湖泊众多闻名于世，且
周边泉水分布广泛、水质较好，是沙漠腹地重要的水资源。因此，政府
部门应加快沙漠地区资源保护和生态环境建设，加强保护区内资源清查
与管理、强化濒危物种拯救、扩大栖息地及湿地保护面积，注重自然恢
复与人工资源培育相结合，切实保护区域生物资源并维护生物多样性，
进而改善区域生态环境。以湿地及自然保护区的生态环境保护为前提，
适当发展区域产业经济，例如在沙漠周边淡水湖泊发展养殖业，还可发
展绿洲农业和林果业，咸水湖泊可发展卤虫捕捞等产业，促进区域经济
发展，并改善农牧民生活水平，同时取得的部分经济收入又可再投入到

资源保护中，形成良性循环。

4. 荒漠化防治工程

通过封造管结合、以封为主，生物措施和工程措施结合、以生物措施为主，治理与开发结合、以治理为主等多种措施，大力推进以北部沙区沙生及荒漠化植被封禁保护和固沙造林为重点的防沙治沙工程建设。科学开发利用，发展生态农业，有利于改革沙区民众的生产生活方式；大力开发沙区丰富的风能和太阳能资源，发展太阳灶、光伏发电、风力发电等清洁产业，节约资本用于区域荒漠化治理及沙产业发展。

二　构建生态产业带

1. 生态农业扶持工程

阿拉善盟沙漠南缘地区水资源相对匮乏，应积极发展设施农业和节水农业。依托以扬水工程和引黄工程为主的水资源配置重点工程，适当开采地下水资源，逐步建立布局合理的供水保障体系，并广泛利用节水设施，合理发展节水灌溉农业；加快各大灌区节水改造工程建设，通过工程技术节水、管理节水、产业结构调整等措施来提高灌溉水利用系数；开展土壤盐碱化综合治理工程，实现土地资源合理利用、优化配置；大力发展生态农业产业园、葡萄酒产业带、枸杞产业带等，实施特色优势生态农林牧业基地建设工程、特色农产品加工园区建设工程、生态循环农业示范工程、农业基础设施改造完善工程，形成农林牧生态产业发展的特色化、规模化和高效化，使生态产业发展与生态环境治理、农民增收和地区经济发展密切结合。

2. 循环经济示范园区建设工程

着力打造一批循环经济示范园区，强化园区内部、企业之间、区域之间的协作联合，促进产业链扩展、资源循环高效利用，不断提高产品附加值，实现资源节约、环境友好型发展。

3. 生态旅游扶持工程

依托丰富的旅游资源，逐步打造形成以沙漠探险游、地质旅游、养生文化休闲旅游、湿地观赏游、民族风情游与乡村旅游为主题的特色旅游，以旅游带动区域经济的发展，实现旅游扶贫。

4. 生态移民工程

加大对生活在极度干旱农牧区、矿区、沙漠区等生态脆弱区的贫困人口的搬迁力度，采用集中安置、插花安置、城市安置等多种模式进行移民安置，改善贫困群众的生产生活条件。

三 环境综合治理工程

针对区域内工业污染问题，针对工业企业最为集中、污染最为严重的区域开展集中整治，将生态建设与发展循环经济相结合，实现区域主要污染物（重金属污染、高氨氮废水、废气、废渣等）排放全面达标。对企业进行废气、废水、废渣排放设施改造，提高工业废弃物综合利用率。通过化解过剩产能及淘汰落后产能，加大技术改造和产业结构调整，大力发展战略性新兴产业和特色优势产业，逐步实现低能耗、低污染、低碳的生态经济发展模式，从而改善区域生态环境。

提高城乡生活污水集中处理率、垃圾无害化处理率和危险废物处置率。（1）对人口较密集的城镇和农村地区，实施家庭生活污水站点处理及集中处理，加强排污管网建设。（2）建设垃圾站点、集中处理厂、填埋场等，尤其是在农村人口相对集中的地区，建立固定的垃圾中转站，提高生活垃圾收集与处理率，并加强垃圾分类宣传及进行分类处理。（3）严守生态红线、基本农田保护红线、城镇增长边界红线、基础设施空间廊道等控制线，留足生态空间和农业空间，保护城乡人居环境安全。（4）对所有城镇建成区取暖锅炉进行清洁燃料改造、供热管网改造、燃煤锅炉治理等，加大燃煤小锅炉淘汰力度和煤质监管力度，通过精细防控城市扬尘污染和机动车排气处理，切实改善区域空气环境质量。

切实推进农业面源污染治理进程。（1）通过秸秆还田，施用有机肥、有机复合肥、生物肥等高效肥料，逐步实现主要农作物化肥、农药使用量零增长。推广化肥减量、增效、控污技术，降低对土壤环境的污染。（2）建立健全农用残膜回收利用机制。（3）统一整治畜禽养殖场。严禁在规划禁养区进行畜禽养殖；在大型养殖场建设配套污染治理设施；"变废为宝"将养殖废弃物转化为有机肥，实现资源化、无害化和减量化目标。（4）加快土壤重金属污染综合治理工程。通过调整种植结构或用地结构修复土壤环境，如对轻度污染耕地进行品种改良、轮耕休耕等方式进行污染治理，对中、重度污染耕地进行用地结构变革，修复土壤环境。

四 建立健全生态安全屏障建设的长效机制

严格贯彻落实国家和地方生态安全屏障建设的政策，制定并出台符合阿拉善盟实际的生态环境保护制度，用制度来约束并规范政府、企业与个人的行为及生产活动，助推阿拉善盟生态文明建设。

积极争取国家和地方财政资金的支持，设立专项资金用于专项生态整治工程，加大招商引资力度，逐步形成国家、地方、社会资金多方参与的投资机制。提高天然林保护、"三北"防护林建设、水土流失治理、退耕还林还草、退牧还草、封山禁牧等生态建设工程的投资标准，以生态系统的完整性及国家安全为前提，逐步建立并完善跨区域的生态补偿及管理制度。扶持开发新技术、新能源、新动能、清洁燃料等战略性新兴产业，从源头上引导企业创新思路，实现企业绿色发展。

生态安全屏障建设的基本保障是法治生态建设。阿拉善盟政府及相关部门认真学习贯彻落实国家颁布的环境保护法律法规，并根据文件精神，结合区域实际，制定专项行动方案，不断提升阿拉善盟生态安全屏障建设的制度化和规范化水平，提高生态环境保护的法治化水平。加强环境执法力度，重点是加大环境治理执法落实力度，实行专人负责制，增强其实施效力。

　　阿拉善盟沙漠南缘荒漠化治理成效显著，正在形成乔、灌、草、带、片、网相结合，多树种、多层次、高效益的防风固沙林体系和森林草原生态系统，生物多样性得到有效保护，森林、草原、水域、土壤的生态功能日益凸显，生态环境日趋改善，对西部生态安全屏障建设具有重要的现实意义。

第六章　阿拉善盟荒漠化治理
与沙产业发展

　　阿拉善盟地处我国西北内陆，包括阿拉善左旗、阿拉善右旗、额济纳旗，沙漠及戈壁面积广阔，交通不便，社会经济条件落后，人们的科学文化水平较低。为了满足当地居民的生活需求，先后实施了打井、开荒、伐木、放牧等措施提高人们的生活水平。虽然短期内取得了较高的经济收益，但20世纪八九十年代森林面积减少导致夏秋季节山洪时有发生，过度放牧、草场破坏导致春季沙尘暴肆虐严重，大面积开发荒地而供水不足导致土壤盐渍化严重，甚至因缺水而机井干涸，最终导致新开地撂荒严重等，这些都显示出研究区沙漠化及荒漠化现象日益突出，生态环境问题严重。自20世纪80年代以来，政府部门先后提出了西部大开发、可持续发展、退耕还林还草、人工造林、林草资源保护等一系列措施，不仅逐步增加了农牧民的收入，而且有效遏制了区域荒漠化进程。近年来，阿拉善盟荒漠化防治工作虽然取得了显著成果，但是由于区域内沙漠和戈壁面积大、类型复杂，防沙治沙工作困难多，如何依托境内有限的水资源，悠久的历史文化资源，丰富的土地资源、光热资源、风能资源，高品质的动植物资源及中草药资源，加之多样的旅游资源等，推进区域荒漠化防治及沙产业的发展，是摆在国家和当地政府面前的一项重要任务。

　　水资源匮乏是制约西北干旱区经济、社会发展的重要因素，阿拉善盟发展经济的最大限制因素也是缺少水资源。而阿拉善盟境内生态环境脆弱、经济发展条件最苛刻的地区当属沙漠戈壁地区，解决该区域的生态环境问题，就首先必须了解该地区的水源、水质、水量、可更新能力、补给速率等，再进行区域荒漠化防治及沙产业可持续开发研究。阿拉善盟已初步形成全国性的防沙治沙及沙产业发展示范区，对于内蒙古其他区域乃至全国其他地区的荒漠化防治工作和沙产业发展起到示范作用。

　　本书通过分析巴丹吉林沙漠、腾格里沙漠、乌兰布和沙漠腹地地下水水化学要素，测得巴丹吉林沙漠地下水 TDS < 1 克/升，腾格里沙漠西南缘地下水 TDS 一般为 0.15 ~ 5.22 克/升，沙漠腹地自流井、泉水、井水的 TDS 一般在 0.44 ~ 2.15 克/升，乌兰布和沙漠浅层地下水 TDS 平均值为 1.93 克/升、中层地下水 TDS 平均值为 1.23 克/升、深层地下水 TDS 平均值为 0.62 克/升。由此表明阿拉善沙漠腹地地下水水质较好。通过分析巴丹吉林沙漠、腾格里沙漠、乌兰布和沙漠腹地部分湖水及地下水的氢氧稳定同位素分布特征，推断巴丹吉林沙漠区域地下水与湖泊水源基本一致，且湖泊水的主要补给来源为地下水，异常负的 d 值表明巴丹吉林沙漠地区地下水形成于温度较现在低、相对湿度较高的古气候环境下，很可能来自东南某地的高海拔山区，地下水在径流过程中循环速率较慢，更新速率很慢，故而深层地下水年龄较老；丁贞玉研究得出腾格里沙漠地下水基本上没有受到现代大气降水的直接补给，过去湿润期降水对地下水的贡献大；顾慰祖得出乌兰布和沙漠两类承压水的 3 个补给源和潜水的 3 个补给源，党慧慧认为乌兰布和沙漠地下水的主要来源为大气降水的间接补给和古地下水在偏冷气候下的混合补给，且补给过程中经历强烈蒸发。

　　综上所述，阿拉善沙漠腹地水质较好，政府部门及相关机构可利用优质的水资源发展节水产业。研究区的地下水资源是主要形成于古代的地下水，更新速率慢，故而进行荒漠化防治及沙产业开发时尽可能选择节约水资源的一些措施和工程，尤其应该通过引进先进的科学技术、工程技术、生物技术等改变现有基础设施条件及生物生长环境条件等，推进沙产业的发展。

第一节　荒漠化治理及发展沙产业的意义

一　加强荒漠化治理，推进经济与生态融合发展

阿拉善盟境内蕴藏着丰富的矿产资源（如煤炭）和有色金属矿产、化工原料矿产等，是我国矿产资源的重要产区和后备区；风能资源丰富，是全国风力发电的"富矿区"；取之不尽用之不竭的光热资源，是全国光伏发电的"富矿区"；宜农荒地资源丰富，是我国耕地资源的后备区；天然牧场面积广大，是重要的草食性家畜和畜产品生产基地；自然条件独特，培育了许多具有独特品质与经济价值优良的作物品种，如葡萄、枸杞、大枣等，是优质瓜果、蔬菜的生产基地；是名贵药用植物（甘草、麻黄、琐阳、肉苁蓉等）和食用植物（发菜、沙枣、沙棘等）的重要产区；区内分布有许多珍稀野生动植物，如野骆驼、盘羊、天鹅、胡杨等，建有世界级地质公园保护区，是我国重要的物种资源库。阿拉善荒漠化地区蕴含丰富的资源，在区域现代化建设进程中占有重要地位，通过荒漠化治理，积极发展沙产业，可实现区域经济社会与生态融合发展。

二　发展沙产业，为人类开辟新的生存空间

自 20 世纪中叶以来，世界人口增长迅速。2020 年底，世界人口增加到近 76 亿，粮食需求量将比现在增加 40%。[1] 在这样的背景下，人

---

[1]　郭慧敏、刘宝剑、刘守义等：《冀西北沙区沙产业开发中存在问题的分析》，《河北北方学院学报》（自然科学版）2009 年第 6 期。

类开始寻找新的生存和发展空间——海洋和外太空空间，但短时间内这二者都很难实现大规模的开发利用。相比较而言，全球荒漠化土地面积及可利用沙漠区域的面积大，开发利用空间广阔，通过利用区域内丰富的光热资源，通过节水技术、生物技术等可为人类提供大量的粮食和食品。沙产业的开发对人类寻找新的生存和发展空间具有重要的指导意义。

三　开发沙产业，为人类提供绿色食品

阿拉善盟位于气候干燥、昼夜温差大、光照充足的区域，加之受污染程度低，病虫害少，使得沙漠周边绿洲地区种植的小麦、玉米、薯类等农产品虽然产量略低，但品质优良，在沙漠地区种植的果蔬菜产品（如葡萄、红枣、哈密瓜、枸杞、西瓜等）及中草药（肉苁蓉、锁阳、甘草、麻黄等）等品质优良，是理想的绿色产品，且具有很高的药用价值和经济价值。

四　促进生产方式和生活方式变革

阿拉善盟政府通过大力推广阳光温室大棚种植、地膜覆盖等工程技术，引进先进的生物品种及栽培技术等，附以合理的滴灌、喷灌、地灌等高新节水技术和保水材料，拓宽了种植范围并促进了农业生产方式变革，形成"多采光、少用水、高科技、高效益""种、养、加、产、供、销一体化"的主要生产模式。政府部门加大宣传，积极倡导民众使用节水器具，逐步改变人们的生活方式，为区域节水型社会建设及荒漠化治理做出重要贡献。

五　增加农民经济收入

在阿拉善盟境内大力发展沙产业，不仅具有保护生态环境的作用，也具有促进经济发展的作用。光伏发电、温室大棚种植、生态农业产业示范区建设、人工种植中药材、沙漠旅游等沙产业及其带动的后续产业

发展，已经成为沙区当地经济发展的支柱产业，是当地农牧民收入的主要来源，助力区域打赢脱贫富民攻坚战。

六 促进人与自然和谐共生

阿拉善盟境内荒漠化区域及沙化区域面积广、生态环境脆弱，是沙产业发展的重点区域。通过植被的有效恢复和生态环境的改善，培育清新、绿色的可利用资源，为区域可持续发展奠定稳定的环境基础；通过合理适度地开发利用，发展农牧林业及其加工业，拓展产业链条，形成知识密集型产业集群，为可持续发展奠定坚实的经济基础。总之，发展沙产业是保障国家生态安全的需要，是阿拉善盟农业增效、农牧民脱贫致富的需要，是建设社会主义新农村的需要，同时也是促进防沙治沙工程从生态社会型向生态经济效益型转变的需要，是构建人与自然和谐共生的环境友好型、资源节约型社会的必然途径和有效方式，可促进阿拉善盟生态环境和社会经济的可持续发展。

第二节 荒漠化治理与沙产业发展优势分析

一 阿拉善盟荒漠化治理现状

根据第五次《中国荒漠化和沙化状况公报》监测结果，截至 2014 年，我国荒漠化土地面积 261.16 万平方千米，占国土总面积的 27.20%，分布于北京、天津、河北、山西、内蒙古、辽宁、吉林、山东、河南、海南、四川、云南、西藏、陕西、甘肃、青海、宁夏、新疆，与 2009 年第四次监测结果相比，荒漠化土地面积净减少 1.21 万平方千米，年均减少 0.24 万平方千米。按动力类型划分，境内荒漠化土地包括风蚀荒漠化土地、水蚀荒漠化土地、土壤盐渍化土地及冻融荒漠化土地。按土地利用类型划分，有退化耕地、退化草地、退化林地。按荒漠化程度划分，有轻度、中度、重度、极重度荒漠化土地。

根据第五次《中国荒漠化和沙化状况公报》监测结果，截至 2014 年，我国沙化土地面积 172.12 万平方千米，占国土总面积的 17.93%，主要分布于新疆、内蒙古、西藏、青海、甘肃 5 省区，与 2009 年第四次监测结果相比，沙化土地面积净减少 0.99 万平方千米，年均减少 0.20 万平方千米。沙化土地类型包括流动沙地（丘）、半固定沙地（丘）、固定沙地（丘）、露沙地、沙化耕地、风蚀劣地（残丘）、戈壁及非生物治沙工程地。按沙化程度划分，有轻度、中度、重度、极重度沙化土地。

内蒙古自治区荒漠化土地面积大、分布范围广、类型复杂多样，主要表现在：全区荒漠化土地面积约 60.92 万平方千米，约占全区国土总面积的 51.50%，仅次于新疆荒漠化土地面积，位于第 2 位。与 2009 年第四次监测结果相比，荒漠化土地面积净减少约 0.42 万平方千米，年均减少约 0.08 万平方千米。内蒙古自治区沙化土地 40.79 万平方千米，约占全区国土总面积的 34.48%。与 2009 年第四次监测结果相比，沙化土地面积净减少约 0.34 万平方千米，年均减少约 0.07 万平方千米。根据内蒙古第五次荒漠化和沙化土地监测结果，全区有明显沙化趋势土地面积 17.40 万平方千米，占全区国土总面积的 14.71%。

何磊[1]给定了阿拉善盟植被覆盖度荒漠化指标分级标准，见表 6-1。

表 6-1　阿拉善盟荒漠化指标分级标准

	类型名称	植被覆盖度范围	地表特征
Ⅰ	非荒漠化	>0.5	主要为森林、耕地和高覆盖草地等
Ⅱ	轻度荒漠化	0.2~0.5	主要为生长草原植被的地区、部分灌丛、部分耕地等
Ⅲ	中度荒漠化	0.1~0.2	主要为生长少量植被的地区、部分灌丛、有部分流沙
Ⅳ	重度荒漠化	<0.1	主要为裸地、沙地、戈壁等，土地完全失去生产力

---

[1]　何磊：《基于遥感方法的阿拉善盟荒漠化研究》，兰州大学硕士学位论文，2013。

阿拉善盟是一个干旱少雨、缺林少绿、生态环境十分脆弱的地区，属极端干旱的气候区，且沙漠广布，加之人为不合理的土地利用，导致全境荒漠化防治形势严峻。额济纳旗的荒漠化问题最为严重，其次是阿拉善右旗，最后是阿拉善左旗。重度荒漠化土地主要分布在额济纳旗和阿拉善右旗，阿拉善左旗的分布较少；中度荒漠化土地主要分布在阿拉善左旗和阿拉善右旗，额济纳旗有着很少的分布；轻度荒漠化土地主要分布在额济纳旗的黑河流域附近、阿拉善左旗地区和阿拉善右旗的南部以及东部；非荒漠化主要分布在额济纳旗的黑河流域附近和阿拉善左旗东部。[1] 1989~2010年，巴丹吉林－腾格里沙漠交界带的流动沙地和盐碱地面积有所增加，而戈壁、半流动沙地和裸岩石砾地面积减少，耕地、盐碱地、流动沙地、半流动沙地相互间转化趋势较为明显，耕地、半固定沙地、湿地和半流动沙地主要转出为盐碱地、固定沙地，新增耕地面积和新增半固定沙地面积的主要来源均是盐碱地。[2] 从图6-1可以看出：阿拉善盟重度荒漠化土地面积呈波动下降的趋势，中度荒漠化土地与轻度荒漠化土地呈现波动上升的趋势，非荒漠化土地比例由2000年的0.26%增加到2012年的0.6%。以上数据资料表明，研究区荒漠化防治工作成效显著。但阿拉善盟境内荒漠化土地和沙化土地面积大、范围广，因此，荒漠化治理任务仍很艰巨。

二 荒漠化成因分析

荒漠化是人为强烈活动与脆弱生态环境相互影响、相互作用的产物，是人地关系矛盾的结果。

1. 自然条件的脆弱性

阿拉善盟位于温带大陆性干旱、半干旱气候区。年降水量小而蒸发

---

[1] 何磊：《基于遥感方法的阿拉善盟荒漠化研究》，兰州大学硕士学位论文，2013。

[2] 刘羽：《巴丹吉林－腾格里沙漠交界带荒漠化趋势及其生态系统服务价值评估》，中国科学院研究生院硕士学位论文，2012。

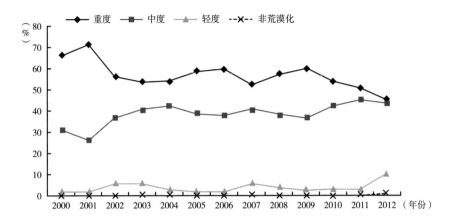

图 6 - 1　2000 ~ 2012 年阿拉善盟不同程度荒漠化土地比例

量大，导致全区干旱少雨、缺林少绿、生态环境脆弱；降水分布不均匀，雨季多集中在 6 ~ 9 月，且多暴雨，降水来不及下渗直接形成地表径流，易导致山地、丘陵、陡坡地区水蚀荒漠化。风大沙多，瞬间风速 > 17 米/秒，刮七八级的大风日数，北部多达 50 ~ 100 天，南部较少，也能达到 15 ~ 30 天，其中 4、5 月份的大风日数可占全年的 30% 左右，表明超过临界起沙风的风速（≥5 米/秒）每年出现天数多，春季七八级以上风多且集中，加之春季少雨，侵蚀强烈，易引起全区大范围的风蚀荒漠化（形成沙质荒漠化）。阿拉善盟境内高原戈壁面积 9.22 万平方千米（占总面积的 34.12%），沙漠面积 8.4 万平方千米（占总面积的 31.09%，其中巴丹吉林沙漠面积约 5.22 万平方千米①，腾格里沙漠面积约 4.27 万平方千米，乌兰布和沙漠面积约 0.99 万平方千米），山地与丘陵面积 4.87 万平方千米（占总面积的 18.02%），由于沙土结构疏松、孔隙裂隙多、垂直节理发育、富含可溶性物质，容易受风、水等外力作用侵蚀，是荒漠化的潜在发生地。黑河流经阿拉善盟部分地区，境内引扬黄河水资源，水

---

① 资料来源：《阿拉善盟生态建设数据资料汇编》，阿拉善盟环境保护局网站；朱金峰、王乃昂、陈红宝等：《基于遥感的巴丹吉林沙漠范围与面积分析》，《地理科学进展》2010 年第 9 期，第 1087 ~ 1094 页。

面宽阔、水流舒缓，十分有利于引水灌溉；但引水灌溉地区及扬水灌溉地区日照充足、蒸发强烈、热量丰富，大面积漫灌易导致土壤盐渍化，故而要防止土壤盐渍化（盐渍荒漠化）的威胁，从而给防沙治沙工作增加了困难。以上自然条件状况都显示阿拉善盟所处的自然地理环境比较脆弱，加之人为不合理的开发利用，易导致土地荒漠化。因为区域生态环境本底差，一旦遭到破坏，恢复更困难，所以政府部门及相关机构在开发利用资源时，必须将保护放在首位，实现区域经济、社会、生态的可持续发展。

2. 气候干旱化

气候干旱化是现代荒漠化发生、发展的基本背景条件。科学家就全新世气候变化，比较统一的认识是自公元 1850 年至今为气温的上升期[①]，在此大背景下，加之近年来，随着温室气体（二氧化碳、甲烷等气体）的大量排放，气候变暖趋势日益明显，气候干旱化日益凸显。阿拉善盟境内巴丹吉林沙漠地区在全球干旱化大背景下，自 20 世纪 60 年代以来，气温呈波动增长的趋势[②]（见图 6 - 2），阿拉善盟降水量呈现波动上升的趋势[③]（见图 6 - 3、图 6 - 4），与年平均气温相比，研究区降水量的年际波动较大，但长期变化趋势不明显。王乃昂等、董光荣等、高全洲等、陈红宝、马金珠等学者[④]也都对研究区的气候变化进行了研究，表明研究区干旱化趋势与全球干旱化趋势一致，都呈现干旱化日益明显的趋势，加之风大沙多以及人类不合理的利用资源，较过去更易发生荒漠化。

---

① 王绍武：《全新世气候变化》，气象出版社，2011；徐海：《中国全新世气候变化研究进展》，《地质地球化学》2001 年第 2 期。

② 马宁、王乃昂、李卓仑等：《1960—2009 年巴丹吉林沙漠南北缘气候变化分析》，《干旱区研究》2011 年第 2 期。

③ 何磊：《基于遥感方法的阿拉善盟荒漠化研究》，兰州大学硕士学位论文，2013。

④ 王乃昂、李卓仑、程弘毅等：《阿拉善高原晚第四纪高湖面与大湖期的再探讨》，《科学通报》2011 年第 17 期；董光荣、高全洲、邹学勇等：《晚更新世以来巴丹吉林沙漠南缘气候变化》，《科学通报》1995 年第 13 期；高全洲、董光荣、李保生等：《晚更新世以来巴丹吉林南缘地区沙漠演化》，《中国沙漠》1995 年第 4 期；陈红宝：《巴丹吉林沙漠气象观测与气候特征初步研究》，兰州大学硕士学位论文，2011；马金珠、黄天明、丁贞玉等：《同位素指示的巴丹吉林沙漠南缘地下水补给来源》，《地球科学进展》2007 年第 9 期。

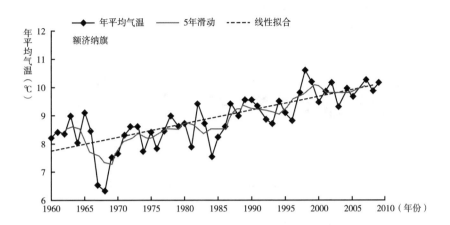

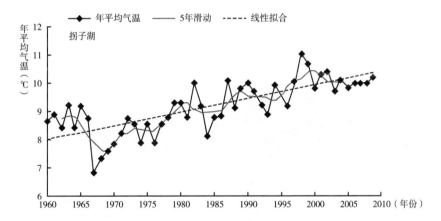

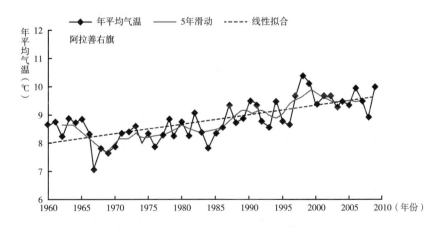

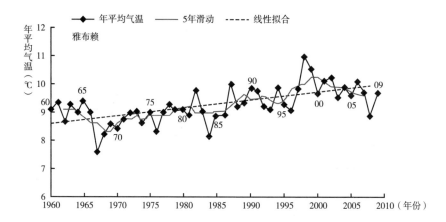

图 6 - 2 1960 ～ 2009 年巴丹吉林沙漠南北缘各站点年平均气温的变化趋势

资料来源：马宁、王乃昂、李卓仑等：《1960—2009 年巴丹吉林沙漠南北缘气候变化分析》，《干旱区研究》2011 年第 2 期。

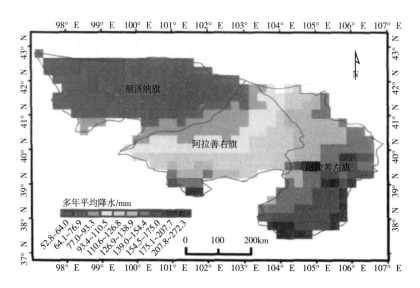

图 6 - 3 2000 ～ 2012 年阿拉善盟多年平均降水空间分布

资料来源：何磊：《基于遥感方法的阿拉善盟荒漠化研究》，兰州大学硕士学位论文，2013。

3. 潜在荒漠化趋势严重

阿拉善盟境内地形地貌类型丰富，有基岩裸露经风化剥蚀形成的戈

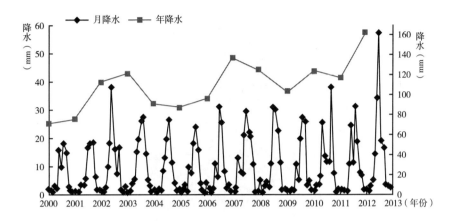

图 6 - 4　2000~2012 年阿拉善盟平均降水变化

资料来源：何磊：《基于遥感方法的阿拉善盟荒漠化研究》，兰州大学硕士学位论文，2013。

壁、沙漠、山地与丘陵，沙漠内部的沙链间或沙漠绿洲，湖盆、丘陵、残山、平地与沙丘交错分布（见图 6 - 5）。沙漠以流动沙丘为主，自西向东有明显的地域差异。巴丹吉林沙漠固定、半固定沙丘占 7%，流动沙丘占 93%，多为高大复合型沙山；腾格里沙漠具有线状延绵的新月形沙丘垄，丘间洼地多为绿色盆地，流动沙丘占 71%，湖盆滩地占 7%，山地、丘陵及平地占 20%；乌兰布和沙漠为植被覆盖度较大的新月形沙丘，沙漠内部土质较好，地面平坦，流动沙丘占 39%，半固定沙丘占 31%，固定沙丘占 30%。表明研究区沙源地广布，潜在荒漠化趋势严重。当起沙风速达到 5 米/秒时，在风力作用下，沙粒被搬运、堆积到可利用的土地表层，使得沙漠或沙地周边地区成为潜在沙质荒漠化地区。

4. 人口增长快速，生产经营方式落后

阿拉善盟总面积约 27 万平方千米，2018 年常住人口 24.94 万人（较 2010 年增长 7.5%），加之 2015 年国家全面放开二孩政策，预计近几年阿拉善盟人口自然增长率将有小幅增长。人口基数的增大，首先面临的就是解决温饱问题，大量的新增人口给农业用地带来更大压力，进而导致土地的不合理利用问题出现，成为荒漠化发生的诱导因素，显示

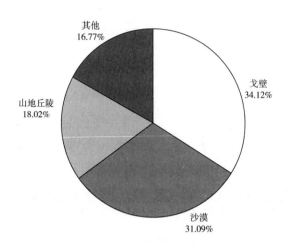

图 6 – 5   阿拉善盟主要地形所占面积分布

出"环境脆弱地区—生产经营方式落后—导致经济落后—人民生活水平低下（贫困）—人地矛盾突出—荒漠化"处于恶性循环中。阿拉善盟境内绿洲地区大面积种植小麦、玉米、薯类、杂粮等，实行半机械化、半人工的耕作方式，水浇地一般使用机井大水漫灌或引黄灌溉，都显示其粗放型种植业生产模式；其牧区实行农忙季节圈养牲畜，其他季节放养的粗放型畜牧业养殖方式，对林地及草地破坏严重。以上情况都表明：阿拉善盟人口基数越来越大，人均可利用土地面积减少，加之经济水平低下及土地的生产经营方式落后，易引发并加剧土地荒漠化。

5. 过度放牧

过度放牧是导致土地荒漠化的最主要的人为因素，它主要发生在草原区，即家畜消费的植物量超过植物生长量的界限时，将加速植被破坏及地表面裸露而使其易于被风蚀或雨蚀。阿拉善盟自古以来就是少数民族游牧地区，其主要生活方式就是放牧。羊、牛、马、驴、骆驼等动物是阿拉善地区主要的养殖动物，这些动物多以地表植物为食，尤其是山羊吃草时会啃食草根，对地表及地下生物破坏较大。合理的养殖结构及养殖规模，不仅可以增加农牧民的收入，而且通过动物消耗地表植被从而减少枯草或树叶的堆积，降低自然界风化分解腐殖质的数量，较少林草火灾发生率，并能实现林草植被自然恢复进而实现林草资源的可持续利用。近年来，市场上牛、羊肉的价格较高，使得研究区过度放牧现象严重，超过草原承载能力，地表植被破坏速度超过土地自身恢复能力，草原地表土壤结构受到严重破坏，导致沙漠化面积逐渐扩大。

6. 人类不合理利用资源

人类对资源的不合理开发利用，是阿拉善地区现代荒漠化加速扩张的主要原因，其主要表现形式是滥垦、滥牧、滥樵、滥采、滥用水资源和滥开矿等。研究区内无计划地开荒是造成土地荒漠化的另一个重要因素，即大面积盲目开垦，一方面，破坏了优质草场，减少了草场面积，加剧了畜草矛盾；另一方面，由于缺乏对土地的管理与保护，新开垦的土地次生盐渍化加剧、土壤肥力下降，没过几年又被迫弃耕。樵采多发生在能源短缺的农牧交错区，人们往往为了获得燃料或搂发菜、挖药材等，不惜破坏沙生植被，造成土地荒漠化。如，当地居民或周边城镇的居民大量偷挖肉苁蓉、锁阳、甘草、麻黄等具有极高药用价值的野生植物，搂拾地表发菜（俗称地毛、头发菜，含有较丰富的蛋白质和碳水化合物以及人体所需的钨、磷、铁、碘等物质，营养价值高，而且价格昂贵）等。人们在利益驱动下无限制乱挖、乱搂野生植物，对沙地表面及地表土层造成破坏，进而造成土地荒漠化。不合理的漫灌和严重渗漏，又缺乏有效的排水设施，浪费大量沙漠地区有限的水资源，补给地下水的水量远远超过了它的排泄能力，最终导致水文地质条件的严重恶化，土壤次生盐渍化加重。乱开矿也是阿拉善地区特有的荒漠化成因之一。

三　荒漠化的危害

1. 破坏生态环境，威胁人类生存

阿拉善盟境内荒漠化土地面积及沙化土地面积大、分布范围广、种类多、程度深，潜在荒漠化及沙化土地威胁大，是内蒙古自治区乃至全国荒

漠化严重的地区。黄河引扬水工程、黑河流经阿拉善盟境内部分地区，在流水侵蚀作用下大量泥沙进入黄河、黑河，不仅破坏了当地的生态环境，也增加了黄河、黑河的输沙量，使河流改道或部分地段成为地上悬河，对周边地区人类的生存造成威胁；土地沙漠化加剧，风吹蚀表土导致耕地中土壤有机质及氮磷钾损失、沙打禾苗、风沙掩埋房舍（牲畜、农田）等，严重时威胁人类的生命，改变了当地原本的生态景观，造成一些农牧户居民点甚至县城不得不迁徙到其他区域；由于荒漠化地区植被覆盖度低，强降雨在山区、丘陵地带易形成洪水、泥石流等，威胁人类的生命及生存。

2. 造成农牧业减产，导致人地矛盾激化

阿拉善盟境内沙漠、戈壁、山地、丘陵广布，适宜利用的土地面积较少，加之人们不合理地利用土地资源及水资源，导致土地盐渍化及草场破坏严重，可利用土地面积减少、质量下降，农牧业减产甚至绝收，生产的农产品不能满足当地居民的生活需求，人们为了解决温饱问题，又开始在新的土地上滥垦、滥牧、滥樵、滥采等，虽然暂时取得了部分农产品，但随着不合理地利用水资源及土地资源，土地荒漠化逐渐显现；阿拉善盟境内高原地区遭受风蚀、水蚀作用，带走了大量的土壤有机质，破坏了土壤的结构，使得土壤肥力下降，也易形成荒漠化土地。贫困与环境恶化相互作用引起的恶性循环，不仅使当地居民的生存环境更加脆弱，而且加剧了贫困的发生，导致人地矛盾激化。

3. 破坏生产生活基础设施，制约经济发展

阿拉善盟境内风大沙多，在风力作用下，携带大量的沙粒，不仅经常埋压铁路和公路，导致铁路、公路、航空等交通线路阻塞、中断、停运、误点等事故时有发生，主要表现在路基风蚀和风沙淤埋两个方面，而且水蚀荒漠化冲断、埋压交通线路，严重破坏生活基础设施。荒漠化也使许多道路的造价和养护费用增加，通行能力减弱。荒漠化还常常对水利设施造成严重破坏，如泥沙侵入水库、埋压灌渠等，减小了有效库容，从而导致农业生产用水紧张。这些都是影响民生的大

问题，制约着当地经济的发展。

4. 加剧了农牧民的贫困程度

阿拉善盟属于我国西部经济欠发达地区，荒漠化又加剧了农牧民的贫困程度，当地居民受贫困的长期困扰及与发达地区经济差距过大，加之荒漠化的长期危害，人地矛盾有可能转化为社会矛盾，从而影响社会安定。

5. 生物多样性降低

土地荒漠化在造成可利用土地减少和退化的同时，也使生物质量变劣，物种丰度降低，对生物多样性构成严重威胁。一方面随着荒漠化的扩展，物种生存条件恶化，分布范围和生存空间缩小；另一方面使种群、群落结构遭到破坏，生产力下降，物种生存能力降低，许多物种日趋濒危或消亡。

四　阿拉善盟发展沙产业的优势

1. 人文优势

国家领导人及内蒙古自治区党委、政府领导人多次就阿拉善盟生态建设和防沙治沙工作做出重要指示，明确提出将防沙治沙工作作为践行科学发展观、建设生态文明的基础性工程来抓，逐步实现由"沙逼人退"到"人逼沙退"的转变，进行防沙治沙综合示范区及沙产业发展示范区的建设，构筑西部重要的生态安全屏障。阿拉善盟防沙治沙工作起步较早，已形成一定的规模，特色沙产业发展较好，吸引了众多社会团体及各界人士也积极参与到区域防沙治沙工作中来，并且在相关优惠政策的出台后，外资企业的投入力度也加大了，这些人文优势为研究区进行防沙治沙综合示范区建设及沙产业的发展带来了前所未有的历史机遇。

2. 基础条件优势

阿拉善盟于 20 世纪末就已开展了封育保护、植树造林、退耕还林还草等措施进行荒漠化治理。近年来，坚持实施人工造林、封沙（封山）育林育草、飞播造林种草固沙、人工种草及草场改良、治沙造田及低产田改造、开发利用水面发展特色种植业，在沙漠边缘引水灌溉发展种植业、林果业、养殖业等，工程措施与生物措施结合，灌溉治沙与旱作治沙并举，防沙、治沙、用沙并重，构建了点、线、面结合的防沙治沙体系，总结出了一系列生态治理与沙产业开发并举的成功经验和先进技术，这些经验为阿拉善盟发展沙产业奠定了一定的基础。

3. 自然资源优势

阿拉善盟拥有比较丰富的土地资源、光热资源和风能资源，而且基本囊括了我国西北地区当前所有重要的生态形态，并且沙化土地类型多样，包含了流动沙地、半固定沙地、固定沙地、戈壁等诸多类型。阿拉善盟属于温带大陆性气候，四季分明、蒸发强烈、风大沙多、日照充足等，这些都是研究区发展沙产业的优势资源。阿拉善盟旅游资源丰富：古老的黄河文明、神秘的巴丹吉林庙及黑城遗址、浓郁的蒙古族风情、雄浑的大漠风光、神奇的响沙湾、旖旎的沙漠湖泊景观，是我国沙漠地质旅游开发较好的景区。将地质旅游资源与农业、工业，尤其是沙产业融合发展，其开发前景十分广阔。

4. 产业发展优势

阿拉善盟境内野生或种植的肉苁蓉、锁阳、黑枸杞、葡萄、红枣、西瓜、籽瓜等特色农产品色泽艳丽、风味浓郁，综合质量优于国内同类产品，深得消费者青睐，市场竞争力强，促进了当地农牧民脱贫致富。阿拉善盟境内养殖的牛、羊、骆驼等动物资源丰富，不仅可以满足当地人民对肉类的生活需求，还可以进行深加工制成肉干、奶酪等远销海内外。在阿拉善盟境内，有种类丰富的野生中草药，在产业开发时政府对野生中药材资源进行了保护与实行适当采挖，同时开展了人工培植，建立了沙生药材种植基地。政府部门在阿拉善盟境内相对平坦、交通便利的一些区域建立了风力发电站和光伏发电站，风力发电与光伏发电能力名列全国前茅；分散居住的农牧户安装了太阳能板，解决了当地农牧民的家庭用电问题；在部分城镇区域安装太阳能板供电的路灯，实现自产自销和节能节耗。阿拉善盟依托沙漠观光、月亮湖、通湖、巴丹吉林庙、黑城遗址等沙漠旅游资源已成为国内沙漠旅游的著名景区。温室大棚等种植产业，也推动了当地沙产业的快速发展。

第三节　荒漠化治理及沙产业发展的成效与经验

沙产业发展必须与荒漠化防治有机结合，在生态恢复和生态保育的基础上，保证区域水资源的合理利用，维护生态安全和生态平衡，促进荒漠化地区及沙区生态、经济和社会的协调、可持续发展。自 20 世纪90 年代以来，阿拉善盟依托国家"三北"防护林、天然林保护、退耕还林还草等重点生态工程，实施了人工造林、封山（封沙）造林、禁牧封育、飞播造林种草固沙，在沙漠边缘引水灌溉，建设沙漠绿洲，灌溉治沙与旱作治沙并举；利用工程措施、生物技术、科学技术等发展温室大棚种植、沙生中草药种植、沙区饲料植物的种植，发展沙区养殖业；发展西瓜、籽瓜、葡萄、枸杞、红枣等种植，推广沼气、太阳能、风能等可再生能源的使用，结合沙漠旅游业，形成点、线、面相结合的防沙治沙体系，极大地推动了阿拉善盟荒漠化治理及沙产业的快速发展。下面将详细阐述 20 多年来阿拉善盟荒漠化治理及沙产业发展的主要措施。

一　种植业、养殖业发展迅速

1. 种植业发展

阿拉善盟实有耕地面积近 70 万亩，2013 年全盟完成农作物总播种面积 48.5 万亩。粮食作物 28.8 万亩，其中，小麦 2.2 万亩，玉米 26.4 万亩；经济作物 16.8 万亩，其中，棉花 1.6 万亩，葵花 8.8 万亩，西瓜 0.7 万亩，蜜瓜 4.8 万亩；其他作物 2.9 万亩。2018 年农作物总播种面积 123 万亩（是 2013 年播种面积的近 2.5 倍），其中，粮食作物 25.5

万亩（较2013年播种面积减少11.5%），经济作物97.5万亩（是2013年播种面积的5.8倍），可见种植结构由以粮食作物为主的种植结构向以经济作物为主的种植结构变化，种植品种向高产的经济作物转化，表明人们的生活水平明显提高。2013年粮食产量为18.6万吨，其中，小麦产量达0.9万吨，玉米产量为17.7万吨。2009~2013年全盟粮食种植情况见图6-6。至2016年，粮食产量为15.65万吨，其中，小麦产量达0.76万吨，玉米产量为14.70万吨，薯类产量为0.07万吨。至2018年，粮食产量为18.8万吨，较2013年增加了0.2万吨。

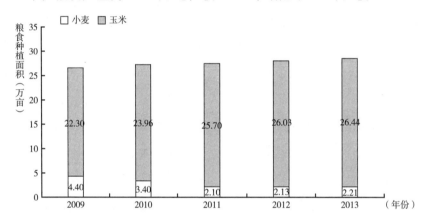

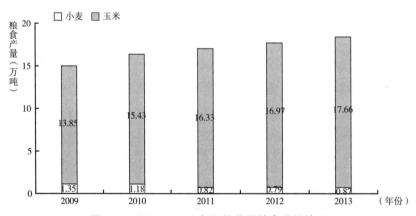

图6-6　2009~2013年阿拉善盟粮食种植情况

资料来源：《内蒙古统计年鉴（2010~2014年）》，《阿拉善盟国民经济和社会发展统计公报（2009~2013年）》。

自 20 世纪 70 年代中期在国家的大力支持下，阿拉善盟在沿山、沿河农业资源富集的地区积极发展绿洲农业，相继开发建成十个农业种植业区，即黄灌区（李井滩、老崖滩、漫水滩、巴音毛道）、井灌区（腰坝滩、查哈尔滩、西滩、格林布楞滩、陈家井、板滩井）及额济纳沿河。其中井灌区播种面积 32.5 万亩，覆盖 12 个苏木镇。

阿拉善左旗扎实推进农牧业结构调整，温棚种植、舍饲养殖、沙产业三大产业在农牧业总产值中的比重逐年提高。"十二五"期间，大力发展节水高效种植业，推广种植经济节水作物，农作物总播面积控制在 28.7 万亩，其中节水灌溉面积达到 23.6 万亩，井灌区地下水基本实现采补平衡。阿拉善右旗农作物总播种面积 4.45 万亩，设施农牧业、特色沙产业加快发展，人工种植梭梭林、沙葱、黑果枸杞等新兴沙草作物试种推广。

2. 设施农业快速发展

在阿拉善盟境内绿洲地区采用喷灌滴灌、地膜下渗灌、薄膜保温、无土栽培等节水生产技术，铺设地灌管道、滴灌管道，外加采用先进的生物科技与信息技术等，通过政府补贴吸引资金并雇佣当地农民等措施，积极发展沙区绿洲农业。2013 年全盟设施农业达到 2282 座，形成 7000 吨绿色有机蔬菜的生产能力。腾格里沙漠边缘的 1.5 万公顷的沙荒地，建立了 7000 多座日光温室大棚，实行了"基金＋企业＋农户"的市场化运作模式发展当地的沙产业，不仅有效减轻了土地盐渍化的发生，而且加快了当地经济的发展，达到生态效益、经济效益、社会效益"三赢"的效果。阿拉善左旗"十二五"期间，整理高标准基本农田 6 万亩，建成高效日光温室 1856 座。阿拉善右旗设施农业发展迅速，温棚沙葱、黑果枸杞、小番茄、葡萄等新兴沙草作物大量种植，促进了当地经济的发展。

3. 沙生中草药种植及产业化经营

阿拉善盟境内天然分布的中草药资源丰富，如甘草、麻黄、苦豆子、肉苁蓉、锁阳等，为沙产业的发展提供了资源。阿拉善盟是中国最大的肉苁蓉主产区，全盟抓住机遇组建了肉苁蓉集团公司，研制开发出肉苁蓉药酒和肉苁蓉养生液等产品，已在全国数十个城市建立了产品销售网络，产品出口美国、日本和东南亚、西亚及我国香港等地，成为地方财政的重要收入之一。近年来，阿拉善盟政府采取补植等措施恢复天然沙生药材，大规模推广家庭种植，在绿洲边缘大面积推广了良种枸杞、苜蓿、甘草、麻黄、梭梭林等栽培，提出了"土壤环境、植物品种、节水栽培及产业化发展相互耦合的荒漠绿洲边缘生产－生态技术体系"，大力推进阿拉善盟沙产业的产业化发展。阿拉善左旗在"十二五"期间，加快特色沙产业发展步伐，接种肉苁蓉 13 万亩、锁阳 7 万亩，阿拉善肉苁蓉、锁阳特色中草药产品取得地理商标认证，荣膺"中国肉苁蓉之乡"称号。

4. 发展沙区养殖业

阿拉善盟境内畜牧业的深度开发坚持生态优先原则，加快推进传统畜牧业向生态效益畜牧业的转变，实现畜牧业规模化发展、标准化生产、集约化经营。牧区以双峰驼、白绒山羊保种选育为基础，在两大优势畜种的主产区加强生态家庭牧场建设。农区重点扶持畜禽标准化规模养殖场和饲草料储备库等基础设施建设，着力推广以肉羊为主，同时以肉牛、奶牛、生猪、禽类为重点的标准化规模化养殖模式，大幅度提高了肉奶蛋供应能力。2010 年，全盟大牲畜总量约 8.48 万头，其中，牛 1.75 万头，马 0.13 万匹，驴 0.21 万头，骡 0.03 万头，骆驼 6.36 万头；年末羊总量为 130.69 万只，猪 3.26 万头；年末肉类产量约 15234 吨，奶类产量约 3762 吨，禽蛋产量约 286 吨，羊毛 689 吨、羊绒 298 吨、牛皮 0.25 万张、羊皮 43.27 万张。2013 年 6 月末，全盟牲畜总量约 170.37 万头（只），其中，白绒山羊 105.28 万只，绵羊 49.05 万只，双峰驼 9.98 万峰，牛 2.83 万头（其中荷斯坦奶牛 1528 头）。2016 年，全盟大牲畜总量约 14.08 万头，其中，牛 3.30 万头，马 0.21 万匹，驴

0.30 万头，骡 0.01 万头，骆驼 10.29 万头；年末羊总量为 111.63 万只，猪 4.59 万头；年末肉类产量约 15482 吨，奶类产量约 43858 吨，禽蛋产量约 256 吨，羊毛 1066 吨、羊绒 288 吨、牛皮 0.3 万张、羊皮43.87 万张。2018 年，全盟牧业年度牲畜存栏头数 102.6 万头/只，较2016 年减少了近 73 万头/只，较 2017 年减少了近 47 万头/只。"十二五"期间阿拉善左旗，积极转变畜牧业发展方式，注重保护草原生态，严格落实禁牧、草畜平衡政策，牲畜总头数稳定在 124 万头（只）左右，舍饲养殖比重达到 56.5%，选育"1396""1450"型白绒山羊核心群 200 个，划定双峰驼核心区 35 个，荣获"中国骆驼之乡"称号。阿拉善右旗"1396"超细型白绒山羊品牌打造步伐加快，并组建成立全国首家骆驼研究院，骆驼产业科技园项目开工建设，被评为第七批自治区农业科技园区。

阿拉善盟境内有很多既是很好的固沙植物，又是良好的牲畜饲料的植物资源，如柠条、沙柳等，既是耐旱耐沙的固沙植物，又是营养价值较好的饲料原料，为沙区养殖业的发展提供了基础条件。

阿拉善沙漠地区湖泊众多，其中盐分较高的湖泊中生长着数量众多的卤虫，其虫卵具有较高的药用价值和经济价值。每到夏秋季节，当地农牧民就到自己承包的湖泊中打捞虫卵，晒干后出售。降雨量适中的年份，平均每天的收入可达两三千元（当降雨量过多时卤虫数量减少甚至不能存活）。当地农牧民可选择在淡水湖泊中养殖鱼类等以增加自己的收入，也可在盐分较高的湖泊中养殖卤虫等生物以提高家庭的经济收入。

二　林业、草业快速发展

1. 公益林、自然保护区、湿地建设

阿拉善盟严格执行林地保护制度，天然林全面禁伐，农民自用材采伐量大幅度调减。全盟国家级公益林补偿面积达到 2280 万亩，2013 年补偿基金达到 27527 万元。重点公益林区通过禁牧、补植、补播、抚育

和有害生物防治等措施，不仅使现有公益林得到有效保护，而且辐射带动周边9700万亩的荒漠植被得到休养生息，扩大了公益林保护范围。自然保护区生态保护成效明显，已建成2个国家级自然保护区、2个国家级森林公园、3个自治区级自然保护区，保护面积达3991.4万亩，占全盟总面积的9.85%。居延湿地保护恢复项目建设进展顺利，阿拉善黄河湿地公园列入国家试点范围。

2. 人工造林，封山（封沙）育林育草

通过人工造林及封山（封沙）育林育草，恢复自然植被，以成本低、作用持久而稳定、可改善土壤结构及质量等多种优点而成为防治荒漠化的主要措施。2014年12月《阿拉善盟生态建设数据资料汇编》报告显示：阿拉善盟现有森林面积3096.5万亩，森林覆盖率7.65%，其中以贺兰山天然次生林和额济纳胡杨林为主的有林地102.6万亩，以梭梭、白刺为主的灌木林地2993.9万亩。依托天然林保护、退耕还林（草）、"三北"四期和野生动植物保护及自然保护区建设四大工程及造林补贴试点项目，截至2013年，共完成飞播造林310.7万亩，封育98.93万亩，人工造林17.9万亩，完成种苗工程8项，建成育苗基地0.05万亩，采种基地1.6万亩，国家投资总计2.16亿元。"十二五"期间，共完成生态建设面积205.15万亩，其中人工造林73.45万亩，飞播造林76万亩，封山育林55.7万亩。[①] 2016年，完成营造林面积127.2万亩，其中人工造林50.85万亩，飞播造林36万亩，封山育林30.45万亩，退化林分修复及人工更新4.95万亩，完成森林抚育4.95万亩。2018年，完成营造林面积150万亩，其中人工造林87万亩，飞播造林45万亩，退化林分修复18万亩；年末实有森林面积3238.5万亩，有林地面积106.5万亩，灌木林地3133.5万亩；森林覆盖率达8.0%。阿拉

---

① 资料来源：《阿拉善盟生态建设数据资料汇编》，阿拉善盟环境保护局网站，2014年12月。

善盟林业生态建设成效显著。

3. 退耕还林还草

对已形成的荒漠化林地、草地，采取先封禁、后人工补植的方法，综合运用生物措施、工程措施和农艺技术措施，土地荒漠化农耕或草原地区采取乔灌围网、牧草填格技术，即乔木或灌木围成林（灌）网，在网格中种植多年生牧草，增加地面覆盖，特别干旱的地区采取与主风向垂直的灌草隔带种植，加快植被恢复速度。阿拉善盟境内采取围封禁牧休耕，或每年休牧 3~4 个月，恢复天然植被。沙漠周边使用草沙障，障内栽植固沙植物，如柠条、沙棘、沙柳等，都是耐旱耐沙的优良防风固沙树种。工业原料林培育和加工利用，如沙柳，每 3~5 年需平茬一次，对沙柳的适度利用既可促进沙柳的生长，又可为人造板或造纸提供原料。阿拉善盟退耕还林工程 2002 年启动实施，截至 2013 年，共累计完成退耕还林任务 45.7 万亩，其中退耕地造林 2.4 万亩，荒山荒地造林 25.3 万亩，封育 18 万亩。2014 年，我国实施新一轮退耕还林工程，阿拉善盟退耕还林工作稳步推进。

4. 经济林建设

阿拉善盟腾格里沙漠东缘大面积种植大枣，种植面积约 45 亩，初步形成了该地区的经济林产业长廊。沙林呼都格地区种植了 13 万亩人工梭梭林，并建立了人工培育肉苁蓉基地，大力推广"龙头企业＋基地＋农牧民＋科研单位＋协会"的肉苁蓉、锁阳、甘草种植生产经营模式，有力地促进了农牧民就业和转产增收。

三　沙漠生态旅游业

阿拉善盟拥有悠久的历史文化和极具民族特色的蒙古族游牧文化，加之独特的自然景观和古老的地质遗迹资源，吸引了大量的游客到当地旅游。游客不仅可以观赏独特的沙漠自然风光和学习科学文化知识，还可以了解古老文明的兴衰。2016 年，全盟累计共接待国内外游客 620

万人次，旅游总收入 66 亿元。2017 年，全盟累计共接待国内外游客 1250.1 万人次，旅游总收入 125.3 亿元。2018 年，全盟累计共接待国内外游客 1928.1 万人次，旅游总收入 174.2 亿元。旅游业的发展带来了巨大的经济效益，可以为当地推进防沙治沙工程实施提供资金支持，最终形成良性循环，实现区域生态、经济的可持续发展。

四　示范基地建设及新能源开发

1. 示范基地建设

阿拉善盟以富锶弱碱性天然矿泉水为主打造的"大漠人家"系列产品相继入市，形成了良好的市场口碑。沙林呼都格被命名为自治区沙草产业试验示范基地，阿拉善右旗荣获"中国特色沙产业发展示范旗""国家林下经济示范基地"称号，并纳入国家农业综合开发旗县行列。"1396"超细型白绒山羊及骆驼产业科技园项目继续开展，促进了沙区生物多样性的保护。阿拉善右旗巴音高勒建设了 1000 亩文冠果种植示范基地，进一步调整种植结构、大力发展沙产业的主打产品，进行示范推广。阿拉善右旗曼德拉苏木夏拉木嘎查种植 5000 亩甘草示范种植基地。示范基地建设，有利于推广阿拉善盟防沙治沙及沙产业发展经验，打响产业品牌，助推区域经济发展，有利于保护区域生态环境。

2. 新能源开发

阿拉善盟境内有丰富的风能和太阳能资源，通过科技创新和新能源利用，大力发展生态农业和温室大棚农业，有利于改革沙区生产生活方式，大力发展太阳灶、光伏发电、风力发电等新兴清洁产业，解决沙区能源问题，减轻对薪柴的依赖程度。

五　荒漠化治理及沙产业发展经验

"十二五"期间，阿拉善盟按照国家的统一部署和要求，始终把防沙治沙工作摆在突出位置，形成了一些适合自身发展并可为全国提供示范作用的治沙模式和治理经验，尤其在沙漠地区积极开展防沙治沙工程，大力发展沙产业，切实保护生态环境，助推区域经济发展。

1. 坚持政府主导、政策促动，构建多元化的治沙格局

内蒙古自治区党委、政府高度重视防沙治沙工作，坚持把防沙治沙作为基础性工程来抓。阿拉善盟各级政府也都把防沙治沙提上重要的工作日程，逐级落实防沙治沙责任制。政府大力支持发展沙产业，给予财政补贴，并在税收、信贷、贴息等方面实行优惠政策，极大地调动了社会各界参与防沙治沙的积极性。

2. 坚持项目拉动、利益驱动，建立全国防沙治沙综合示范区

加强全国沙化土地封禁保护项目及防沙治沙示范区项目的建设，加强设施农业项目的建设，加强国际合作项目的实施，国家积极支持阿拉善盟建设全国防沙治沙综合示范区，构筑西部重要的生态安全屏障。

3. 依托生态工程，有效遏制阿拉善盟荒漠化的趋势

通过国家"三北"防护林、天然林保护、自然保护区及湿地建设、人工造林、飞播造林、退耕还林还草等重点生态工程建设，重点加快巴丹吉林沙漠、腾格里沙漠、乌兰布和沙漠等沙化土地综合治理，有效遏制沙漠侵蚀与破坏。

4. 依托规划，注重实施，推动阿拉善盟荒漠化治理

依托《阿拉善盟防沙治沙规划》中明确的建设任务和重点，组织实施荒漠化土地及沙化土地封禁保护项目及防沙治沙示范区（县）建设。

5. 坚持产业治沙，沙产业发展初见成效

防沙、治沙、用沙并重，有效遏制了土地荒漠化及沙化的趋势。在防沙治沙工作中，坚持生态产业化，积极发展沙产业，着力促进农民增收，努力实现产业治沙的目的，实现沙退民富。阿拉善盟沙产业主要包括温棚种植业、沙区经果林、沙生灌木林、沙生药材种植基地、沙漠养殖业、沙漠旅游业等。

6. 加强国际合作，增强全民发展沙产业意识

加强国际合作，积极吸引外资，启动荒漠化治理与生态保护项目。加强防沙治沙技术输出，建立国际荒漠化防治和交流平台，加大宣传力度，增强全民荒漠化防治及发展沙产业的意识。

第四节　荒漠化治理及沙产业发展中存在的主要问题

一　荒漠化防治形势严峻

经过多年的综合治理，阿拉善盟境内荒漠化面积虽然在不断减少，但防沙治沙工作的形势仍十分严峻。已经形成的固定、半固定沙地稳定性差，遇到干旱或过度放牧等因素影响，易转化为流动沙地。如何保持现有的防沙治沙成果，并改善现有的荒漠化土地现状，防止荒漠化趋势的加重，是摆在政府部门面前的一项攻坚任务。

二　观念落后，认识不足

阿拉善盟境内沙区面积广布，拥有丰富的光热、风能、土地和动植物等自然资源，由于阿拉善盟处于西北内陆地区，经济落后、交通不便、民众受教育程度低，尤其是沙漠腹地地区交通通达性更差、农牧民的文化水平不高，并受传统观念"以农为主"的影响，对于合理开发利用沙区资源的重要性和必要性认识不足，对沙产业发展重视不够，特别是对沙产业的前景和市场潜力缺乏深入研究和分析，这些都影响了研究区沙产业的发展。

三　缺乏专门的资金渠道

阿拉善盟境内荒漠化及沙化面积虽在不断减少，但境内大部分荒漠化土地还未得到根本治理，主要原因在于缺少资金来源。研究区降雨量

小而蒸发量大，且地表径流——黄河、黑河每年的补给范围和补给量有限，加之风沙较大，自然条件恶劣，使得荒漠化治理工作需要大量的人力、物力、财力的支持。研究区地处我国内陆偏远地区，交通不便，增加了沙漠治理的难度，防沙治沙中的交通费用也是一笔不小的开支。沙粒具有特殊的结构特征，即沙质土壤的透水性强而持水性差，使得在特殊的地理环境下选择种植的沙产业品种需要大量的水源支持，打井投入或从外部引入水资源及后期的灌溉等都需要大量的资金投入。治沙成本高而投资标准低，如沙区草方格造林每亩投入700元以上，仅麦草材料费及扎设人工费就高达550元，灌区防风固沙林每亩投入在1200元以上，梭梭林人工种植每亩投入约400元，而国家造林投资标准乔木林每亩300元，灌木林每亩120元，无法满足防沙治沙的需要，迫切需要加大防沙治沙专项资金的投入。沙漠治理工作需要专门人员进行长期维护，也许需要几代人的努力才能初见成效，各种管理及维护费用也较高。可见，开展防沙治沙工程及推动沙产业发展需要投入的资金巨大，现阶段缺少专项投资渠道。

沙产业属于知识密集型产业，需要大量的研发经费和前期投入，投资大、回报慢，需要政府部门、企事业单位、社会团体、个人的长期大量的资金投入。

四　缺乏水资源

阿拉善盟境内沙漠戈壁广布，地表径流（黄河、黑河）只流经部分地段，流域面积小，尤其是巴丹吉林沙漠地区无地表径流流经该区域，地下水主要依靠古水补给，更新速率慢，加之研究区年降水量小而蒸发量大，水资源利用率低，加剧了区域水资源匮乏程度。

五　缺乏先进的科学技术指导

阿拉善盟地处内陆地区、偏远地区，自然环境本底差，人口稀少，区内高等院校只有一所（新成立一所高校——职业技术学院），当地居民的文化水平普遍不高，沙区工作人员的文化水平也较低，科技力量薄弱，尤其是生物科技、工程技术、自动化技术等缺乏都是制约当地沙产业发展的客观因素。

六　保障体系不健全

一是法治、决策、管理机制不健全。要加快荒漠化治理的速度，提高质量和效果，必须完善荒漠化防治的法治建设、政府科学决策机制及公众参与的环境决策机制建设，建立健全生态环境保护的监管机制。长期以来，"用、养、护"三权不明，管理不完善，加之缺乏制度保障和法治保障，导致荒漠化防治的机构及保障体系不健全。二是经费保障不到位。经费投入少且管理体制不健全，导致荒漠化防治及沙产业发展的项目资金不能满足区域生态建设和产业发展需求。

第五节　阿拉善盟荒漠化治理及沙产业发展的建议

阿拉善盟荒漠化防治及沙产业发展的总体思路是以科学发展观为指导，在有效保护生态环境、地质遗迹资源、历史文化遗产的基础上，依靠科学技术、生物技术、工程技术等，在政策引导下，大力发展沙区特色种植、养殖业，加快推进生态工程建设；积极发展农产品、林果业等深加工业，扶持一批竞争力强、辐射面广的沙产业龙头企业；合理开发利用沙区优势资源，积极发展沙区旅游业及其他产业，促进农民增收和区域经济、社会、生态协调发展。

一　加快落实国家及地方政策

（一）科学编制沙产业发展规划

以往的规划侧重防沙治沙工程实施，现应从沙产业的视角编制规划，有利于推动阿拉善盟沙产业的发展。建议由阿拉善盟人民政府组织，发改委会同财政、林业、农牧业、水利、国土资源、环保等部门进行编制"十四五"规划及中长期区域沙产业发展规划，明确沙产业发展的目标和重点，确定沙产业发展的步骤和措施。

（二）加快沙产业基地建设

基地建设是发展沙产业的基础，相关部门和政府要切实把沙产业基地建设列入重要议事日程，突出抓好生态建设项目和沙产业示范基地建设项目的有机结合，发挥好项目的辐射带动作用，保证原材料的可再生、可持续供给和龙头企业的有效运转。继续推进沙林呼都格沙草产业试验示范基地和肉苁蓉基地、阿拉善右旗林下经济示范基地、巴音高勒文冠果种植示范基地、曼德拉苏木夏拉木嘎查甘草示范种植基地等前期基地项目建设，通过科技引领和工程设施支撑，不断提升原有基地产品类型和优化基地产业布局。积极打造生态产业园、设施生态农业基地和种养殖基地，加快建设道地中药材（甘草、苦豆子、麻黄、琐阳、肉苁蓉等）种苗繁育基地、采种基地、种植基地、深精加工基地，建设野生资源修复和培育基地、特色沙生植物种子及苗木繁育基地、沙区经济林基地和以葡萄、枸杞等为主的沙区经果林基地等，推进沙产业技术规范化、生产规模化、经营市场化、产加销一体化，实现治理与开发的有机结合，努力形成区域优势突出、资源开发合理、综合效益显著的沙产业发展新格局。

（三）大力培育沙产业龙头企业

加快发展沙产业，龙头企业是关键。立足可利用农、林、草、药、畜资源，培育一批有特色、有市场竞争优势、技术含量高、符合国家相关标准、辐射带动力强的大中型龙头企业，并按照种、养、加，科、工、贸一体化的路子，加快产业聚集、产业延伸、产业升级步伐，逐步形成产业集群。

一是大力发展节水型种养殖业。阿拉善盟应大力推进节水型社会建设，高效集约利用有限的水资源，在绿洲地区加快建设设施农业，逐步实现滴灌喷灌全覆盖，建立现代生态农业示范区；通过调整、优化种植结构，以耗水量小产量高的玉米、葵花、谷物等经济作物为主，加之沙地花卉、食用菌、黑枸杞、葡萄等经济效益高的产品为辅，大力发展节水农业。阿拉善盟是典型的农牧交错带，农区以种植业为主并圈养牲畜（其中一部分农户有草场，并有退耕还草补助），牧区以畜牧养殖为主并通过购买粮食及牲畜饲料为生（其中一部分牧民有农田），因此畜牧养殖是该区域的特色产业。近年来，国家及地方政府加大新农村建设力度，基本实现了畜牧业规模化、标准化、集约化养殖。

二是大力促进沙生植物产业链发展。稳步推进甘草等中药材产业链、沙柳"三碳循环"产业链、梭梭木产业链、沙地紫花苜蓿产业链、沙棘产业链、沙地特色养殖产业链的发展，培育研发新产品，组建沙生中药材及其他产业产销协会或合作社，形成产加销一体化经营模式。

三是积极推动砂基新材料产业链发展。阿拉善盟政府及相关部门应依托高新技术，积极开发透气防渗砂等保水产品，提高沙漠林草种植成活率，有效节约水资源；开发耐高温覆膜砂等新型精密铸造材料，用于轿车发动机缸体等精密铸造领域；开发以沙为原料生产打印纸及壁纸；开发以砂粒防渗基质、砂基透水砖、仿真草坪砖等系列产品为主的节能环保建筑新材料，用于生态建材领域和城乡基础设施建设；开发以孚盛砂等系列产品为主的新型支撑剂材料，用于石油开采领域可提高采油率；开发以微晶玻璃板、彩色亮光铺地砖等为主的新型建筑产品，用于房屋的墙体材料、城市园林建设、温棚建设等领域。

四是依托阿拉善盟丰富的沙漠地质旅游资源、悠久的历史文化资源和辅助资源，大力发展沙漠旅游业。据世界旅游组织的最新研究和预测，21世纪，生态旅游、沙漠旅游等产品将成为国际旅游消费的主导趋势。发展沙漠旅游具有荒漠化防治保护环境和充分利用沙漠资源发展经济的双重意义，亦可实现科普教育和康体健身效益。另外，还可延伸发展科技示范园区观光、休闲健康沙疗、沙地光伏发电等，这些沙产业发展模式符合循环经济、低碳经济、绿色经济发展规律，可实现沙地增绿、农民增收、资源增值的良性循环。

加大科技、工程建设。如加快推进经济林建设、大力发展林下经济，实施治沙造田、改造低产田，培育中药材及经济作物等，注重以产业经济效益带动生态效益发展。开发荒漠景观生态旅游，增加当地居民收入，带动沙产业发展。

（四）加快实施重点林业工程，推进工程治沙

依托天然林资源保护工程、国家"三北"防护林建设工程、退耕还林还草、封山封沙育林育草、防沙治沙等重点林业工程，加强工程治沙项目的建设。

（五）坚持封山禁牧，适当轮牧、休牧，加快区域生态建设

坚持保护优先、自然封育为主的方针，进一步改善区域生态环境，使"塞外小北京"阿拉善环境更加优美、安全。进行禁牧封育与人工修复相结合、划区轮牧与设施养殖相结合、沙区资源开发与资源保护相结合，对封山禁牧进行精细化管理，进行划区轮牧、休牧试点，总结轮牧与生态恢复经验，加快推进区域草原生态保护与建设。

（六）积极开发沙区风能和太阳能

沙区有丰富的风能和太阳能资源，依托先进的科学技术，在温室大棚上安装太阳能板，不仅可以节约利用土地资源，亦可解决温室大棚用电需求，还可将剩余的电量输送到农牧户家庭或输送到工业园区；发展太阳灶、光伏发电、风力发电等，解决农牧户家庭生活用电或区域工业用电，助推区域清洁产业发展。

二 扩大对外科技交流与合作

建立中国防沙治沙国际交流合作中心，研究国际防沙治沙重大问题，举办国际国内防沙治沙及沙产业发展培训班，为我国荒漠化防治及

沙产业发展培养人才，为世界防沙治沙输出人才。阿拉善盟政府官员、科研人员及沙区管理人员应多参与其中，多交流合作，借鉴其他地区荒漠化防治及沙产业发展的先进经验，因地制宜地开展本区域的沙产业发展模式。

积极构建沙产业科技交流平台。依托区内外科研院所，引进高科技产品及技术，攻坚种苗培育、采种、砂基材料等技术难题，利用人工智能、物联网、大数据、区块链，搭建沙产业科技交流平台，分享成果与经验，推动沙产业向高精方向发展。

积极寻求国际学术组织、政府组织、金融机构和有实力企业的项目支持和资金援助。

三　建立稳定的投入机制

建立国家、地方、集体、个人以及社会各界联动互补多元化投入机制。进一步扩大对外开放，积极利用国际金融组织贷款和外国政府贷款发展沙产业，需要财政担保时，相关部门应予以担保。努力争取国际援助和合作项目，鼓励外商和国内有实力的企业前来投资生态建设和沙产业基地内的可再生资源开发利用。采取配套补贴和奖励的办法，引导社会资金和广大农牧民自有资金投资生态建设和沙产业项目建设。设立荒漠化治理及沙产业发展基金，吸引社会及国际荒漠化治理资金投入。

四　合理利用水资源，调控地区用水量

阿拉善盟境内水资源匮乏，进行荒漠化防治及沙产业开发时，应合理利用有限的水资源，综合运用节水设施、节水科技等发展节水产业。沙区地下水资源品质优良，可更新性慢，可以适度抽取地下水进行沙产业开发；靠近黄河和黑河的地区，可以建立人工渠，有计划地引黄（引黑）入沙，适度增加引水灌溉的面积，使沙区边缘地区逐步变为绿

洲，既可以改善当地的生态环境，又不会引起河流水量的锐减；建立小型蓄水库，收集夏秋季节的降雨或丰水年的降水，在缺水季节进行用水配置，从而调节水资源利用的季节与年际分配不均；加快中水利用，增加可利用的水资源量。

五　加大科学技术投入

加强沙区水资源、土地资源、光热资源、动植物资源的科学利用，对发展前景好、经济价值高的沙区资源进行人工培育、加工利用，进行重点技术合作研究，争取早日投入使用；加大科研院所的科技输出，如生物科技、工程技术的输出与转化；加大对沙产业的技术指导，提高科技成果转化率；加强管理和技术人员培训，提高人员素质；按照高科技、低能耗、高效益的思路，建设一批高科技沙产业示范基地，以点带面，促进沙产业的发展。

六　落实和完善各项优惠政策

实行沙产业与农、林、草业一视同仁，向沙产业倾斜的优惠政策。通过扩大减免税费、补贴范围和提高补贴标准，调动农民、企业及社会力量的积极性，引导沙产业走集约化、节约化、科技型、低碳型的发展之路。对贯彻实施退耕还林还草的个人及单位继续发放草原补贴。为发展沙产业营造的再生性原料林，按公益林对待，享受造林补贴和公益林补偿金。对于以沙生植物为原料的加工企业，减免企业所得税地方留成部分。帮助在治沙造林中做出贡献的困难企业解决实际问题，以免治沙成果受损。

阿拉善盟进行荒漠化防治及沙产业发展的限制因素是水资源缺乏，保护及开发利用有限的水资源是摆在政府部门、规划部门及科学工作者面前的首要问题。虽然沙漠腹地地下水水质较好，可以发展水加工产品，但研究区的地下水资源主要来源于古地下水的补给，更新速率慢，故而进行荒漠化防治及沙产业开发时，尽可能选择节水型的措施和工程。持续推进国家及地方政策的落实、扩大国际交流与合作、建立稳定的投入机制、合理利用水资源、调控地区用水量、加大科学技术投入、落实和完善针对沙漠地质公园建设的各项优惠政策等。尤其应该通过引进先进的科学技术、工程技术、生物技术等改变现有基础设施条件及生物生长环境条件，推进沙产业的发展。

第七章　阿拉善沙漠地质旅游深度开发构想

　　阿拉善盟境内黄河分配和黑河调入的地表水资源量有限，深层地下水主要为古水和降水补给且补给速率慢，浅层地下水含盐量高水质差，致使全盟可利用水资源量少，是全国水资源量匮乏的地区之一。因此，境内深层地下水应主要用于生活用水，浅层地下水和少部分深层地下水可用于农业灌溉，黑河调水主要用于额济纳旗绿洲农业和林草生态用水，国家分配的黄河水主要用于引扬黄灌溉，而政府部门及有些企业利用水权转换，将一部分农业用水用于工业用水。可见，水资源短缺仍是区域发展的主要限制因素。如何推进阿拉善盟生态保护和高质量发展，提高人民生活水平和质量，是当前经济社会高质量发展亟待破解的困境。阿拉善盟拥有独特的地质遗迹资源和悠久的历史文化资源，开展沙漠地质旅游是缺水地区经济发展的一项生态节水产业和绿色产业。因此，本书依托阿拉善沙漠世界地质公园优美的自然景观、悠久的地质遗迹资源及历史文化，利用有限的水资源、丰富的光热资源与风能资源、优质的中草药资源等，探讨阿拉善沙漠及周边地区开展地质旅游和开发旅游产品的对策建议，以实现旅游的生态价值。

第一节　阿拉善沙漠世界地质公园旅游资源评价

一　阿拉善盟旅游业发展现状

　　阿拉善盟依托沙漠世界地质公园丰富的旅游资源，积极打造国际旅

游目的地，推进"英雄会""胡杨林""通湖草原""居延海""大漠奇
石"等知名旅游景区品质提升，加强越野 e 族、黑城·弱水胡杨风景
区、居延海、敖包公园休闲游乐城、乌兰布和沙恩休闲度假等旅游项目
建设，加快旅游驿站、旅游厕所、旅游集散中心、自驾车营地、标示标
牌等旅游公共服务设施建设，抓好景区和乡村旅游点停车场扩容增量，
大力发展具有民族特色的乡村旅游项目，积极发展"旅游 +"产品、
培育旅游新业态，加快国家全域旅游示范区创建。2010 年，阿拉善盟
全年旅游总收入 11.00 亿元，占盟内 GDP 的 3.60%，占第三产业增加
值的 22.27%。2017 年，全盟全年旅游总收入 125.30 亿元，较 2016 年
翻了近一番，接待国内外游客 1250.10 万人次，较 2016 年增长一倍以
上。2018 年，全盟旅游总收入约 174.20 亿元，较 2017 年增长 39.0%，
约是 2010 年全盟旅游总收入的 16 倍，旅游业总收入占盟内 GDP 的
45%（2010 年占比为 3.60%），占第三产业增加值比重呈逐年增加趋
势，其中入境游收入约 4.8 亿元（同比增长 4.8%），是 2015 年入境游
收入的 3.2 倍，国内过夜游收入约 131.4 亿元（同比增长 35.2%），是
2015 年国内过夜游收入的 3.4 倍，一日游收入约 38 亿元（同比增长
61.0%），是 2015 年一日游收入的 5.2 倍（见表 7 - 1）。① 近年来，阿
拉善盟旅游业发展迅速，带动相关产业从业人员不断增加，提高了当地
农牧民的收入，为打赢脱贫攻坚战提供保障。

表 7 - 1　2010 ~ 2018 年阿拉善盟旅游指标统计

年度	盟内生产总值（亿元）	旅游业总收入（亿元）	旅游业占 GDP 的比重（%）	第三产业增加值（亿元）	旅游业占第三产业增加值的比重（%）	接待总人数（万人次）
2010 年	305.90	11.00	3.60	49.40	22.27	174.00
2011 年	245.42	15.08	6.15	59.27	25.44	210.04
2012 年	277.33	20.02	7.22	67.00	29.88	240.00
2013 年	293.51	25.30	8.62	73.56	34.94	275.00
2014 年	312.64	35.00	11.20	78.59	44.50	340.10

① 资料来源：《阿拉善盟 2016 ~ 2018 年国民经济和社会发展统计公报》。

年度	盟内生产总值（亿元）	旅游业总收入（亿元）	旅游业占GDP的比重（%）	第三产业增加值（亿元）	旅游业占第三产业增加值的比重（%）	接待总人数（万人次）
2015年	322.58	47.00	14.57	91.30	51.50	441.80
2016年	342.32	66.00	19.30	102.49	64.40	620.00
2017年	355.67	125.30	35.23	—		1250.10
2018年	387.00	174.20	45.00	—		1928.10

2018年，阿拉善盟共接待国内外游客1928.10万人次，较2017年增长54.2%，是2015年全盟接待国内外游客人数的4倍多，是2010年全盟接待国内外游客人数的11倍多。其中：入境游游客约12.3万人次（占国内外游客总数的0.6%），是2015年全盟接待的入境游游客人数的3.2倍；国内过夜游游客约673.3万人次（占国内外游客总数的34.9%），是2015年国内过夜游游客人数的3.3倍；一日游游客约1242.6万人次（占国内外游客总数的64.5%），是2015年一日游游客人数的5.4倍。由此可以看出，阿拉善盟游客以一日游为主，而境外游客较少，但随着阿拉善旅游品牌和旅游产品日益凸显，越来越多的境外游客选择阿拉善作为国内旅游目的地之一。因此，阿拉善盟应继续加强其知名旅游景区的品牌效应，打造高品质旅游项目，加大宣传，吸引更多的国内外游客到阿拉善盟旅游。

二　阿拉善沙漠世界地质公园旅游资源定性评价

阿拉善沙漠世界地质公园内地质遗迹资源丰富，特别是沙漠类景观和风蚀、沉积及流水地貌地质遗迹具有典型性、稀有性的特点，其景观自然、完整、优美，具有很高的科学研究价值、观赏价值和潜在的开发价值。

（一）拥有独特的沙漠地质景观资源

阿拉善沙漠世界地质公园内分布有巴丹吉林、腾格里、乌兰布和三大沙漠，具有极高的科学价值和丰富的沙漠地质景观资源，具有全国乃至世界的知名度。巴丹吉林沙漠和腾格里沙漠的沙漠地质景观资源极为丰富，沙漠内不仅沙丘、沙波纹等形态丰富多样，记录了该地区不同季节风向的变化，还分布有500多个风景优美的沙漠湖盆，具有独特的沙漠湖泊景观且按一定的方向展布，湖泊的沉积记录了该地区古环境的变迁。公园内最具特色的高大沙山，最高可达430余米，堪称"沙漠珠穆朗玛峰"的世界最高沙山，巴丹吉林沙漠内的鸣沙区域是世界上最大的鸣沙区域，被人们称为"鸣沙王国"。阿拉善沙漠世界地质公园险峻奇特的沙山、神奇的鸣沙和数以百计的沙漠湖泊，及其独特的成因特性，展现出其在世界范围内的独特性和典型性，使这里成为研究沙漠地质的理想区域。

（二）拥有独特地域性的少数民族风情和悠久的历史文化

在阿拉善这片神奇富饶的土地上，孕育了多个民族，这里是一个多民族的聚居地，尤其是蒙古族的主要聚居地之一。在地质公园内，蒙古族风情的建筑物随处可见，如典型的游牧蒙古包、系满红丝带的敖包等。

阿拉善也是一个历史悠久的地区。这里不仅有独特的地质遗迹、丰富优美的自然风光、浓郁的少数民族风情，还保存有大量的历史文化遗存。在黑城出土的居延汉简，是《史记》《汉书》之外现存数量最大的汉代历史文献；在曼德拉山还保存有6000多幅栩栩如生的岩画，向世人讲述阿拉善悠久的历史文化；南寺、北寺、延福寺及巴丹吉林庙等古建筑，不仅记录了蒙古族的宗教信仰，而且是游牧民族兴衰的见证。

（三）拥有珍贵的古生物化石和动植物资源

阿拉善左旗乌力吉苏木恐龙化石及额济纳旗马鬃山古生物化石，为科学家研究古代该地区生物的种类及生存环境提供了依据。现今公园内的动植物资源也为科学家研究提供了良好的素材，如堪称"沙漠之舟"的双峰驼，使科学家建设骆驼基因库并开展骆驼品种资源调查和种畜鉴定成为可能；胡杨林不仅具有观赏游览的价值，还具有警示人们注意保护生态环境的重要性；沙漠中的植物肉苁蓉、锁阳、梭梭、云杉林等不仅可以起到防风固沙的作用，有些还是极其名贵的中药材；沙漠中的岩羊、青羊等动物不仅是游牧民族的狩猎动物，马鹿、天鹅还是沙漠中的珍惜动物。

（四）具备科学研究和科普教育功能

阿拉善沙漠世界地质公园的特殊地质背景，形成和保存了类型多样的地质遗迹，具有较高的科研价值，是开展科学研究和对游客开展科普教育的良好课堂。

（五）良好的区位优势

阿拉善盟地处内蒙古西部，东接银川市，南邻甘肃省，北与蒙古国相邻，距银川市仅114千米，距乌海市150千米，距酒泉397千米，高速公路及省道相连，地质公园内部公路四通八达，各个园区之间均为公路相连接，交通、通信方便快捷。公园外围有银川河东机场、嘉峪关机场、乌海机场等，在阿拉善盟境内还有鼎新机场等，为发展地质旅游提供了基础条件。

（六）拥有良好的旅游服务设施

在阿拉善沙漠世界地质公园中，一些已开发的景区拥有良好的旅游服务设施。特别是沙漠旅游服务设施，既有高档的沙漠度假村，游客可以享受到滑沙、动力三角翼和沙海冲浪等娱乐项目；又有好客的蒙古牧民，游客将体会到独特的蒙古族风情和牧民淳朴热情的接待。良好的沙漠旅游服务设施和完善的沙漠旅游服务接待，是阿拉善沙漠世界地质公园的一大特色。

三　阿拉善沙漠世界地质公园旅游资源定量评价

旅游资源评价是一项非常重要的基础性工作，其主要目的是为旅游资源的开发利用提供科学的依据。旅游资源评价的方法已经由最初的主观评判、定性分析的经验方法向定量与定性分析相结合、指标数量化、评价模型化的方向发展。对旅游资源定量评价，用得较多的有层次分析法、模糊赋分法、特尔菲法等几种。

本书通过对阿拉善沙漠世界地质公园旅游资源的调查分析，并参考一些专家对旅游资源定性评价的方法，运用层次分析法及综合评价法对阿拉善沙漠世界地质公园旅游资源进行定性和定量相结合的评价。

（一）层次分析法

1. 评价过程

层次分析法简单易行，是一种定性和定量相结合的方法。基本步骤如下。

（1）明确本书研究的问题为阿拉善沙漠世界地质公园旅游资源评价。本书对阿拉善沙漠世界地质公园旅游资源的地质遗迹资源、辅助类景观、地理环境条件、客源条件和社会经济条件五个方面进行综合性定量评价。

（2）建立层次结构模型。根据国内外的科研现状，结合阿拉善沙漠世界地质公园旅游资源现状及其他条件而建立旅游资源评价层次结构图（见图7-1），分为三层，即A层为综合评价层，是对阿拉善沙漠世界地质公园的旅游资源进行评价；B层为项目评价层，包括5个方面，分别是地质遗迹资源、辅助类景观、地理环境条件、客源条件和社会经济条件；C层为评价因子层，包括科学价值、美学价值、奇特性、舒适性等21个指标。

（3）构造判断矩阵。本书采用1、3、5、7、9作为标度，其含义依次为：1是i和j两个因素比较，具有同等重要性；3是i比j稍微重要；5是i比j重要得多；7是i比j更重要；9是i比j极端重要；2、4、6、8表示相邻判断的中值；倒数因素是j比i重要。作者构造了判断矩阵（见表7-2），通过专家打分后，统计出结果，选用大多数专家的打分结果，经过计算并检验后，对没有达到要求的矩阵进行了调整，最终确定了分值。本书共构造了6个判断矩阵。

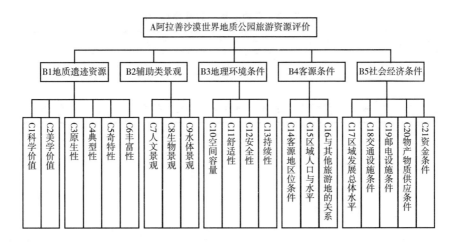

图 7 - 1　阿拉善沙漠世界地质公园旅游资源层次结构示意

表 7 - 2　判断矩阵

判断矩阵	A1	A2	…	An
A1	W1/W1	W1/W2	…	W1/Wn
A2	W2/W1	W2/W2	…	W2/Wn
…	…	…	…	…
An	Wn/W1	Wn/W2	…	Wn/Wn

（4）层次单排序。计算判断矩阵的特征根和特征向量，即对于判断矩阵 B，计算满足 $BW = \lambda max W$ 的特征根和特征向量，其中 λmax 为矩阵 B 的最大特征根，W 为对应于 λmax 的正规化特征向量，W 的分量 W_i 就是对应元素单排序的权重值。矩阵计算后要进行一致性检验，RI 为随机一致性比例，对于不同的阶数 n，RI 的数值如表 7 - 3；CI 为矩阵的一致性指标，计算公式为 $CI = (\lambda max - n) / (n - 1)$，当 $CI = 0$ 时，判断矩阵具有完全一致性，反之，CI 愈大，判断矩阵的一致性就愈差；CR 为矩阵的随机一致性比例，计算公式为 $CR = CI/RI$，当 $CR \leqslant 0.10$ 时表明判断矩阵具有令人满意的一致性，否则，当 $CR \geqslant 0.10$ 时，就需要调整判断矩阵，直到满意为止（见表 7 - 4 至表 7 - 9）。

表 7 – 3   平均随机一致性指标 RI

阶数	1	2	3	4	5	6	7	8	9	10	11
RI	0.00	0.00	0.58	0.90	1.12	1.24	1.32	1.41	4.45	1.46	1.51

表 7 – 4   A – B 判断矩阵及层次排序（既是层次单排序，也是层次总排序）

A1—Bi	B1	B2	B3	B4	B5	W	排序
B1	1	2	3	5	5	43.79	1
B2	1/2	1	2	3	3	24.99	2
B3	1/3	1/2	1	2	2	14.92	3
B4	1/5	1/3	1/2	1	2	8.15	4
B5	1/5	1/3	1/2	1	1	8.15	5

注：$\lambda = 5.015$，$CI = 0.0038$，$RI = 1.12$，$CR = 0.0034 < 0.10$。权重值 W 的数值均为乘以 100 后的数值。

表 7 – 5 B_1 – C 判断矩阵及层次单排序

B1	C1	C2	C3	C4	C5	C6	W
C1	1	2	3	3	4	4	36.21
C2	1/2	1	2	2	3	3	22.79
C3	1/3	1/2	1	1	2	2	13.26
C4	1/3	1/2	1	1	1	2	11.86
C5	1/4	1/3	1/2	1	1	1	8.43
C6	1/4	1/3	1/2	1/2	1	1	7.45

注：$\lambda = 6.068$，$CI = 0.0137$，$RI = 1.24$，$CR = 0.0110 < 0.10$。权重值 W 的数值均为乘以 100 后的数值。

表 7 – 6 B_2 – C 判断矩阵及层次单排序

B2	C7	C8	C9	W
C7	1	2	3	53.90
C8	1/2	1	2	29.72
C9	1/3	1/2	1	16.38

注：$\lambda = 3.009$，$CI = 0.0046$，$RI = 0.58$，$CR = 0.0079 < 0.10$。权重值 W 的数值均为乘以 100 后的数值。

表 7 – 7　B_3 – C 判断矩阵及层次单排序

B3	C10	C11	C12	C13	W
C10	1	3	2	4	45.27
C11	1/3	1	1/3	3	17.08
C12	1/2	3	1	2	27.75
C13	1/4	1/3	1/2	1	9.90

注：$\lambda = 4.223$，CI = 0.0743，RI = 0.90，CR = 0.0826 < 0.10。权重值 W 的数值均为乘以 100 后的数值。

表 7 – 8　B_4 – C 判断矩阵及层次单排序

B4	C14	C15	C16	W
C14	1	3	3	54.43
C15	1/3	1	3/2	24.31
C16	1/2	2/3	1	21.26

注：$\lambda = 3.074$，CI = 0.0369，RI = 0.58，CR = 0.0637 < 0.10。权重值 W 的数值均为乘以 100 后的数值。

表 7 – 9　B_5 – C 判断矩阵及层次单排序

B5	C17	C18	C19	C20	C21	W
C17	1	3	4	4	5	45.80
C18	1/3	1	2	7	2	23.73
C19	1/4	1/2	1	2	1/2	9.87
C20	1/4	1/7	1/2	1	1/4	5.75
C21	1/5	1/2	2	4	1	14.85

注：$\lambda = 5.324$，CI = 0.0811，RI = 1.12，CR = 0.0723 < 0.10。权重值 W 的数值均为乘以 100 后的数值。

（5）层次总排序。利用同一层次中所有层次单排序的结果，计算出针对上一层次而言的本层次所有元素的重要性权重值，并对评价层次总排序计算结果进行一致性检验，当 CR ≤ 0.10 时认为层次总排序的计算结果具有令人满意的一致性，否则就需要对本层次的各判断矩阵进行调整，直到达到要求为止（见表 7 – 10）。

表 7 - 10　层次总排序

层次总排序	B1	B2	B3	B4	B5	权重	排序
	43.79	24.99	14.92	8.15	8.15		
C1	36.21					15.86	1
C2	22.79					9.98	3
C3	13.26					5.80	6
C4	11.86					5.20	7
C5	8.43					3.69	11
C6	7.45					3.26	13
C7		53.90				13.47	2
C8		29.72				7.43	4
C9		16.38				4.09	10
C10			45.27			6.75	5
C11			17.08			2.55	14
C12			27.75			4.14	9
C13			9.90			1.48	18
C14				54.43		4.44	8
C15				24.31		1.98	15
C16				21.26		1.73	17
C17					45.80	3.73	12
C18					23.73	1.93	16
C19					9.87	0.81	20
C20					5.75	0.47	21
C21					14.85	1.21	19

注：CI = 0.0278，RI = 0.961，CR = 0.0289 < 0.10。权重值 W 的数值均为乘以 100 后的数值。

2. 评价结果

从评价因子层的权重值来看：阿拉善沙漠世界地质公园的科学价值、人文景观价值、美学价值最高，权重值分别达到 15.86、13.47、9.98；其次是生物景观、空间容量、原生性和典型性，权重值分别为 7.43、6.75、5.80、5.20；权重值较小的指标包括与相邻旅游地的关系、持续性、资金条件、邮电设施条件、物产物资供应条件，其权重值分别为 1.73、1.48、1.21、0.81、0.47。该景区科学价值最高，主要表现在以下几个方面：该地质公园拥有中国第二、第四大沙漠及乌兰布和沙漠，是研究沙漠成因及防沙治沙的天然基地；研究沙漠内的固定、半固定沙丘及沙波纹显示了沙漠的走向及风向，并从沙漠沉积的钙结层可以科学地推算出沙漠的形成年代及预算出沙漠向周边戈壁、农牧区推进的速度，以便科学有效地治理阿拉善沙漠化现象及逐步改善"沙尘暴"对全国的肆虐，也可探讨在历史进程中存在的相对比较湿润或干旱的时期，科学地估算出环境变化（湿润期、半湿润期、半干旱期、干旱期）的年代；沙漠中相间分布众多的湖泊，随着历史演化，湖泊并没有因此而消失，是科学现在无法解释的，有待进一步研究，而且研究湖泊的沉积层也可以推测出湖泊的发展历史及沙漠变迁的历史，所以沙漠湖泊的存在具有很高的科学价值；景区内还拥有大量珍贵的古生物化石遗迹资源，研究这些历史遗迹可以帮助我们更多地了解现在居住的地球及人类文明史，为我们更好地在地球上生活及与其他生物和谐共存提供历史的借鉴；曼德拉山岩画、巴丹吉林庙、黑城遗址等也具有很高的科学价值，随着科学技术的进一步提高，有待逐步揭开阿拉善沙漠的"神秘面纱"。

　　阿拉善沙漠世界地质公园旅游资源的人文景观价值仅次于其科学价值，主要表现在地质公园分布在内蒙古自治区阿拉善盟的三个旗内，这里文化底蕴浓厚，历史悠久，加之好客的蒙古族人民拥有能歌善舞的天赋，在各式各样的蒙古族乐器的伴奏下，穿着漂亮的蒙古袍、戴着华丽的头饰，蒙古族姑娘和小伙们围着篝火一边吃着丰盛美味的民族食品，一边载歌载舞，形成独具特色的人文景观资源。蒙古族人民也信奉宗教，在景区内分布有巴丹吉林庙、南寺、北寺、延福寺等佛教圣地，是当地居民朝拜的圣地，而且寺庙内珍藏了大量的佛像、佛经、佛教文物、艺术品等，对当地的朝拜者、宗教信奉者及宗教专家来说具有很大的吸引力。曼德拉山岩画、黑城遗址、东风航天城等人文历史景观不仅具有很高的科学价值，同时也具有很高的历史价值，如欣赏精美绝伦的岩画，可以将游客带进神秘而遥远的古代，体会当时人们的生活场景和思想境界，而对黑城遗址的研究，可以让我们了解到当时的人们怎样在恶劣的沙漠环境中建立繁华的城郭，经历了兴与衰使得黑城被尘封起来，并且在沉睡了几百年后的今天，其对生活在当地的人们提出怎样的警示，并警示全国乃至全世界的人们环境保护的重要性，更加重视在改造大自然的同时，要遵循生态规律，避免下一个黑城的出现。

地质公园与相邻旅游地的关系、旅游资源的持续性、资金条件、邮电设施条件、物产物资供应条件的权重值较低，主要是因为阿拉善地区本身的社会经济条件制约，而且沙漠固有的特征限制了当地旅游业的发展。

从项目评价层的权重值来看：阿拉善沙漠世界地质公园的地质遗迹资源的权重值最高，达到 43.79；其次为辅助类景观、地理环境条件，权重值分别为 24.99、14.92；权重值最小的指标是客源条件和社会经济条件，均为 8.15。阿拉善沙漠世界地质公园主要依托的就是地质遗迹资源，故而计算出其权重值最高，是符合实际的。一个景区的发展，还要依托辅助类景观的支撑，如民族文化景观、人文历史景观、动植物景观、水文气候景观等的点缀，只有这些自然、人文景观有机结合在一起，再加上良好的地理环境条件，才能发挥其最大的资源优势，吸引更多的游客进入旅游目的地，进而促进当地经济的发展。社会经济条件对开发景区的旅游资源具有很大的制约性，因而要逐步地改善当地的社会经济条件，可以采用政府支持及引进投资的方式补充资金，还可以引进大量的人才，创造更多的旅游收入，进而可以循环投资于旅游开发中。阿拉善沙漠世界地质公园的个别景区已形成了一定的规模，拥有了一批固定游客，如月亮湖度假村、南寺、北寺、东风航天城等，但就整个景区而言，游客较周边其他旅游景区（如西夏王陵、西部影视城、沙湖、沙坡头等）是较少的，所以在保护地质遗迹资源的同时，一定要加大力度开发地质公园的旅游资源，创造旅游地品牌，大力宣传阿拉善沙漠世界地质公园的形象，提高其知名度，吸引更多的游客，这样才能促进旅游业的快速发展。

（二）综合评价

1. 评价过程

旅游地综合性评估模型为：$E = \sum\limits_{i=1}^{n} Q_i P_i$，式中：$E$ 为综合性评估结果值；Q_i 为第 i 个评价因子的权重（运用层次分析法计算获得）；P_i 为第 i 个评价因子的评价值；n 为评价因子的数目。本书经过计算，确定满分为 100 分，其中：阿拉善沙漠世界地质公园旅游资源中地质遗迹资源因子权重最高，为 43.79 分；其次是辅助类景观的权重，为 24.99 分；位于第三位的是地理环境条件的权重，为 14.92 分；而客源条件和社会经济条件的权重一样，均为 8.15 分。经过询问部分专家及当地旅游局负责人，综合各位专家的意见确定了评价因子的评价值，最后对阿拉善沙漠世界地质公园的旅游资源进行了综合评价，结果见表 7-11。根据旅游区的综合得分，将旅游区分为三级：90 分以上为一级，85~90 分为二级，80~85 分为三级。

表 7-11　阿拉善沙漠世界地质公园旅游资源综合定量评价

条件	评价因子	因子权重 Q_i（总取 100）	因子评价 P_i（满分 10）	评价结果 E	占满分（%）
地质遗迹资源	小计	43.79		39.60	90.45
	科学价值	15.86	9.2	14.59	
	美学价值	9.98	8.9	8.88	
	原生性	5.80	9.3	5.39	
	典型性	5.20	8.8	4.58	
	奇特度	3.69	9.2	3.39	
	丰富性	3.26	8.5	2.77	
辅助类景观	小计	24.99		22.82	91.32
	人文景观	13.47	9.3	12.53	
	生物景观	7.43	8.9	6.61	
	水体景观	4.09	9.0	3.68	

条件	评价因子	因子权重Q_i（总取100）	因子评价P_i（满分10）	评价结果 E	占满分（％）
地理环境条件	小计	14.92		12.93	86.72
	空间容量	6.75	8.9	6.01	
	舒适性	2.55	8.8	2.24	
	安全性	4.14	8.3	3.44	
	持续性	1.48	8.4	1.24	
客源条件	小计	8.15		6.64	81.47
	客源地区位条件	4.44	8.0	3.55	
	区域人口与水平	1.98	8.1	1.60	
	与相邻旅游地的关系	1.73	8.6	1.49	
社会经济条件	小计	8.15		6.67	81.96
	区域发展总体水平	3.73	8.0	2.98	
	交通设施条件	1.93	8.4	1.62	
	邮电设施条件	0.81	8.2	0.66	
	物产物资供应条件	0.47	8.7	0.41	
	资金条件	1.21	8.3	1.00	
合计		100		88.66	88.66

2. 评价结果

从评价因子层的综合评价值来看：阿拉善沙漠世界地质公园的科学价值、人文景观价值最高，综合评价值分别达到 14.59、12.53；其次是美学价值、生物景观、空间容量、原生性和典型性，综合评价值分别为 8.88、6.61、6.01、5.39、4.58；综合评价值较小的指标包括与相邻旅游地的关系、持续性、资金条件、邮电设施条件、物产物资供应条件，其综合评价值分别为 1.49、1.24、1.00、0.66、0.41。阿拉善沙漠世界地质公园作为西北地区乃至中国、世界级的沙漠地质公园，地质遗迹资源比较丰富，在保护地质遗迹资源的基础上，结合其他旅游元素，大力发展地质旅游、观光度假旅游及会议旅游等，助推阿拉善盟旅游业高质量发展。但在阿拉善沙漠世界地质公园的旅游开发中应加强基础设施的建设，以及安全保障措施的建设，并结合宁夏沙坡头、沙湖以及西夏王陵等旅游景区的辐射效应来带动本区旅游业的发展，助推阿拉善盟社会和经济的发展。

从项目评价层的综合评价值来看：阿拉善沙漠世界地质公园的地质遗迹资源的综合评价值最高，达到39.60；其次为辅助类景观、地理环境条件，综合评价值分别为22.82、12.93；综合评价值最小的指标是客源条件和社会经济条件，分别为6.64、6.67。表明景区的旅游业发展将以地质遗迹资源为依托，并结合辅助类景观，尤其阿拉善具有典型的地方特色和人文景观资源，可大力发展当地的旅游业。由于阿拉善盟位于中国的最西部，资源稀缺、交通不便捷，当地的社会经济条件较差，客源市场不广泛，只能吸引周边省区的部分游客，以及偏远省区及国内外的地质专家及地质旅游爱好者到此科考旅游或会议旅游或探险旅游，近年来的赛车爱好者也成为其主要构成群体。在今后的开发中应加强地方财政收入的投资，加强交通设施的建设，在此基础上做好宣传工作，突出地质公园的观赏价值、科考价值、生态服务功能以及旅游地的保护价值。

从综合评价层的评价值来看：阿拉善沙漠世界地质公园的综合评价值为88.66，属二级旅游区，其中地质遗迹资源与辅助类景观的综合评分达到一级，地理环境条件的综合评分为二级，客源条件和社会经济条件的综合评分为三级，说明景区的资源条件较好，主要体现在地质遗迹资源、民族历史和宗教文化资源。在今后的深度开发中应以国家及地方关于地质遗迹保护及地质公园建设的财政投入为后盾，积极争取社会资本及个人投资参与地质公园建设，积极构建游客参与性强的旅游项目，加强旅游景点的宣传力度，提高其竞争力。政府部门、旅游部门及规划部门进行沙漠地质公园开发建设时，首先应考虑景区生态环境的脆弱性，以及保护人类历史遗产的重要性，划定适宜开发区、缓冲区及禁止开发区，合理布局，在保护地质遗迹资源的基础上，发展地质旅游，实现景区的生态、经济、社会效益的统一。

第二节 阿拉善沙漠世界地质公园旅游客源市场分析

一 开发条件分析

（一）有利条件

1. 地域广阔、沙漠面积大

阿拉善盟总面积27万平方千米，阿拉善沙漠世界地质公园总面积共为630.37平方千米，占全盟面积的0.23%，分布在阿拉善盟三个旗（阿拉善左旗、阿拉善右旗、额济纳旗）境内，地域面积广阔，沙漠旅游资源丰富，开发地质公园具有很高的价值，而且对保护当地资源与生态环境具有长远的意义。

2. 开发潜力很大

一是地质遗迹具有很高的科学研究价值和保护价值。阿拉善沙漠世界地质公园保留着地质历史时期沙漠的成因及演进、沙丘及沙波纹的走向、沙漠湖泊的形成及演化。从沙漠的沉积厚度可以了解全球气候变化的年代，从沙波纹走向可以知道不同季节风向的变化，从湖泊的沉积层可以看出湖泊的演化历程。特殊的地理环境形成了高大的沙丘、神奇的响沙山、众多的沙漠湖泊、梦幻般的峡谷群等，构成了地质公园雄浑古朴的自然风光和地质历史遗迹，具有极高的科学研究和保护价值。

二是地质遗迹资源的稀有性。阿拉善沙漠世界地质公园是世界级沙漠地质公园，这里拥有世界最高的沙山、最大的鸣沙区、500多个沙漠湖泊、天然形成的神根、神水洞、骆驼瀑、美丽的戈壁奇石、梦幻峡谷群，还有中国第一座机械化天然盐湖生产基地等。这些地质遗迹资源是中国乃至世界仅有的，是极其珍贵的地质遗迹资源。

三是历史文化价值的可观性。曼德拉山岩画、巴丹吉林庙、南寺、北寺等景点，历史悠久，建筑格局各领风骚，而且收藏极丰，对研究藏传佛教的发生、发展、演变，探讨蒙古族发展历程等具有重要意义。

四是旅游客源市场初具规模。阿拉善沙漠世界地质公园内部分旅游景区已具有相当好的发展规模，如月亮湖度假村、东风航天城、南寺、北寺、"英雄会"、奇石街等，旅游客源市场已初具规模。近年来随着相邻旅游景点如沙坡头、沙湖、西部影视城、西夏王陵、贺兰山岩画等旅游资源的开发，阿拉善盟那达慕大会的举办、腾格里沙漠摩托越野赛及全国自行车大赛的举行，以及当地交通条件和基础设施条件的改善，阿拉善沙漠世界地质公园已成为境内外游客及地学工作者关注的重点区域。

3. 区位优势明显

阿拉善沙漠世界地质公园处于甘、宁及蒙古国的交界处，距银川、乌海、酒泉、兰州、西安等地较近，交通便利。阿拉善盟内部及各个园区之间公路畅通，包括多级标准道路，而近两年在国家及当地政府的政策支持下，交通条件得到较大的改善，景区间基本上都为柏油路。阿拉善左旗机场（预计2020年旅客吞吐量25万人次）、阿拉善右旗巴丹吉林机场（预计2020年旅客吞吐量4.5万人次）、额济纳旗机场（预计2020年旅客吞吐量8万人次）可满足境内外游客便捷的交通需求。阿拉善盟旅游部门及规划部门应利用其区位优势大力发展地质旅游，提升阿拉善沙漠世界地质公园的整体旅游形象。

（二）不利因素

阿拉善沙漠世界地质公园虽然拥有丰富的地质遗迹资源和人文旅游资源，但是与全国知名的地质公园的旅游观赏价值比较，其价值不突出，而地质公园覆盖的面积广，景区之间的距离较远，重点旅游景区之间又缺乏一些旅游景点，使得游客在旅途中缺乏兴趣，导致游客人数较少，呈现旅游收入较低的局面。

阿拉善沙漠世界地质公园三个园区都处于内陆地区、偏远地区、生态脆弱区，当地经济发展缓慢，人民的生产方式和生活方式还比较落后，观念也比较落后，给当地旅游产业的发展带来了较大的不利因素。阿拉善沙漠世界地质公园于 2005 年审批建立，成立时间短，宣传方式及宣传力度不足；当地居民对地质遗迹资源的保护及环境保护意识不强；缺乏优秀的导游及管理人才；缺乏相应的管理制度。这些都是阿拉善沙漠世界地质公园旅游深度开发的不利因素。

二　客源市场现状分析

阿拉善沙漠世界地质公园位于中国的西部，其特殊的地理位置和社会经济条件，使得当地的旅游业发展缓慢，尤其入境旅游收入一直处于低水平状态（2010 年，入境旅游收入 1.01 亿元，占旅游总收入的 9.2%；2018 年，入境旅游收入 4.8 亿元，占旅游总收入的 2.8%）。随着阿拉善盟经济的发展，以及阿拉善沙漠世界地质公园的建立、不同时段旅游精品工程项目的建成完工，加之越来越多的游客更喜欢游览、探究神秘之境，阿拉善沙漠地质旅游在中国西部旅游大系统中不可替代的独特地位凸显，在旅游深度开发中，预计阿拉善沙漠世界地质公园的国际客源市场将有一个跨越式发展。

近年来，随着我国工业化与城镇化步伐的加快，人民的生活水平不断提高，民众对美好生活的需求也不断提高，注重追求高质量的生活品质，旅游成为人民日常生活中重要的一项内容。改革开放 40 多年来，我国的旅游业发展迅速，众多游客不仅注重观光旅游，而且更喜欢到生态环境优美、科普价值较高的旅游目的地出游，故而阿拉善沙漠世界地质公园的建立吸引了大批旅游者到阿拉善旅游，使阿拉善沙漠世界地质公园旅游景区的国内游客数量得到快速发展，主要包括阿拉善盟内（尤其一日游）及其周边省市（青、陕、甘、宁等）的游客。

根据阿拉善盟旅游发展委员会、国土资源局及沙漠地质公园管理局等部门提供的数据资料，结合实地考察及统计，从游客的地域构成、性别构成、年龄构成、职业构成、文化构成、旅游目的六个方面，分析阿拉善沙漠世界地质公园旅游客源市场现状，结果如下。

（一）游客的地域构成

阿拉善沙漠世界地质公园由于其特殊的地理位置及沙漠地质遗迹较高的科学价值，吸引了国内外众多沙漠地质专家、沙漠地质遗迹爱好者及沙漠探险旅游者等到公园内各个景区考察研究、探险。由于20世纪90年代及近年来较大的几次沙尘暴对我国以及日本等周边国家的肆虐，沙尘源地的生态治理问题受到全世界的关注。阿拉善盟境内沙漠是沙尘暴的主要源地之一，因此部分国家的一些专家、学者及公益团体到阿拉善盟境内进行科学考察，并给予生态保护的建议和资金的支持，以便造福生活在阿拉善盟的人民以及世界各地人民，为国内外生态环境的改善做出贡献。阿拉善盟境内沙漠拥有世界上最高的沙山和最大的鸣沙区，拥有大量的沙漠湖泊和神泉，拥有悠久的历史文化遗产，这都吸引了大量观光游客及一些宗教朝拜者和探险爱好者到此地游览。阿拉善沙漠世界地质公园接待的境外游客以日本、韩国、蒙古国和澳大利亚游客居多，不同的游客旅游目的亦不同。日本政府、公益机构及个人对生态环境保护的重视度都较高，投入环境保护与修复中的资金亦较多，而日本生态环境受到中国沙尘暴的影响深远，所以日本的生态环境保护社团及个人对沙尘暴的源地之———阿拉善盟多次进行考察，并提供资金的帮助，以期改善阿拉善的生态环境，进而改善日本的生态环境。阿拉善盟政府所在地（巴彦浩特镇）有一个特殊的组织——澳援办，是澳大利亚政府帮助中国政府缓解和改善阿拉善环境问题的重要外援组织，每年投入大量资金在当地进行植树及实施其他改善生态环境的措施，而每年一些来自澳大利亚的专家到此考察，成为阿拉善沙漠世界地质公园中特殊的一部分游客。蒙古国的游客选择与蒙古接壤、距离近的景区作为旅游目的地，一般是组团进行沙漠探险游，或考察巴丹吉林庙、南寺、北寺等宗教场所，体验中国蒙古族的现实生活及风俗习惯。韩国、美国、英国、法国、德国等国家的游客大多是专家学者或喜欢探险的游客，近年来还有部分游客是参加"英雄会"赛车的选手及陪同人员。

国内游客的构成主要受到旅游资源的吸引力和距离的影响，使得国内游客主要包括阿拉善盟境内的游客以及周边省（区、市）的游客，如以青海、陕西、甘肃及宁夏等省（区、市）的游客为主。每年赴阿拉善盟参加会议及考察的专家学者也是一部分特殊的游客。

（二）游客的性别构成

性别结构影响旅游需求及对旅游目的地的喜好，阿拉善沙漠世界地质公园拥有大量的地质遗迹和美丽富饶的自然景观，同时还拥有大量的历史文化遗产和民族文化遗产，对男性游客和女性游客都有较大的吸引力，可是由于沙漠地区交通工具、旅游时间、部分旅游项目等条件的影响，到地质公园旅游的游客的性别构成产生差距。根据实地调查："英雄会"期间，赴阿拉善沙漠世界地质公园旅游的游客中男性占大多数，而女性的比例略低于男性占比；赴巴丹吉林沙漠探险游的游客，男性占绝大多数；赴通湖草原参加沙漠冲浪旅游的游客，男性占绝大多数，而且以家庭组团旅游居多；赴巴丹吉林庙等宗教圣地旅游的游客男性占比高。

（三）游客的年龄构成

研究表明：人的个性随着年龄和生活经历的不断发展而变化，少年儿童天真活泼对新鲜事物充满热情，特别对游乐设施倍感兴趣；青年人精力充沛，活泼好动，新鲜感较强，具有一定的经济基础，喜欢探险，对旅游地的需求较高；老年人沉着老练，活动量较小，喜欢清净、风景优美、历史文化气息浓厚之地。根据各年龄段游客的不同喜好，阿拉善沙漠世界地质公园设置了一些符合不同游客要求的旅游项目和旅游设施；但到地质公园旅游的游客仍然是中青年人居大多数。

（四）游客的职业构成

根据调查，到阿拉善沙漠世界地质公园旅游的游客的职业种类较多，包括研究沙漠地质遗迹的专家、学者，沙漠探险爱好者，摄影爱好者，还有工人、农民及牧民、公务人员、军人、教师和学生、退休人员及自由职业者等。其中："英雄会"期间，当地的农民及牧民、国内外沙漠越野赛选手及陪同人员、沙漠探险爱好者及摄影者占绝大多数；赴巴丹吉林沙漠、腾格里沙漠、乌兰布和沙漠等地进行考察或探险的游客，以专家、学者、沙漠探险爱好者为主；赴阿拉善沙漠世界地质公园参加会议及考察的游客，以公务人员、专家、学者为主；赴巴丹吉林庙等宗教圣地旅游的游客以蒙古族当地居民为主，还有少部分蒙古国游客及专家学者；沙漠一日游或两日游的游客，主要选择距离城市或城镇较近的腾格里沙漠旅游（因为腾格里沙漠东南边缘地区距巴润别立镇步行不到 1 小时，距巴彦浩特镇车程约 1.5 小时，距银川市车程约 1.5 小时，通达性好、环境优美、安全度高），适合开展短期的沙漠科普教育或沙漠体验游，以学校的师生、学者、专家、当地居民为主。

（五）游客的文化构成

不同的学历反映旅游者所受的教育水平不同，研究生、大学、中等学校和小学等不同层次受教育水平在影响人的个性方面有极大的差异。调查结果显示，到阿拉善沙漠世界地质公园旅游的游客大多以大学及以上学历游客为主，其次为中等学校学历的游客，小学学历及以下的游客占比较低。表明：高学历的人对外部世界的了解较多，具有自己的观点，他们对旅游地的要求较高、目的性较强，希望旅游地不仅景色优美，还要有深厚的历史文化价值及科普价值，深层次的学习及研究价值；中等学历的人产生旅游的愿望更多地受大众媒体的影响，不会主动地提出要到一个陌生的地区探险、旅游；小学及以下学历的游客更多的是习惯性到目的地旅游，比如每年蒙古族人到巴丹吉林庙（或南寺或神泉等地）烧香拜佛已形成一定的习俗，汉族及其他民族的游客也习惯在这一期间到某一旅游目的地旅游。

（六）游客的旅游目的

实地调查研究表明：国内外游客到阿拉善沙漠世界地质公园旅游的

目的日新月异，包括观光度假、探险赛车、探亲访友、科研考察、进修学习、公务、商务会议、那达慕大会、宗教朝拜、结婚、购物、娱乐、疗养治病等。其中：观光度假、探险赛车及开展科研考察的游客占大多数；探亲访友、进修学习、参加会议及考察的游客也占相当一部分比重；召开那达慕大会期间到地质公园旅游的游客主要以当地居民及周边省区市的市民为主，还有表演节目的全国各地演员，他们的旅游目的主要是娱乐；宗教朝拜的游客占比较低，主要集中于蒙古族节日期间。

第三节　阿拉善沙漠世界地质公园旅游资源深度开发构想

一　开发目标

阿拉善沙漠世界地质公园已被批准成为世界级沙漠地质公园。要进一步保护和开发该地质公园内众多的地质遗迹、地质景观，实现地质遗迹资源与人文景观资源有效保护和区域旅游业的协调发展，将阿拉善沙漠世界地质公园开发为集地质遗迹保护、科学研究、探险、旅游、科普教育为一体的综合性公园。

二　旅游形象定位

旅游地形象是游客对旅游地总体的概括、抽象的认识和评价，是对旅游地的历史印象、现实感知与未来信念的一种理性综合，旅游地形象包括理念形象、行为形象和视觉形象。阿拉善沙漠世界地质公园包括三个园区，三个园区又各有特色。本书结合三个园区的优劣势互补原则，从旅游资源的特性品质、游客的认知及旅游地竞争进行旅游地形象的定位。

（一）理念形象设计

阿拉善沙漠世界地质公园旅游景区位于偏远的内陆腹地，不论从经济上，还是交通上，都存在很多的限制因素，而景区内的旅游资源较全国著名的旅游景区来说从游览价值，到环境条件，再到旅游交通的通达性、游客的安全性，以及旅游地的宣传、旅游形象等方面都远远落后，要使景区吸引大量的游客，就必须在与其他旅游地的竞争中突出自身的特色，形成独具特色的旅游地形象。

巴丹吉林园区是以沙漠、峡谷、风蚀地貌及历史悠久的岩画等景观为主体特色的科学探险、科普旅游及自然生态观光区。园区的最大资源优势是巴丹吉林沙漠，而巴丹吉林沙漠又以"山高、沙鸣、湖多、泉奇"四大特点著称，这将为它成为国家乃至世界级品牌旅游目的地创造条件，加之沙漠的形成、腹地湖泊及泉水的形成、水体来源等都成为学术界研究的热点问题，而学术界并未形成统一的定论，因此巴丹吉林沙漠众多研究内容现如今都成为未解之谜。本书将其旅游形象定位为"解中国沙漠之谜的故宫"。

腾格里园区是以沙漠、盐湖、峡谷及宗教文化等景观资源为主要特色的科考探险和休闲度假区。园区内腾格里沙漠已经具有一定的开发规模，月亮湖旅游度假村定位为高标准、高品位、高起点的沙漠探险娱乐区，那达慕大会和"英雄会"的召开，再结合吉兰泰盐湖工业游、敖伦布拉格峡谷群科普游和宗教历史文化观光游，充分利用其良好的区位优势和交通条件，打造出腾格里园区独具特色的旅游资源品牌。本书将其旅游形象定位为"乘月亮之船体验康体健身的沙漠之旅"。

居延海园区是以胡杨林、居延海、古城遗址、古生物化石及航天城等为主要景观资源的生态观光旅游区。居延海、航天城，以及悠久历史文化和民族文化遗产，增强了其自然景观内涵，提升了园区的旅游品位。本书将其旅游形象定位为"翱翔太空解读沙漠之谜"。

充分挖掘和利用阿拉善沙漠世界地质公园独特的旅游资源优势，发挥旅游资源丰富独特、品位高、潜在优势深厚、点多面广的特点，树立"苍天圣地阿拉善"的旅游总体形象。以阿拉善深厚、独特的文化底蕴为依托，充分发挥文化释放力对旅游业的推动作用，把阿拉善沙漠世界地质公园逐步建设成为中国西部著名的特色旅游目的地、国家级沙漠探险基地、具有世界辐射力的特色生态旅游区、文化旅游区和航天旅游中心。

（二）行为形象设计

行为形象设计主要包括对内的管理者的行为规范、当地居民的行为规范和对外的旅游公关行为规范。阿拉善沙漠世界地质公园三个景区的管理者要加强景区间、旅游各部门间及服务业之间的交流与合作，在保护环境及珍贵的地质遗迹资源的同时，合理开发公园内的旅游资源。通过各种媒体大力宣传阿拉善沙漠世界地质公园的旅游形象，树立服务型的政府形象。

阿拉善沙漠世界地质公园拥有悠久的历史文化遗产及民族文化特色，应充分发挥蒙古族人民的好客、热情的性格特点，强化当地居民对区域形象建设的参与意识。近年来，随着"英雄会"的召开，在腾格里沙漠腹地——通古淖尔地区建立了一批具有民族特色的民居，游客既可以体验蒙古包式的住宿，也可体验现代化的家庭旅馆，既可以享受蒙古族的特色美食，也可享受全国各地的特色美食，既可以享受沙漠寂静的夜晚，也可参与载歌载舞的篝火晚会。当地居民和游客充分参与阿拉善沙漠世界地质公园的行为形象设计，并通过个人的行为不断宣传沙漠旅游的形象，吸引更多的游客选择阿拉善沙漠世界地质公园作为旅游目的地。

旅行社接待游客的良好态度以及导游人员良好的服务意识和言行举止对树立一个地区的整体形象具有很大作用。阿拉善沙漠世界地质公园建立时间短，缺乏一些有效的人员管理条例及优秀的导游服务人员，在进一步发展中应建立有效的导游服务管理体制，引进大量人才，尤其是优秀的导游，确定完美的解说词，把科学和神话故事有机地结合起来，使公园内的旅游服务质量进一步提高。

（三）视觉形象设计

旅游产品一经传播将在人们头脑中形成综合的视觉意象，即旅游视觉形象，最具比较意义的是旅游资源。阿拉善沙漠世界地质公园的旅游资源具有很强的原生性、典型性和奇特性等，为了凸显旅游区的形象，阿拉善盟政府部门及旅游管理者，加大了媒体对旅游形象的宣传和推广，通过形象化、视觉化的形式，把公园内的主要景点以电视媒体、画册及广告的形式向外界宣传，增加了公园的知名度。景区内设有明显的标语、口号、图案、景观标识及标志性雕塑、建筑物等，通过这些浅显易懂的形式将公园的形象特色表现出来，使游客及潜在游客形成强烈的视觉冲击，对旅游地产生高度认知。

三　功能分区

（一）古生物化石保护区

公园内包括了两个古生物化石地质遗迹保护区，分别是阿拉善左旗乌力吉苏木恐龙化石地质遗迹保护区和额济纳旗马鬃山古生物化石自治区级保护区。该区以保护古生物化石地质遗迹为主要目的，在不破坏化石资源和自然环境的条件下，保护区可开展由地质公园管理机构和上级主管部门批准的科学试验、教学实习、标本采集及有限的旅游活动，配置必要的科学研究和防护性设施。该区应限制游客进入，严禁搞任何建筑设施和机动车辆的进入。

（二）游览区

1. 科普游览区

科普游览区是在保护资源的前提下开展各种科普游览活动的功能区。在科普游览区内，通过地质公园管理机构和上级主管部门的统一部署，可以进行适当的资源开发利用行为，适当安排各种科普科教游览项目，分级限制机动车交通及旅游设施的配置以及当地居民活动。

阿拉善沙漠世界地质公园3个园区共设立9个科普游览区，分别为：

巴丹吉林园区的鸣沙山科普游览区,红墩子大峡谷科普游览区,海森楚鲁风蚀地貌科普游览区;腾格里园区的腾格里沙漠科普游览区,乌兰布和沙漠科普游览区,神根、神水洞科普游览区,敖伦布拉格大峡谷科普游览区;居延海园区的居延海科普游览区,东风航天城科普游览区等。游览区内主要开展地质基础知识科普旅游、地质遗迹观光科教旅游等项目,游客在观赏美丽的自然风景的同时,还可以收获丰富的科学知识。

2. 探险旅游区

探险旅游区是以科学探险、科研调查为主要游览活动的功能区。在探险游览区,必须严格遵守地质公园管理部门的游客安全保护条例,在安全第一的前提下进行观光游览、探险及考察活动。

地质公园内设立 3 个沙漠探险旅游区,分别是巴丹吉林沙漠腹地探险旅游区、腾格里沙漠探险旅游区、乌兰布和沙漠探险旅游区。该功能区分别位于阿拉善三大沙漠中,以骆驼、吉普车、越野车、自行车以及徒步为主要的交通工具,神秘广袤的沙漠为广大的科考者和探险爱好者提供了一个天然的活动场所。

3. 生态观光游览区

生态观光游览区是公园内具有良好生态环境或治理环境取得很好成效的区域。该区域内主要开展自然生态旅游,禁止一切对生态环境造成破坏的游览项目。

公园内设立 4 个生态观光游览区,分别为胡杨林生态观光游览区、贺兰山森林生态观光游览区、天鹅湖生态观光游览区、通湖草原游览区。胡杨林生态观光游览区位于额济纳旗境内,该游览区交通条件便捷,风光优美迷人,是进行生态观光旅游绝佳场所和进行生态环境治理研究的典型地区;贺兰山森林生态观光游览区位于阿拉善左旗境内,属内蒙古贺兰山国家森林公园的范围,此游览区的森林资源是内蒙古贺兰山国家森林公园生物资源的主体,具有较强的生态功能及景观效果;天鹅湖生态观光游览区位于阿拉善左旗通古淖尔苏木西南 12 千米处,湖水面积约 3.2 平方千米，四周是雄宏浩瀚的腾格里沙漠，沙丘、湖水、白天鹅、野鸭等百余种鸟类及沙枣林相映成趣，湖光沙色令人心旷神怡，而且每年春秋季各种候鸟在此停留，为这里增添生机；通湖草原游览区位于腾格里沙漠腹地，是沙坡头旅游区的重要组成部分，汇集了沙漠、盐湖、湿地草原、沙泉、绿洲、牧村、岩画等多种自然人文景观，是周边蒙古族、回族、汉族的沙漠游牧生息地，被中外游客喻为沙漠中的"伊甸园"。

4. 历史文化游览区

历史文化游览区是以宗教寺庙、古城遗址、历史岩画及民族文化等为主要游览内容的功能区。

该区域拥有悠久的历史文化底蕴，能让游客在游览观光的同时领略古老文化的无穷魅力。公园内共设立 6 个历史文化游览区，分别为曼德拉岩画历史文化游览区、南寺历史文化游览区、北寺历史文化游览区、延福寺历史文化游览区、巴丹吉林庙历史文化游览区、黑城遗址历史文化游览区。曼德拉岩画历史文化游览区位于阿拉善右旗的曼德拉山中，该游览区内存有 6000 多幅数千年前的古代岩画，其年限可上溯到原始社会晚期和元、明、清各代，同时这里还保存有古人类遗存，拥有历史文化价值、科考价值和观赏价值；南寺、北寺、延福寺历史文化游览区都位于阿拉善左旗境内，寺内珍藏了大量的佛像、佛经和佛教文物，是蒙古族人民朝拜的圣地；巴丹吉林庙、黑城遗址历史文化游览区位于额济纳旗境内，庙宇的选址以及黑城的兴盛、没落成为今天科学考察的一个未解之谜，吸引大量游客到此观光游览、科学考察，试图揭开尘封已久的历史谜团。

5. 休闲度假区

休闲度假区是拥有较好旅游服务设施、交通基础条件，可供游客进行休闲娱乐的功能区。

公园内设立有月亮湖旅游度假区，它位于阿拉善左旗的腾格里沙漠境内。该度假区结合沙漠景观资源，针对高消费的客户群，建设了高品位的基础服务设施，开发了许多沙漠特色娱乐项目，如滑沙、沙海冲浪、滑翔机、沙湖游泳等，还开发了沙浴、沙辽等康体娱乐项目，使这里成为全国知名的沙漠旅游休闲度假村。

（三）发展控制区

发展控制区是用于旅游服务接待及当地居民日常生活的功能区，包括接待服务区、行政管理区、居民生活区等，是地质公园内宾馆、饭店、购物、娱乐、医疗以及居民居住、耕地、牲畜放牧相对较集中的地区。

四 旅游产品设计

根据阿拉善沙漠世界地质公园的资源状况，可开发以下几类旅游产品。

（一）基础旅游产品

中国的东方航天城是阿拉善沙漠世界地质公园中重要的人文景观，吸引全世界各地的游客到此游览观光、科学考察，使世界上更多的人了解中国航天科技的发展，使更多的人了解到在阿拉善沙漠戈壁上开展的各项科研工作为中国的科技发展做出的重大贡献。推动东风航天城旅游的深度开发，不仅可以宣传老一辈科技工作者无私奉献的精神，使其成为当代科研工作者的榜样，而且可以促进当地旅游业的发展，进而带动阿拉善盟经济社会的快速发展。此外，策克口岸是我国与蒙古国交流的窗口，可以促进两国经济、社会、文化的交流和发展，也吸引两国乃至世界各地的游客到此一览其边境风采，还有曼德拉山岩画、巴丹吉林庙、南寺、北寺、延福寺等人文景观，具有悠久的历史和科学价值，吸引大量的游客来此观光、朝拜、科考旅游。

观光游览旅游产品。阿拉善沙漠世界地质公园拥有资源独特、类型丰富的旅游产品，连绵起伏的沙丘、神奇涌现的湖泊及泉水、偶尔可见的珍贵动植物、历史悠久的地质遗迹、丰富的馆藏资料等体现了地质公园"沙、水、物、人"浑然天成的景观，能够带给游客强烈的感官刺激和心灵冲击。美丽的月亮湖度假村，是腾格里沙漠腹地纯天然湖泊，也是一个完全处于原生态的沙漠绿洲；天鹅湖生态观光游览区，不仅是候鸟的栖息地，也是通达性较好的沙漠湖泊游览景区；浓郁的宗教文化圣地南寺、北寺位于贺兰山上，这里依山傍水，拥有茂密的森林资源，夏天时从山脚看去一半深蓝一半天蓝，宛如和天际连成一线。

沙漠娱乐产品。景区内开展了参与性较强、形式多样的沙漠娱乐活动，如卡丁车冲浪、滑沙、沙漠排球比赛、沙漠足球友谊赛、钓鱼等；还增加了团队拓展训练、沙漠探险观赏、科普夏令营、户外帐篷露营体验、自然风光观赏游等娱乐活动；篝火晚会成为当地居民接待国内外游客参与众多旅游项目中很重要的一项娱乐活动。

地质奇观旅游产品。沙漠海市蜃楼奇观、敖伦布拉格峡谷群、骆驼瀑、神根、神水洞、奇石等地质奇观，不仅可以满足游客求新求奇的出游目的，同时也是进行科普教育的天然基地。大漠奇石展示了大自然的鬼斧神工，在地质公园三个园区都设有奇石馆，游客可以任意选购有纪念价值的旅游产品，既可以作为纪念品，也可以作为探亲访友的礼品。其中，在腾格里园区建成的大漠奇石文化博物馆（2015 年建成），是内蒙古地区唯一一家以奇石为主题的综合性博物馆，博物馆内设阿拉善展厅（以葡萄玛瑙为主）、沙漠漆展厅（沙漠漆为地下水蒸发后在砾石及原生岩石的节理裂隙表面或底面残留一层红棕色氧化铁和黑色氧化锰薄膜，形成观赏价值高的图案石）、综合展厅（展览国内外的观赏石精品）、宝玉石展厅（展览由阿拉善玉制成的精品首饰及雕刻品）、小精品厅、金尊漠宝展厅等，展示了阿拉善观赏石独特的色、质、形、纹、韵，具有较高的观赏价值和科普价值。

风味小吃。蒙古族风味的肉、酒、茶、奶、特色食品，以及沙漠中生长的沙葱、沙芥、沙米等天然食材，都是地质公园内特有的绿色食品，游客可以一边欣赏美丽的大自然风光，一边体验热情豪放的蒙古民

239

族的饮食文化。阿拉善境内还生长有药用价值高的锁阳、肉苁蓉和发菜等野生植物，都是游客喜好的保健食材和高档礼品。

"农牧户＋旅游"产品。依托独特的旅游资源类型和丰富的旅游产品，在交通条件较好的地区，增加旅游新元素，拓宽农牧民兼业空间。通过新成界展示、宣传与体验形式，提高沙漠"农家乐""牧家游"生态旅游营地接待能力，带动农牧民就业与转产；通过培训和项目引领，使农牧民尽快适应新的从业岗位，带动农牧民脱贫致富；通过技术成果转化，将成熟的旅游产品与农牧民的草根产品相结合，拓展旅游产品，完善沙漠旅游经营体系。

（二）重点旅游产品

1. 休闲娱乐旅游产品

景区的产品开发中，应新建一批游客参与性强的休闲娱乐产品，如骑骆驼、骑马、跳伞、打靶、射箭、沙浴、划船、游泳等沙漠旅游项目，可以开发低空旅游项目，从高空领略大漠的壮阔美景。对于大多数城镇地区的居民而言，沙漠就是一望无际的黄沙之地，同时也是神秘之境，通过参与体验型旅游产品既能拉近游客和沙漠的亲近感，还能培养部分游客再次观光旅游。游客能够参与体验丰富多彩的沙漠娱乐项目使沙漠景区成为"心灵的绿洲、欢乐的海洋"。

2. 科普教育旅游产品

沙漠在带给人们快乐和新奇的同时，也是自然生态环境十分脆弱的地区，沙漠生态环境的变化直接反映整个地区自然环境的变化。因此，游客应该在观赏大漠及绿洲的奇妙风景的同时，注重树立保护地质遗迹、文化遗产及自然生态的意识，善待自然、保护环境。当地居民及游客要将保护生态环境做到实处，使身边的人感同身受，并成为教育子女、学生、旁人的"活教材"。沙漠的形成机制、湖泊及泉水的形成机理、沙漠奇石的形成演化过程、地质遗迹的形成演化历史等都具有较高的科学研究价值，因此，阿拉善沙漠世界地质公园成为名副其实的沙漠科普教育基地。在沙漠地质公园三个园区内开辟沙漠生态绿化区，把植树种草列为沙漠参与性项目，可以在绿化区栽种纪念树，培植生态林，让游客为生态建设出一份力，林草植被的后期维护由政府部门及相关部门负领导责任、由景区服务人员或当地居民负主体责任。在沙漠边缘地带积极推进"草方格＋"治沙模式、乔灌草结合治沙模式、光伏发电及温室大棚种植、生态林建设及林下经济等防沙治沙用沙工程，让游客参与防沙治沙项目，不仅可以有效防治风沙侵蚀，而且可以将科学知识和技能应用于实际中，使游客具有较高的认知和体验。

依托高新技术支撑沙漠地区工业、农业及生态建设工程，开展沙产业观光体验游和医疗保健游，打造全方位体验和参与型的沙漠博物馆与沙疗保健中心，展示高端沙产业产品和保健品，培育融合高新技术的科普教育基地。如，针对沙漠地区水资源缺乏、供电供水不易、交通通达性差，引进风力发电或光伏发电，以及纳米孔材料淡化苦咸水技术、生态化旱厕技术等环保节能技术，建立沙漠地区低碳绿色旅游的新模式，打造纯天然生态旅游基地。

依托沙漠地质公园已有的天然和人工建造的科普教育基地，利用人工智能、数字虚拟技术、幻影成像技术、声控技术、3D、4D、5D 等技术，开展沙漠及湖泊成因影像科普教育，开发沙尘暴体验、鸣沙体验、羊皮筏子体验、沙浴盐浴疗养等旅游产品。讲好"沙漠故事""民族故事"，拍摄影片或组织游客参与场景体验游，增加沙漠旅游产品类型，提升沙漠旅游品牌和知名度。

3. 宗教和民族风情旅游产品

藏传佛教圣地南寺、北寺、巴丹吉林庙等旅游景点，不仅历史悠久、收藏极丰，而且建筑宏伟、壮观奇特，为学者及游客探秘藏传佛教发展历程提供了良好的场所。当地蒙古族居民及部分其他民族居民每年都会至宗教圣地虔诚拜佛，祈求风调雨顺、生活富裕、身体康健。

蒙古族人民热情豪放，在重大节庆活动中，喜欢弹奏马头琴，喜欢载歌载舞招待尊贵的客人，并且新一代的青少年对民族乐器的学习热情高涨，马头琴学习班及培训班遍布很多城镇，蒙古族歌舞也享誉国内外。在那达慕大会等重要节日或活动中，蒙古族人民会着华丽的蒙古族服饰、唱着悠扬的"敬酒歌"敬献哈达和美酒，准备烤全羊、羊背子、手抓羊肉、马奶酒及油奶茶等民族特色食品过节或招待游客；在沙漠腹地相对低洼平坦的沙丘上举行篝火晚会，与游客一同载歌载舞。这些都为游客提供了体验民族风情的大好机会。

4. 观光与摄影采风旅游产品

阿拉善沙漠世界地质公园拥有保护完好的沙漠景色以及壮观的风蚀地貌、戈壁和美丽的沙漠湖泊，还有独特的蒙古族风情和宗教文化，为游客及摄影爱好者提供了良好的旅游地和创作环境。

政府部门、旅游部门及宣传部门要做好地质公园的旅游形象宣传。通过电视、网络平台、画册、展板、报纸等宣传阿拉善沙漠世界地质公园旅游景点及景区的旅游形象，这将会吸引一大批游客及摄影爱好者到此地领略浩瀚的沙漠风光及人造建筑等景观。

（三）品牌产品

1. 沙漠地质博物馆

充分挖掘阿拉善地质遗迹资源价值，建立地质博物馆，满足游客的静态观赏需求。博物馆利用图片、文字、模型、实物、影视等形式，介绍公园主要地质遗迹形成演化历程；在展板上介绍主要地质遗迹资源形成的科学背景和成因；简介公园的地学发现史、科学研究史及研究成果；提出公园的保护、建设、发展规划；陈列公园内拥有的生态资源、人文景观及民族风情等产品，并陈列了各种从现场采集来的标本，构建一个综合性、浓缩型的学习场所。

2. 地质科考探险旅游产品

2000年6月18日，在阿拉善盟腾格里沙漠举行了首届中国银川国际摩托旅游节，在此基础上，阿拉善沙漠世界地质公园内继续在巴丹吉林沙漠、乌兰布和沙漠举行摩托车探险活动，以及骑骆驼、骑马甚至徒步旅行穿越大沙漠的旅游项目，并在近年来举行了"英雄会"沙漠越野车比赛等探险活动及赛事，这些都是公园内的探险旅游产品。腾格里沙漠的月亮湖旅游区为游客提供沙漠战车沙海冲浪和穿越沙漠的探险活动等。在沙漠腹地进行的科考探险旅游一直以来都是科考工作者、户外运动者和自助游客的"宠儿"。随着基础服务设施的提高和旅游信息服务的完善，可以预见沙漠科考探险旅游有着巨大的发展潜力。

3. 康疗度假旅游产品

以沙浴、盐浴为代表的康体旅游产品开发，不仅要考虑康体实效，而且要考虑游客的满意度及舒适度。阿拉善沙漠地质公园是"天浴"的理想境地，具有观赏和康疗保健的功用，沙粒本身所具有的"热疗"作用成为沙漠旅游新的"卖点"，盐浴也成为沙漠旅游的一项"卖点"。让游客充分感受沙漠特有的医疗保健功效，增强游客对沙漠的感知和认知，并逐步形成保护地质遗迹和沙漠生境的意识。月亮湖的湖水中含有钾盐、锰盐、少量芒硝、天然苏打、天然碱、氧化铁及其他微量元素，与国际保健机构所推荐药浴配方极其相似，是天然的药浴场所。而且月亮湖周围长达一千米、宽近百米的沙滩表层下面是厚达十多米的纯黑沙泥，是天然的泥疗宝物。游客可以一边观赏神奇的沙漠风光，一边享受康体疗养的乐趣。

4. 蒙古族特色饮食文化产品

广袤的阿拉善沙漠及绿洲地区自然条件差异较大，形成农牧交错的种养殖产业，使得当地居民拥有独特的饮食习惯，偏好肉食。蒙古族的特色饮食不仅色、香、味俱全，而且具有浓厚的蒙古族风味及特殊的饮食文化传承意义。长期生活在阿拉善戈壁滩上的蒙古族人民以及受蒙古族文化影响深刻的其他各族居民，都喜欢在节庆日以及重大喜庆时大摆筵席，比如婚丧嫁娶时，摆上煮全羊或者烤全羊，有时也有用羊背子代替，备有马奶酒，并用银碗作为盛酒器，还会敬献哈达，这些具有民族特色的饮食习惯被蒙古族人民一代代传承下来，在与当地其他民族饮食习惯交融及相互影响下，形成现在的饮食习惯，并将不断发展传承下去。阿拉善三个园区内有很多"农家乐"、"牧家游"和民宿，这里浓缩了蒙古族的特色饮食文化，为游客提供不同的生活体验。

五　旅游线路设计

阿拉善沙漠世界地质公园 3 个园区分布在 3 个不同的旗，根据地质遗迹景观的特点，设计旅游线路如下。

（一）区际旅游线路——三条黄金线路

东线：京津冀 – 呼和浩特 – 银川 – 阿拉善盟（左旗）

　　　东南沿海 – 西安 – 银川 – 阿拉善盟（左旗）

南线：兰州 – 金昌 – 阿拉善盟（右旗）

西线：敦煌 – 酒泉 – 阿拉善盟（额济纳旗）

（二）盟内旅游线路——六条精华线路

阿拉善左旗巴彦浩特镇（腾格里沙漠月亮湖度假村、贺兰山北寺、南寺、延福寺、吉兰泰盐湖景区、敖伦布拉格峡谷）– 乌力吉 – 孟根布拉格（曼德拉山岩画、巴丹吉林沙漠）– 达来呼布（居延海、胡杨林、黑城遗址、策克口岸、马鬃山化石遗迹保护区、东风航天城）–海森楚鲁 – 出境。该线路距离长，需时较少，景区涉及较全面，东进西出，亦可逆行。

东风航天城 – 阿拉善右旗额肯呼都格镇（马山井、九棵树）– 巴丹吉林沙漠 – 曼德拉山岩画 – 敖伦布拉格峡谷 – 吉兰泰盐湖景区 – 巴彦浩特 – 出境。该线路距离较短，需时少，舍弃居延海园区大部分景区，西进东出，可逆行。

阿拉善右旗额肯呼都格镇 – 巴丹吉林沙漠（横穿）– 阿拉善额济纳旗达来呼布镇（居延海、胡杨林、黑城遗址、策克口岸、马鬃山化石遗迹保护区、航天城）– 出境。此线路较长，需时多，舍弃东中部

（主要舍弃了阿拉善左旗腾格里园区及曼德拉山岩画景区），基本构成环线，可逆行。

东风航天城－阿拉善额济纳旗达来呼布镇（居延海、胡杨林、黑城遗址、策克口岸、马鬃山化石遗迹保护区）－乌力吉（戈壁奇石）－敖伦布拉格峡谷－吉兰泰盐湖景区－巴彦浩特镇－出境。该线路长，需时较短，舍弃中部，西进东出，可逆行。

东风航天城－阿拉善右旗额肯呼都格镇－巴丹吉林沙漠－曼德拉山岩画－敖伦布拉格峡谷－吉兰泰盐湖景区－巴彦浩特－出境。该线路较短，需时较少，舍弃西北部，西进南出，可逆行。

阿拉善左旗巴彦浩特镇－吉兰泰盐湖景区－敖伦布拉格峡谷－阿拉善额济纳旗达来呼布镇（居延海、胡杨林、黑城遗址、策克口岸、马鬃山化石遗迹保护区）－东风航天城－阿拉善右旗额肯呼都格－巴丹吉林沙漠－曼德拉山岩画－巴彦浩特－出境。该线路长，需时较短，比较全面，且为环线。

党的十八大以来，全国各地积极创建生态文明示范区、示范市县、示范基地，形成主题鲜明的绿色发展模式，如海绵城市、特色小镇、生态城等。西北内陆地区生态环境脆弱，是重要的生态屏障区，应以生态优先、绿色发展为主基调，发展绿色、节水型产业，如绿洲设施农业、清洁低碳循环工业、生态旅游等。阿拉善盟拥有丰富的光热资源和旅游资源，但水资源匮乏是其产业布局与发展的"瓶颈"因素；因此，阿拉善盟应积极构建节水型社会，大力发展绿色设施农业、沙产业及生态旅游，在保障生态安全的前提下，促进农牧民增收。保护珍贵的沙漠地质遗迹资源和开发地质旅游，是实现区域生态保护与高质量发展的重要举措，当前及下一阶段应继续推进沙漠地质旅游的深度开发。沙漠是较神秘、较稀有、相对危险的旅游目的地之一，如何降低沙漠旅游的危险性，保障游客生命安全？首先是设计安全的旅游线路，尽可能不涉及高危险性的旅游项目。其次是研发适用于沙漠旅游的导航系统，远程监控游客行驶路线并给予语音导航帮助，对于被困或发生事故的游客以最快的速度施以救援。最后是加强人身保险、意外险等沙漠旅游保障体系建设。阿拉善盟旅游业正处于高速发展阶段，而当地基础设施建设和保障机制建设较薄弱，仍需不断加强。因此，阿拉善盟党委、政府及旅游部门，通过不断完善硬件设施和软件服务体系，将地质旅游打造成区域经济发展的绿色节水产业和支柱产业，助推区域高质量发展。

第八章　结语

　　阿拉善盟位于我国西北内陆地区，沙漠戈壁广布、降雨量小、蒸发量大、地表径流匮乏、地下水补给量小且更新速率慢、植被覆盖率低，致使水资源成为制约区域生态保护和实现高质量发展的瓶颈因素之一。因此，厘清境内水资源现状、水质及水源状况、水资源开发利用现状，为区域生态环境保护和高质量发展提供开发条件和基础保障。

　　阿拉善盟境内地表径流稀缺，仅黑河下游流经极少部分区域，部分引扬黄河水，还有洪水冲沟、泉水及湖盆等；沙漠腹地地下水埋藏较浅，分布范围广。因此，当地居民的生产、生活、生态用水基本来自地下水和少量降水，尤其沙漠腹地，动植物生存和人们生活主要来自于地下水，而且地下水水质较好（TDS<1克/升），较许多城镇地区的饮用水水质（TDS>2克/升）好很多。但由于沙漠腹地地下水来源不同、补给量小，对地下水的开发利用更要慎之又慎，既要合理高效利用有限的水资源满足人类及自然界生物的生存需求，又要保护好珍贵的水资源，避免产生类似植物枯死、生物多样性锐减、沙尘暴、城市消失等生态环境问题。本研究通过深入了解、分析阿拉善盟三大沙漠腹地地下水水质和水源状况，得出：（1）巴丹吉林沙漠腹地地下水TDS<1克/升，水质较好，且自东南向西北补给；地下水形成于温度较现在低、相对湿度较高的古气候环境下，很可能来自东南某地的高海拔山区；地下水更新速率慢。（2）石羊河流域及腾格里沙漠的地下水水质较好，基本没

有受到现代大气降水的直接补给，主要补给形式是过去湿润期的降水；深层承压水形成年代老，循环缓慢；腾格里沙漠邓马营湖区的地下水基本源于大气降水入渗补给。（3）乌兰布和沙漠浅层地下水水质较好，补给来源有大气降水、巴彦乌拉山山前浅层地下水、贺兰山北侧山前浅层地下水、黄河水、引黄灌溉田间水，并在沙漠西南侧浅层地下水补给吉兰泰盐湖浅层地下水；深层地下水的补给来源有黄河水、吉兰泰盐湖深层地下水、贺兰山北侧山前深埋潜水、巴彦乌拉山基岩裂隙水；沙漠自流区内，深层地下水自流补给浅层地下水；乌兰布和沙漠的地下水主要来源为巴彦乌拉山和贺兰山基岩裂隙水下渗、黄河水的侧渗补给和不同含水层间的越流补给；沙漠北部两类承压水存在三个补给源及潜水的三个补给源，补给环境较现在偏冷湿。因此，阿拉善盟沙漠腹地深层地下水应主要用于生活用水，可适度开发用于农业用水及生态用水；水质较好的浅层地下水应首先用于居民生活用水，部分盐度较高的浅层地下水可用于节水农业、节水工业及生态用水，但要在切实保护好浅层地下水水位稳定的前提下进行开发利用。

　　水资源属于可再生资源，是不可替代的重要自然资源，水资源的价值日益突出。阿拉善盟是水资源严重短缺的地区之一，必须做好水资源保护和水生态建设，为构建西部生态安全屏障做贡献。一是水资源保护。阿拉善盟人均水资源量少、水资源利用率低，节水意识不足、技术落后、设备欠缺等，加之地下水超采严重、土壤盐渍化、水土流失、草场退化、土地荒漠化、水污染等生态问题日益突出，使得区域生态保护和高质量发展的任务更加艰巨。但是，国家、自治区、阿拉善盟等政府部门及相关机构积极采取各项措施，推进阿拉善盟生态屏障建设，改善生态环境成效显著。20世纪60年代及90年代黑河下游东西居延海水域相继干涸，国家采取有力措施，黑河流域各政府机构及主管部门通力合作，自21世纪以来，基本恢复了黑河下游居延海水域面积，保障了河流沿岸、绿洲及周边地区的林草地生态用水及部分农业灌溉用水，有效补给了沿河地下水，改善了额济纳胡杨林、绿洲等地的生态环境，维护了胡杨林、候鸟等生物多样性，为阿拉善盟生态保护和西北生态屏障建设作出积极贡献。黄委会分配的阿拉善盟黄河取水指标为 5000 万立方米，全部用作李井滩灌区的农业灌溉用水，近年来进行水权转换，部分用于工业用水。当地政府及居民积极开展山沟泉溪、湖泊等水体利用，有些用于生态用水，有些用水绿洲灌溉用水，有些用于养殖，成为农牧民创收的途径之一。二是水生态建设。阿拉善盟通过调整产业结构建立与水资源承载能力相适应的经济结构体系，改革用水制度建立与现代水权制度相适应的水资源管理体系，合理配置水资源建立与水资源优化配置相适应的水工程体系，建立与小康社会相适应的社会管理体系等措施依托有限的水资源，推进阿拉善盟水生态建设。三是构建西部生态安全屏障。阿拉善盟通过营造林及森林资源保护工程、草地保护与建设工程、湿地与自然保护区建设工程、荒漠化防治工程等建设积极打造防风固沙生态屏障，通过发展生态农业扶持工程、循环经济示范园区建设工程、生态旅游扶持工程、生态移民工程等项目积极构建生态产业带，通过加快工业污染防治、城乡生活污染处理、农业面源污染治理等环境综合治理工程建设，通过贯彻落实国家和地方相关政策、制度并出台相关制度文件、推进法治生态建设等建立健全生态安全屏障建设的长效机制，积极构筑西部生态安全屏障。

由于自然及社会等因素的影响，自 20 世纪八九十年代，阿拉善盟乃至全国沙尘暴肆虐，阿拉善盟成为风沙源地之一，加之土壤荒漠化、草场退化、生物多样性锐减等环境问题日益严重，荒漠化防治成为一项重要的政治任务及生态目标。荒漠化分布面积广、影响因素多，水资源短缺，观念落后，资金不足，科技及设配不配套，保障体系不健全等因素是阿拉善盟荒漠化防治及沙产业发展的主要影响因素。因此，通过科学编制沙产业发展规划、加快沙产业基地建设、大力培育沙产业龙头企业、加快实施重点林业工程，坚持封山禁牧等政策的实施，推进国家及地方政策的落实；通过加大科技投入、扩大对外科技交流与合作、建立稳定的投入机制、充分利用风能太阳能等新能源、合理利用及调控有限的水资源、落实和完善各项优惠政策等措施，推进阿拉善盟荒漠化防治及沙产业发展，实现区域经济繁荣、生态优美、人民富裕目标。

阿拉善盟依托有限的水资源、丰富的光热资源与风能资源、悠久的地质遗迹资源及历史文化资源、优质的中草药资源等，大力发展沙漠地质旅游和生态旅游，成为区域生态保护与高质量发展的重要举措和亮点。阿拉善沙漠世界地质公园是集地质遗迹保护、科普教育、探险、康疗、观光旅游、休闲度假为一体的综合性公园，通过打造三大园区旅游地形象，即巴丹吉林园区"解中国沙漠之谜的故宫"、腾格里园区"乘月亮之船体验康体健身的沙漠之旅"、居延海园区"翱翔太空解读沙漠之谜"，深度开发旅游产品，吸引国内外游客至阿拉善盟进行生态观光旅游、探险旅游、会议旅游、科普旅游、休闲度假等，实现区域经济效益、社会效益、生态效益。

实现伟大中国梦的一项重要内容就是构建人与自然和谐的现代化，努力建设经济繁荣、生态优美、人民富裕的美丽中国，实现中华民族永续发展。满足人民日益增长的美好生活向往的重中之重就是拥有安全的生态环境，努力实现"天蓝地绿水净"的生态目标。阿拉善盟在全国"一盘棋"发展战略中的定位就是构建西部生态安全屏障，为西北乃至华北生态安全作贡献。新中国成立 70 多年来，尤其 20 世纪 90 年代以来，阿拉善盟历届党委、政府立足区域实际，认真落实国家生态环境保护与开发建设的政策，通过天然林保护、"三北"防护林建设、自然保护区建设、退耕还林还草、封山封沙禁牧、温室大棚种植、滴灌地灌及节水设施推广、湿地保护等工程建设，紧抓西部大开发、区域生态保护和高质量发展机遇，积极发展生态节水农业、绿色低碳工业及生态旅游，使区域水生态环境保护、荒漠化防治及沙产业发展、地质旅游开发取得了显著成效，为区域生态改善和人民脱贫致富创新了路径，不断推进阿拉善盟生态保护和高质量发展。

参考文献

安明福：《巴丹吉林沙漠南缘地区苜蓿产业化发展的必要性及对策》，《草业科学》2008 年第 10 期。

保继刚、楚义芳：《旅游地理学》，高等教育出版社，1999。

蔡明刚、黄奕普、陈敏等：《厦门大气降水的氢氧同位素研究》，《台湾海峡》2000 年第 4 期。

蔡庆华、曹明、陈伟民等：《水域生态系统观测规范》，中国环境科学出版社，2007。

常兆丰：《试论沙产业的基本属性及其发展条件》，《中国国土资源经济》2008 年第 11 期。

常志勇、齐万秋、赵振宏等：《同位素技术在罗布泊地区地下水勘查中的应用》，《新疆地质》2001 年第 3 期。

陈从喜：《国内外地质遗迹保护和地质公园建设的进展与对策建议》，《国土资源情报》2004 年第 5 期。

陈发虎、吴薇、朱艳等：《阿拉善高原中全新世干旱事件的湖泊记录研究》，《科学通报》2004 年第 1 期。

陈高潮、李玉宏、史冀忠等：《内蒙古西部额济纳旗及邻区石炭纪一二叠纪盆地重矿物的特征及意义》，《地质通报》2011 年第 6 期。

陈红宝：《巴丹吉林沙漠气象观测与气候特征初步研究》，兰州大学硕士学位论文，2011。

陈浩：《内蒙孪井灌区土壤水分运移及地下水氢氧稳定同位素特征研究》，中国海洋大学硕士学位论文，2007。

陈建生、凡哲超、汪集旸等：《巴丹吉林沙漠湖泊及其下游地下水同位素分析》，《地球学报》2003 年第 6 期。

陈建生、汪集旸、赵霞等：《用同位素方法研究额济纳盆地承压含水层地下水的补给》，《地质评论》2004 年第 6 期。

陈建生、赵霞、汪集旸等：《巴丹吉林沙漠湖泊钙华与根状结核的发现对研究湖泊水补给的意义》，《中国岩溶》2004 年第 4 期。

陈建生、赵霞、盛雪芬等：《巴丹吉林沙漠湖泊群与沙山形成机制研究》，《科学通报》2006 年第 23 期。

陈静生、李远辉、乐嘉祥等：《我国河流的物理与化学侵蚀作用》，《科学通报》1984 年第 15 期。

陈静生、谢贵柏、李远辉：《海南岛现代侵蚀作用及其与台湾岛和夏威夷群岛的比较》，《第四纪研究》1991 年第 4 期。

陈静生：《陆地水水质全球变化研究进展》，《地球科学进展》1992 年第 4 期。

陈静生、陈梅：《海南岛河流主要离子化学特征和起源》，《热带地理》1992 年第 3 期。

陈静生、夏星辉：《我国河流水化学研究进展》，《地理科学》1999 年第 4 期。

陈立：《应用地球化学方法探究巴丹吉林沙漠地下水源》，兰州大学硕士学位论文，2012。

陈瑞清：《建设社会主义生态文明，实现可持续发展》，《北方经济》2007 年第 7 期。

陈瑞清：《抓住扩大内需的新机遇全力推进〈内蒙古阿拉善地区生态综合治理工程〉的实施》，《内蒙古统战理论研究》2009 年第 1 期。

陈伟民、黄祥飞、周万平等：《湖泊生态系统观测方法》，中国环境科学出版社，2005。

陈永福、赵志中：《干旱区湖泊沉积物中过剩^{210}Pb 的沉积特征与风沙活动初探》，《湖泊科学》2009 年第 6 期。

陈宗宇、聂振龙、张荷生等：《从黑河流域地下水年龄论其资源属性》，《地质学报》2004 年第 4 期。

陈宗宇、万力、聂振龙等：《利用稳定同位素识别黑河流域地下水的补给来源》，《水文地质工程地质》2006 年第 6 期。

陈宗宇、齐继祥、张兆吉等：《北方典型盆地同位素水文地质学方法应用》，科学出版社，2010。

程汝楠：《应用天然同位素示踪水量转换：水量转换——实验与计算分析》，科学出版社，1988。

春喜、陈发虎、范育新等：《乌兰布和沙漠的形成与环境变化》，《中国沙漠》2007 年第 6 期。

春喜、陈发虎、范育新等：《乌兰布和沙漠腹地古湖存在的沙嘴证据及环境意义》，《地理学报》2009 年第 3 期。

崔军、安树青、徐振等：《卧龙巴郎山高山灌丛降雨和穿透水稳定性氢氧同位素特征研究》，《自然资源学报》2005 年第 4 期。

崔向慧、卢琦：《中国荒漠化防治标准化发展现状与展望》，《干旱区研究》2012 年第 5 期。

崔徐甲：《巴丹吉林沙漠高大沙山植被特征与沉积物特征分析》，陕西师范大学硕士学位论文，2014。

戴晟懋、邱国玉、赵明：《甘肃民勤绿洲荒漠化防治研究》，《干旱区研究》2008 年第 3 期。

党慧慧：《乌兰布和沙漠地下水水化学特征和水文地球化学过程》，兰州大学硕士学位论文，2016。

邓伟：《长江河源区水化学基本特征的研究》，《地理科学》1988

年第 4 期。

丁宏伟、王贵玲：《巴丹吉林沙漠湖泊形成的机理分析》，《干旱区研究》2007 年第 1 期。

丁宏伟、姚吉禄、何江海：《张掖市地下水位上升区环境同位素特征及补给来源分析》，《干旱区地理》2009 年第 1 期。

丁永建、刘时银、叶柏生等：《近 50a 中国寒区与旱区湖泊变化的气候因素分析》，《冰川冻土》2006 年第 5 期。

丁圆婷、于吉涛、宋鄂平：《基于 AHP – GA 的地质旅游资源评价研究》，《湖北民族学院学报》（自然科学版）2014 年第 2 期。

丁贞玉、马金珠、何建华：《腾格里沙漠西南缘地下水水化学形成特征及演化》，《干旱区地理》2009 年第 6 期。

丁贞玉：《石羊河流域及腾格里沙漠地下水补给过程及演化规律》，兰州大学博士学位论文，2010。

董春雨：《阿拉善沙漠水循环观测实验与湖泊水量平衡》，兰州大学硕士学位论文，2011。

董得红：《青海省荒漠化现状及治理对策》，《青海环境》2003 年第 2 期。

董光荣、申建友、金炯等：《关于"荒漠化"与"沙漠化"的概念》，《干旱区地理》1988 年第 1 期。

董光荣、高全洲、邹学勇等：《晚更新世以来巴丹吉林沙漠南缘气候变化》，《科学通报》1995 年第 13 期。

杜永刚：《巴丹吉林沙漠崛起沙产业》，《内蒙古林业》2012 年第 6 期。

范云崎：《西藏内陆湖泊补给系数的初步探讨》，《海洋与湖沼》1983 年第 2 期。

樊自立、张累德：《新疆湖泊水化学研究》，《干旱区研究》1992 年第 3 期。

方时姣:《论社会主义生态文明三个基本概念及其相互关系》,《马克思主义研究》2014 年第 7 期。

冯绳武:《河西黑河(弱水)水系的变迁》,《地理研究》1988 年第 1 期。

冯天驷:《地质旅游产业发展方向及其对策建议》,《中国地质矿产经济》1998 年第 6 期。

甘肃省沙草产业协会:《钱学森、宋平论沙草产业》,西安交通大学出版社,2011。

高建飞、丁悌平、罗续荣等:《黄河水氢、氧同位素组成的空间变化特征及其环境意义》,《地质学报》2011 年第 4 期。

高全洲、董光荣、李保生等:《晚更新世以来巴丹吉林南缘地区沙漠演化》,《中国沙漠》1995 年第 4 期。

高珊、黄贤金:《生态文明的内涵辨析》,《生态经济》2009 年第 12 期。

高坛光、康世昌、张强弓等:《青藏高原纳木错流域河水主要离子化学特征及来源》,《环境科学》2008 年第 11 期。

高永宝、李文渊、张照伟:《祁漫塔格白干湖-戛勒赛钨锡矿带石英脉型矿石流体包裹体及氢氧同位素研究》,《岩石学报》2011 年第 6 期。

高照山:《赤峰达来诺尔水化学主要特征及其形成》,《地理科学》1989 年第 2 期。

高志友、尹观、范晓等:《四川稻城地热资源的分布特点及温泉水的同位素地球化学特征》,《矿物岩石地球化学通报》2004 年第 2 期。

葛绥成:《中国北方气候干燥及沙漠扩大之研究》,《正官报史地》,1941,9 月 3 日~10 月 1 日。

葛肖虹、刘永江、任收麦等:《对阿尔金断裂科学问题的再认识》,《地质科学》2001 年第 3 期。

葛肖虹、任收麦、刘永江等:《中国西部的大陆构造格架》,《石油学报》2001 年第 5 期。

葛肖虹、任收麦：《中国西部治理沙漠化的战略思考与建议》，《第四纪研究》2005 年第 4 期。

龚家栋、程国栋、张小由等：《黑河下游额济纳地区的环境演变》，《地球科学进展》2002 年第 4 期。

龚家栋：《发展沙产业加快农业牧民增收步伐》，《内蒙古林业》2004 年第 9 期。

龚家栋：《阿拉善地区生态环境综合治理意见》，《中国沙漠》2005 年第 1 期。

龚克、孙克勤：《地质旅游研究进展》，《中国人口·资源与环境》2011 年第 S1 期。

龚明权：《黄河壶口瀑布国家地质公园旅游资源评价》，中国地质大学硕士学位论文，2006。

宫江华、张建新、于胜尧等：《西阿拉善地块～2.5Ga TTG 岩石及地质意义》，《科学通报》2012 年第 Z2 期。

Geyh M. A.、顾慰祖、刘勇等：《阿拉善高原地下水的稳定同位素异常》，《水科学进展》1998 年第 4 期。

顾慰祖、陆家驹、谢民等：《乌兰布和沙漠北部地下水资源的环境同位素探讨》，《水科学进展》2002 年第 3 期。

顾慰祖、陈建生、汪集晹等：《巴丹吉林高大沙山表层孔隙水现象的疑义》，《水科学进展》2004 年第 6 期。

顾慰祖、庞忠和、王全九等：《同位素水文学》，科学出版社，2011。

过常龄：《黄河流域河流水化学特征初步分析》，《地理研究》1987 年第 3 期。

郭春秀、张德魁、赵翠莲等：《民勤县洋葱地膜覆盖高产栽培技术》，《甘肃农业科技》2010 年第 7 期。

郭慧敏、刘宝剑、刘守义等：《冀西北沙区沙产业开发中存在问题的分析》，《河北北方学院学报》（自然科学版）2009 年第 6 期。

郭威、丁华：《论地质旅游资源》，《西安工程学院学报》2001 年第 3 期。

韩清：《乌兰布和沙漠的土壤地球化学特征》，《中国沙漠》1982 年第 3 期。

韩永学：《新概念人文地理学》，哈尔滨地图出版社，1998。

郝爱兵、李文鹏、梁志强：《利用 TDS 和 $\delta^{18}O$ 确定溶滤和蒸发作用对内陆干旱区地下水咸化贡献的一种方法》，《水文地质工程地质》2000 年第 1 期。

郝诚之：《对钱学森沙产业、草产业理论的经济学思考》，《内蒙古社会科学》2004 年第 1 期。

郝诚之：《钱学森院士与中国沙草产业》，内蒙古自治区自然科学学术年会，2012。

郝永富：《蓬勃发展的内蒙古沙产业》，《中国林业产业》2005 年第 6 期。

何磊：《基于遥感方法的阿拉善盟荒漠化研究》，兰州大学硕士学位论文，2013。

何绍芬：《荒漠化、沙漠化定义的内涵、外延及在我国的实质内容》，《内蒙古林业科技》1997 年第 1 期。

胡海英、包为民、王涛等：《氢氧同位素在水文学领域中的应用》，《中国农村水利水电》2007 年第 5 期。

胡汝骥、姜逢清、王亚俊等：《论中国干旱区湖泊研究的重要意义》，《干旱区研究》2007 年第 2 期。

吉志强：《关于生态文明的内涵、结构及特征的再探析》，《山西高等学校社会科学学报》2012 年第 9 期。

贾鹏、王乃昂、程弘毅等：《基于 3S 技术的乌兰布和沙漠范围和面积分析》，《干旱区资源与环境》2015 年第 12 期。

贾铁飞、石蕴琮、银山：《乌兰布和沙漠形成时代的初步判定及意义》，《内蒙古师范大学学报》（自然科学汉文版）1997年第3期。

贾铁飞、何雨、裴冬：《乌兰布和沙漠北部沉积物特征及环境意义》，《干旱区地理》1998年第2期。

贾铁飞、赵明、包桂兰等：《历史时期乌兰布和沙漠风沙活动的沉积学记录与沙漠化防治途径分析》，《水土保持研究》2002年第3期。

贾铁飞、银山：《乌兰布和沙漠北部全新世地貌演化》，《地理科学》2004年第2期。

蒋太明、马麒龙：《甘肃地区的沙产业与葡萄》，《中外葡萄与葡萄酒》2005年第6期。

蒋志荣、安力、柴成武：《民勤县荒漠化影响因素定量分析》，《中国沙漠》2008年第1期。

金炯：《中国地理学会沙漠分会成立30周年暨纪念钱学森"沙产业理论"学术讨论会在烟台召开》，《中国沙漠》2010年第5期。

克日亘：《论我国荒漠化的成因及其防治》，《湘南学院学报》2011年第4期。

乐嘉祥、王德春：《中国河流水化学特征》，《地理学报》1963年第1期。

李淳：《常山国家地质公园地貌科学研究——芙蓉峡–三衢山地貌的演化》，上海师范大学硕士学位论文，2007。

李博昀、刘振敏、徐少康等：《腾格里沙漠地区盐湖卤水水化学特征》，《化工矿产地质》2002年第1期。

李发东：《基于环境同位素方法结合水文观测的水循环研究》，中国科学院地理科学与资源研究所博士学位论文，2005。

李芳：《四川筠连地质公园保护与旅游开发研究》，成都理工大学硕士学位论文，2007。

李锋：《全球气候变化与我国荒漠化监测的关系》，《干旱区资源与环境》1993 年第 3 期。

李国强：《乌兰布和沙漠钻孔岩芯记录的释光年代学和晚第四纪沙漠—湖泊演化研究》，兰州大学博士学位论文，2012。

李力、张维平、马琦杰：《水域生态系统观测规范》，中国环境科学出版社，2007。

李林、王振宇：《环青海湖地区气候变化及其对荒漠化的影响》，《高原气象》2002 年第 1 期。

李伟：《结合实践探讨防止荒漠化的生物防治措施》，《价值工程》2015 年第 31 期。

李小建：《经济地理学》，高等教育出版社，1999。

李霞：《中国治理沙漠化卓有成效》，《今日中国》（中文版）1997 年第 9 期。

李相博：《甘肃民勤绿洲沙漠化遥感分析及其防治的新对策》，载《新世纪新机遇新挑战——知识创新和高新技术产业发展》（上册），中国科学技术出版社，2001。

李治国、高建华：《河南省地质旅游资源及其开发利用初探》，《国土与自然资源研究》2004 年第 4 期。

林年丰：《第四纪地质环境的人工再造作用与土地荒漠化》，《第四纪研究》1998 年第 2 期。

林学钰、王金牛：《黄河流域地下水资源及其可更新能力研究》，黄河水利出版社，2006。

林云、潘国营、靳黎明等：《氢氧稳定同位素在新乡市地下水研究中的应用》，《人民黄河》2007 年第 10 期。

刘德才：《关于沙漠与气候情况简介》，《新疆气象》1986 年第 3 期。

刘丹、刘世青：《应用环境同位素方法研究塔里木河下游浅层地下水》，《成都理工学院学报》1997 年第 3 期。

刘锋、李延河、林建：《北京永定河流域地下水氢氧同位素研究及环境意义》,《地球学报》2008 年第 2 期。

刘虎祥、哈莉:《荒漠化地区在我国环境、经济、社会发展中的地位和作用》,《内蒙古林业科技》1998 年第 3 期。

刘辉:《以色列防治荒漠化的措施》,《全球科技经济瞭望》2001 年第 12 期。

刘进达、赵迎昌:《中国大气降水稳定同位素时—空分布规律探讨》,《勘察科学技术》1997 年第 3 期。

刘进达:《近十年来中国大气降水氚浓度变化趋势研究》,《勘察科学技术》2001 年第 4 期。

刘培桐、王华东、薛纪瑜:《化学径流与化学剥蚀》,《地理》1962 年第 4 期。

刘培桐、王华东、潘宝林等:《岱海盆地的水文化学地理》,《地理学报》1965 年第 1 期。

刘世增、李银科、吴春荣:《沙产业理论在甘肃的实践与发展》,《中国沙漠》2011 年第 6 期。

刘恕:《沙产业》,中国环境科学出版社,1996。

刘恕:《留下阳光是沙产业立意的根本——对沙产业理论的理解》,《西安交通大学学报》(社会科学版)2009 年第 2 期。

刘相超、唐常源、吕平毓等:《三峡库区梁滩河流域水化学与硝酸盐污染》,《地理研究》2010 年第 4 期。

刘亚传:《石羊河流域的水文化学特征分布规律及演变》,《地理科学》1986 年第 4 期。

刘毅华、董玉祥:《刍议我国的荒漠化与可持续发展》,《中国沙漠》1999 年第 1 期。

刘羽:《巴丹吉林-腾格里沙漠交界带荒漠化趋势及其生态系统服务价值评估》,中国科学院研究生院硕士学位论文,2012。

Marlyn L. Shelton:《水文气候学——视角与应用》,刘元波主译,高等教育出版社，2011。

刘铮瑶、董治宝、王建博等：《沙产业在内蒙古的构想与发展：生态系统服务体系视角》，《中国沙漠》2015 年第 4 期。

刘忠方、田立德、姚檀栋等：《中国大气降水中 $\delta^{18}O$ 的空间分布》，《科学通报》2009 年第 6 期。

刘振敏：《腾格里沙漠地区水化学特征》，《化工矿产地质》1998 年第 1 期。

柳富田：《基于同位素技术的鄂尔多斯白垩系盆地北区地下水循环及水化学演化规律研究》，吉林大学博士学位论文，2008。

卢进才、魏仙样、魏建设等：《内蒙古西部额济纳旗及其邻区石炭系—二叠系油气地质条件初探》，《地质通报》2010 年第 2 期。

陆莹、王乃昂、李贵鹏等：《巴丹吉林沙漠湖泊水化学空间分布特征》，《湖泊科学》2010 年第 5 期。

罗洁、赵玉：《江西省地质旅游及产业发展研究》，《对外经贸》2016 年第 10 期。

马宁、王乃昂、李卓仑等：《1960－2009 年巴丹吉林沙漠南北缘气候变化分析》，《干旱区研究》2011 年第 2 期。

马金珠、李相虎、黄天明等：《石羊河流域水化学演化与地下水补给特征》，《资源科学》2005 年第 3 期。

马金珠、黄天明、丁贞玉等：《同位素指示的巴丹吉林沙漠南缘地下水补给来源》，《地球科学进展》2007 年第 9 期。

马妮娜、杨小平、Rioua P.：《巴丹吉林沙漠地区水样碱度特征的初步研究》，《第四纪研究》2008 年第 3 期。

马妮娜、杨小平：《巴丹吉林沙漠及其东南边缘地区水化学和环境同位素特征及其水文学意义》，《第四纪研究》2008 年第 4 期。

马拥军：《生态文明：马克思主义理论建设的新起点》，《理论视野》2007 年第 12 期。

马致远:《平凉大气降水氢氧同位素环境效应》,《西北地质》1997年第1期。

马致远、高文义:《平凉大岔河隐伏岩溶水补给的环境同位素研究》,《西北地质》1997年第1期。

马致远、马蒂尔·亨德尔:《平凉隐伏岩溶水环境同位素研究》,《长安大学学报》(地球科学版)2003年第4期。

马致远、范基娇、苏艳等:《关中南部地下热水氢氧同位素组成的水文地质意义》,《地球科学与环境学报》2006年第1期。

米文宝:《可持续发展理论的若干问题研究》,《宁夏大学学报》(自然科学版)2002年第3期。

穆桂松、万三敏:《河南地质旅游资源区划与开发研究》,《地域研究与开发》2005年第5期。

潘红云:《巴丹吉林沙漠南部水化学特征及其水文学意义》,中国科学院寒区旱区环境与工程研究所硕士学位论文,2009。

潘岳:《论社会主义生态文明》,《绿叶》2006年第10期。

庞西磊、尹辉:《阿拉善高原盐湖水化学特征的主成分分析研究》,《四川地质学报》2009年第2期。

庞忠和:《同位素水文学领域的国际科研合作与发展援助》,《水文地质工程地质》2004年第2期。

彭华、闫罗彬、陈智等:《中国南方湿润区红层荒漠化问题》,《地理学报》2015年第11期。

彭树涛:《开发西部沙漠的全新理论——论钱学森的沙产业理论》,《陇东学院学报》2008年第4期。

彭效忠:《沙产业理论的忠实践行者——治沙模范柴在军和他的三鑫苗圃》,《甘肃林业》2006年第5期。

钱会、窦妍、李西建等:《都思兔河氢氧稳定同位素沿流程的变化及其对河水蒸发的指示》,《水文地质工程地质》2007年第1期。

钱学森：《创建农业型的知识密集产业——农业、林业、草业、海业和沙业》，《农业现代化研究》1984 年第 5 期。

钱学森：《运用现代科学技术实现第六次产业革命——钱学森关于发展农村经济的四封信》，《中国生态农业学报》1994 年第 3 期。

钱学森：《发展沙产业，开发大沙漠》，《学会》1995 年第 6 期。

钱云平、秦大军、庞忠和等：《黑河下游额济纳盆地深层地下水来源的探讨》，《水文地质工程地质》2006 年第 3 期。

乔永：《民勤县沙产业发展情况调查》，《甘肃金融》2012 年第 4 期。

任收麦、葛肖虹、刘永江：《阿尔金断裂带研究进展》，《地球科学进展》2003 年第 3 期。

邵天杰、赵景波、董治宝：《巴丹吉林沙漠湖泊及地下水化学特征》，《地理学报》2011 年第 5 期。

邵天杰：《巴丹吉林沙漠东南部沙山与湖泊形成研究》，陕西师范大学博士学位论文，2012。

石辉、刘世荣、赵晓广：《稳定性氢氧同位素在水分循环中的应用》，《水土保持学报》2003 年第 2 期。

宋平：《知识密集型是中国现代化大农业发展的核心》，《西部大开发》2011 年第 9 期。

宋献方、夏军、于静洁等：《应用环境同位素技术研究华北典型流域水循环机理的展望》，《地理科学进展》2002 年第 6 期。

苏军红：《柴达木盆地荒漠化及生态保护与建设》，《青海师范大学学报》（自然科学版）2003 年第 2 期。

苏小四、林学钰、廖资生等：《黄河水 $\delta^{18}O$、δD 和 ^3H 的沿程变化特征及其影响因素研究》，《地球化学》2003 年第 4 期。

苏小四、林学钰：《包头平原地下水水循环模式及其可更新能力的同位素研究》，《吉林大学学报》（地球科学版）2003 年第 4 期。

苏小四、林学钰：《银川平原地下水水循环模式及其可更新能力评价的同位素证据》，《资源科学》2004 年第 2 期。

苏小四、林学钰、董维红等：《银川平原深层地下水 ^{14}C 年龄校正》，《吉林大学学报》（地球科学版）2006 年第 5 期。

苏小四、林学钰、董维红等：《反向地球化学模拟技术在地下水 ^{14}C 年龄校正中应用的进展与思考》，《吉林大学学报》（地球科学版）2007 年第 2 期。

苏永红、朱高峰、冯起等：《额济纳盆地浅层地下水演化特征与滞留时间研究》，《干旱区地理》2009 年第 4 期。

孙培善、孙德钦：《内蒙古高原西部水文地质初步研究》，科学出版社，1964。

孙佐辉：《黄河下游河南段水循环模式的同位素研究》，吉林大学博士学位论文，2003。

谭见安：《内蒙古阿拉善荒漠的类型》，科学出版社，1964。

陶明、黄高宝：《沙产业理论的学科基础和前景》，《科技导报》2009 年第 8 期。

陶明、黄高宝：《沙产业理论体系构建初探》，《中国沙漠》2009 年第 3 期。

田立德、姚檀栋、蒲健辰等：《拉萨夏季降水中稳定同位素变化特征》，《冰川冻土》1997 年第 4 期。

田立德、姚檀栋、孙维贞等：《青藏高原中部水蒸发过程中的氧稳定同位素变化》，《冰川冻土》2000 年第 2 期。

田晓红、蔡桂荣：《浅议内蒙古林沙草产业发展瓶颈的突破》，《内蒙古统计》2013 年第 3 期。

田玉凤：《对凉州区发展新型阳光沙产业的几点思考》，《甘肃科技》2007 年第 1 期。

王丛虎、白建华：《我国荒漠化治理中的问题及对策建议》，《天津行政学院学报》2005 年第 4 期。

王恩涌等：《人文地理学》，高等教育出版社，2000。

王芳：《基于地质旅游资源的旅游地综合评价系统的研究》，中国地质大学硕士学位论文，2018。

王恒纯：《同位素水文地质概论》，地质出版社，1991。

王集秀、谢宏杰：《失去平衡的支柱——民勤县黑瓜籽产业现有问题探析》，《发展》1997 年第 8 期。

王计平、程复、汪亚峰等：《生态恢复背景下无定河流域土地利用时空变化》，《水土保持通报》2014 年第 5 期。

王乃昂、李卓仑、程弘毅等：《阿拉善高原晚第四纪高湖面与大湖期的再探讨》，《科学通报》2011 年第 17 期。

王乃昂、马宁、陈红宝等：《巴丹吉林沙漠腹地降水特征的初步分析》，《水科学进展》2013 年第 3 期。

王乃昂、赵力强、吴月等：《巴丹吉林沙漠湖泊水循环机制与地下水补给来源》，中国自然资源学会第七次全国会员代表大会 2014 年学术年会，2014。

王琪、史基安：《石羊河流域地下水化学特征及其分布规律》，《甘肃科技》1998 年第 3 期。

王瑞久：《氧 -18 的高程效应及其水文地质解释——以太原西山为例》，《工程勘察》1985 年第 1 期。

王瑞久：《太原西山的同位素水文地质》，《地质学报》1985 年第 4 期。

王绍武：《全新世气候变化》，气象出版社，2011。

王苏民、窦鸿身：《中国湖泊志》，科学出版社，1998。

王涛：《巴丹吉林沙漠形成演变的若干问题》，《中国沙漠》1990 年第 1 期。

王新建、陈建生、许宝田：《水化学成分聚类法分析巴丹吉林沙漠及邻区地下水补给源》，《工程勘察》2005 年第 5 期。

王新平、李新荣、康尔泗等:《腾格里沙漠东南缘人工植被区降水入渗与再分配规律研究》,《生态学报》2003 年第 6 期。

王秀红、何书金、张镱锂等:《基于因子分析的中国西部土地利用程度分区》,《地理研究》2001 年第 6 期。

魏怀东、高志海、丁峰:《甘肃省民勤县土地荒漠化动态监测研究》,《水土保持学报》2004 年第 2 期。

魏林源、刘立超、唐卫东等:《民勤绿洲农田荒漠化对土壤性质和作物产量的影响》,《中国农学通报》2013 年第 32 期。

卫克勤、林瑞芬、王志祥等:《我国天然水中氚含量的分布特征》,《科学通报》1980 年第 10 期。

卫克勤、林瑞芬:《论季风气候对我国雨水同位素组成的影响》,《地球化学》1994 年第 1 期。

吴月:《阿拉善沙漠国家地质公园旅游深度开发研究》,宁夏大学硕士学位论文,2009。

吴月、王乃昂、赵力强等:《巴丹吉林沙漠诺尔图湖泊水化学特征与补给来源》,《科学通报》2014 年第 12 期。

吴月:《巴丹吉林沙漠地下水同位素特征与地下水年龄研究》,兰州大学博士学位论文,2014。

武选民、史生胜、黎志恒等:《西北黑河下游额济纳盆地地下水系统研究（上）》,《水文地质工程地质》2002 年第 1 期。

仵彦卿、慕富强、贺益贤等:《河西走廊黑河鼎新至哨马营段河水与地下水转化途径分析》,《冰川冻土》2000 年第 1 期。

夏日:《沙草产业永恒之业——内蒙古将兴起沙产业建设高潮》,《北方经济》2012 年第 17 期。

许炯心:《我国不同自然带的化学剥蚀过程》,《地理科学》1994 年第 4 期。

许越先:《中国入海离子径流量的初步估算及影响因素分析》,《地理科学》1984 年第 3 期。

徐海：《中国全新世气候变化研究进展》，《地质地球化学》2001
年第 2 期。

徐建华：《现代地理学中的数学方法》，高等教育出版社，2002。

闫德仁、李丽娜：《沙产业思考》，《内蒙古林业》2011 年第 8 期。

闫满存、王光谦、李保生等：《巴丹吉林沙漠高大沙山的形成发育
研究》，《地理学报》2001 年第 1 期。

杨红文、张登山、张永秀：《青海高寒区土地荒漠化及其防治》，
《中国沙漠》1997 年第 2 期。

杨晓晖：《半干旱农牧交错区土地荒漠化成因与荒漠化状况评
价——以内蒙古伊金霍洛旗为例》，北京林业大学博士学位论文，2000。

杨小平：《近 3 万年来巴丹吉林沙漠的景观发育与雨量变化》，《科
学通报》2000 年第 4 期。

杨小平：《巴丹吉林沙漠地区钙质胶结层的发现及其古气候意义》，
《第四纪研究》2000 年第 3 期。

杨小平：《巴丹吉林沙漠腹地湖泊的水化学特征及其全新世以来的
演变》，《第四纪研究》2002 年第 2 期。

杨英莲、殷青军：《青海省湖泊遥感监测研究》，《青海气象》2003
年第 4 期。

杨有林、卢琦：《浅析亚非防治荒漠化合作框架的可行性与现实意
义》，《世界林业研究》2000 年第 3 期。

杨郧城、侯光才、马思锦：《鄂尔多斯盆地地下水中氚的演化及其
年龄》，《西北地质》2004 年第 1 期。

杨郧城、侯光才、文东光等：《鄂尔多斯盆地大气降雨氢氧同位素
的组成与季节效应》，《地球学报》2005 年第 Z1 期。

杨郧城、文冬光、侯光才等：《鄂尔多斯白垩系自流水盆地地下水
锶同位素特征及其水文学意义》，《地质学报》2007 年第 3 期。

杨祖成、韩清：《试论内蒙古乌兰布和沙漠土壤地球化学类型特征与土壤改良对策》，《干旱区地理》1986 年第 2 期。

羊世玲、石培泽、俞发宏：《腾格里西部邓马营湖沙漠地下水动态分析》，《甘肃水利水电技术》1996 年第 4 期。

羊世玲：《石羊河流域东部沙漠边缘地下水水质 20a 动态分析》，《甘肃水利水电技术》2006 年第 2 期。

尹观、倪师军、范晓等：《冰雪溶融的同位素效应及氘过量参数演化——以四川稻城水体同位素为例》，《地球学报》2004 年第 2 期。

游宇驰、李志威、黄草等：《1990—2016 年若尔盖高原荒漠化时空变化分析》，《生态环境学报》2017 年第 10 期。

余谋昌：《生态文明是人类的第四文明》，《绿叶》2006 年第 11 期。

余谋昌：《环境伦理与生态文明》，《南京林业大学学报》（人文社会科学版）2014 年第 1 期。

于维新、章申：《滇南富铜景观的生物地球化学特征》，《植物生态学与地植物学丛刊》1983 年第 3 期。

袁志梅、吴霞芬：《荒漠化——我国国土整治中重要的环境问题》，《中国地质》2000 年第 7 期。

翟远征、王金生、左锐等：《地下水年龄在地下水研究中的应用研究进展》，《地球与环境》2011 年第 1 期。

中国国土经济学会沙产业专业委员会、鄂尔多斯市恩格贝生态示范区管委会编《钱学森论述沙产业》，2011。

张长江、张平川、杨俊仓：《甘肃民勤邓马营湖滩地地质环境条件分析》，《甘肃科学学报》2003 年第 S1 期。

张殿发、卞建民：《中国北方农牧交错区土地荒漠化的环境脆弱性机制分析》，《干旱区地理》2000 年第 2 期。

张广胜、王心源、何慧等：《区域地质旅游资源评价与可持续发展对策研究——以安徽省巢湖市为例》，《安徽师范大学学报》（自然科学版）2006 年第 3 期。

张宏、慈龙骏：《对荒漠化几个理论问题的初步探讨》，《地理科学》1999 年第 5 期。

张虎才、明庆忠：《中国西北极端干旱区水文与湖泊演化及其巴丹吉林沙漠大型沙丘的形成》，《地球科学进展》2006 年第 5 期。

张华安、王乃昂、李卓仑等：《巴丹吉林沙漠东南部湖泊和地下水的氢氧同位素特征》，《中国沙漠》2011 年第 6 期。

张惠昌：《干旱区地下水生态平衡埋深》，《勘察科学技术》1992 年第 6 期。

张骏、曾金华、孙亚乔等：《柴达木盆地土地荒漠化成因分析》，中国西北部重大工程地质问题论坛，2002。

张立成、董文江：《我国东部河水的化学地理特征》，《地理研究》1990 年第 2 期。

张睿蕾：《钱学森沙产业理论哲学思想研究》，内蒙古大学出版社，2013。

张勤德：《民勤林业发展的思路与建议》，《中国农业信息》2015 年第 19 期。

张学杰、冯光华：《民勤县沙漠化防治刻不容缓》，《中国水土保持》2006 年第 2 期。

张雪萍、曹慧聪、周海瑛：《沙地资源管理理论探析》，《经济地理》2003 年第 6 期。

张燕霞、韩凤清、马茹莹等：《内蒙古西部地区盐湖水化学特征》，《盐湖研究》2013 年第 3 期。

张阳：《民勤盆地荒漠化动态特征及其影响因素分析》，中国地质大学硕士学位论文，2011。

张应华、仵彦卿、苏建平等：《额济纳盆地地下水补给机理研究》，《中国沙漠》2006 年第 1 期。

张应华、仵彦卿:《黑河流域中上游地区降水中氢氧同位素与温度关系研究》,《干旱区地理》2007 年第 1 期。

张应华、仵彦卿:《黑河流域大气降水水汽来源分析》,《干旱区地理》2008 年第 3 期。

张应华、仵彦卿:《黑河流域中游盆地地下水补给机理分析》,《中国沙漠》2009 年第 2 期。

张玉:《巴丹吉林沙漠南北边缘植被群落特征与土壤理化性质研究》,陕西师范大学硕士学位论文,2014。

张振瑜、王乃昂、马宁等:《近 40a 巴丹吉林沙漠腹地湖泊面积变化及其影响因素》,《中国沙漠》2012 年第 6 期。

章申、唐以剑、毛雪瑛等:《京津地区主要河流的稀有分散元素的水化学特征》,《科学通报》1983 年第 3 期。

赵博光:《荒漠有毒灌草资源的培育及综合利用——防治荒漠化的新思路》,《南京林业大学学报》(自然科学版)1998 年第 2 期。

赵景波、邵天杰、侯雨乐等:《巴丹吉林沙漠高大沙山区沙层含水量与水分来源探讨》,《自然资源学报》2011 年第 4 期。

赵良菊、尹力、肖洪浪等:《黑河源区水汽来源及地表径流组成的稳定同位素证据》,《科学通报》2011 年第 1 期。

赵树利:《生态文明蕴涵的价值融合》,《华夏文化》2005 年第 1 期。

赵汀、赵逊:《欧洲地质公园的基本特征及其地学基础》,《地质通报》2003 年第 8 期。

郑度、卢金发:《重视和加强中国东部地区土地退化整治研究》,《地球科学进展》1994 年第 5 期。

郑淑蕙、侯发高、倪葆龄:《我国大气降水的氢氧稳定同位素研究》,《科学通报》1983 年第 13 期。

钟华平、刘恒:《黑河流域下游额济纳绿洲与水资源的关系》,《水科学进展》2002 年第 2 期。

朱金峰、王乃昂、陈红宝等：《基于遥感的巴丹吉林沙漠范围与面积分析》，《地理科学进展》2010年第9期。

朱俊凤、朱震达：《中国沙漠化防治》，中国林业出版社，1999。

朱俊凤：《中国沙产业》，中国林业出版社，2004。

朱启疆、汪家兴：《滹沱河和滏阳河水文化学特征》，《北京师范大学学报》（自然科学版）1963年第3期。

朱锡芬：《乌兰布和沙漠地下水补给来源及演化规律》，兰州大学硕士学位论文，2011。

朱颜明、佘中盛、富德义等：《长白山天池水化学》，《地理科学》1981年第1期。

朱震达、刘恕：《中国北方地区的沙漠化过程及其治理区划》，中国林业出版社，1981。

朱震达：《中国土地荒漠化的概念、成因与防治》，《第四纪研究》1998年第2期。

Abahussain A. A. , Abdu A. S. , Al-Zubari W. K. , et al. , "Desertification in the Arab Region: analysis of current status and trends," *Journal of Arid Environments* 51, 4 (2002), pp. 521 – 545.

Alexandrowicz Z. , "Geopark-nature protection category aiding the promotion of geotourism (Polish perspectives)," *Stowarzyszenie Naukowe Im Stanisława Staszica*, 2 (2006), pp. 3 – 12.

Amiraslani F. , Dragovich D. , "Combating desertification in Iran over the last 50 years: An overview of changing approaches," *Journal of Environmental Management* 92, 1 (2011), pp. 1 – 13.

Amrikazemi A. , "Atlas of geopark & geotourism resources of Iran: geoheritage of Iran," *Selected Water Problems in Islands & Coastal Areas* (2010), pp. 203 – 212.

Aubréville A. , "Climats, forêts et désertification de l'Afrique tropicale"

（1949）．

Barbier E. B. , "Economics, Natural-Resource Scarcity and Development: Conventional and Alternative Views," *Economic Development and Cultural Change* 3, 39 (1991), pp. 267 – 269.

Blavoux B. , "Etude du cycle de l'eau au moyen de l'oxygène 18 et du tritium: possibilités et limites de la méthode des isotopes du milieu en hydrologie de la zone tempérée" (1978).

Carbonnel J. P. , Meybeck M. , "Quality variations of the Mekong River at Phnom Penh, Cambodia, and chemical transport in the Mekong basin," *Journal of Hydrology* 27, 3 (1975), pp. 249 – 265.

Chen Fahu, Wu Wei, Holmes J. A. , et al. , "A mid-Holocene drought interval as evidenced by lake desiccation in the Alashan Plateau, Inner Mongolia, China," *Chinese Science Bulletin* 48 (2003), pp. 1401 – 1410.

Chen Jiansheng, Li Ling, Wang Jiyang, et al. , "Groundwater maintains dune landscape," *Nature* 432 (2004b), pp. 459 – 460.

Chen Jiansheng, Zhao Xia, Sheng Xuefeng, et al. , "Geochemical information indicating the water recharge to lakes and immovable megadunes in the Badain Jaran Desert," *Acta Geologica Sinica* 79, 4 (2005), pp. 540 – 546.

Clark I. D. , Fritz P. , *Environmental isotopes in hydrogeology* (CRC press, 1997).

Clayton R. N. , Friedman I. , Graf D. L. , et al. , "The origin of saline formation waters: 1. Isotopic composition," *Journal of Geophysical Research* 71, 16 (1966), pp. 3869 – 3882.

Confiantini R. , "Isotope Techniques in Groundwater Hydrology," *IAEA, Vienna* (1974).

Confiantini R. , Gallo G. , Payne B. R. , et al. , "Environmental isotopes and hydrochemistry in groundwater of Gran Canaria," *Panel Proceedings Series-IAEA* (1976).

Cook P. G., Solomon D. K., Plummer L. N., et al., "Chlorofluorocarbons as tracers of grounderwater transport processes in a shallow, silty sand aquifer," *Water Resources Research* 31, 3 (1995), pp. 425 – 434.

Cook P. G., Solomon D. K., "Recent advances in dating young groundwater: Chlorofluorocarbons, ^{3}H/^{3}He and ^{85}Kr," *Journal of Hydrology* 191, 1 (1997), pp. 245 – 265.

Craig H., "Isotopic variation in meteoric waters," *Science* 133 (1961), pp. 1702 – 1708.

Craig H., "Isotope composition and origin of the Red Sea and Salton Sea geothermal brines," *Science* 154, 3756 (1966), pp. 1544 – 1548.

Dansgaard W., Johnsen S., Clausen H., et al., "North Atlantic climatic oscillations revealed by deep Greenland ice cores," *Geophysical Monograph Series* 29 (1984), pp. 288 – 298.

Darkoh M. B. K., "The nature, causes and consequences of desertification in the drylands of Africa," *Land Degradation & Development* 9, 1 (1998), pp. 1 – 20.

Dong H., Song Y., Chen T., et al., "Geoconservation and geotourism in Luochuan Loess National Geopark, China," *Quaternary International* 334 – 335, 12 (2014), pp. 40 – 51.

Dong Zhibao, Qian Guangqiang, Lv Ping, et al., "Investigation of the sand sea with the tallest dunes on Earth: China's Badain Jaran Sand Sea," *Earth Science Reviews* 120 (2013), pp. 20 – 39.

Eisma D., Van Bennekom A. J., "The Zaire river and estuary and the Zaire outflow in the Atlantic Ocean," *Netherlands Journal of Sea Research*

12, 3 （1978）, pp. 255 – 272.

Frita, Peter, *Handbook of environmental isotope geochemistry* （Elsevier Scientific Pub. Co. , 1980）.

Gates J. B. , Edmunds W. M. , Ma Jinzhu, et al. , "Estimating groundwater recharge in a cold desert environmentin northern China using chloride," *Hydrogeology Journal* 16 （2008a）, pp. 893 – 910.

Gates J. B. , Edmunds W. M. , Darling W. G. , et al. , "Conceptual model of recharge to southeastern Badain Jaran Desert groundwater and lakes from environmental tracers," *Applied Geochemistry* 23 （2008b）, pp. 3519 – 3534.

Gibbs R. J. , "The geochemistry of the Amazon River system: Part I. The factors that control the salinity and the composition and concentration of the suspended solids," *Geological Society of America Bulletin* 78, 10 （1967）, pp. 1203 – 1232.

Glantz M. H. , Orlovsky N. , "Desertification," *Springer US* （1987）.

Hanshaw B. B. , Back W. , and Rubin M. , "Radiocarbon determinations for estimating groundwater flow velocities in Central Florida," *Science* 148 （1965）, pp. 494 – 495.

Houerou H. N. Le . , "Biological Recovery Versus Desertization," *Economic Geography* 53, 4 （1977）, pp. 413.

Hu Minghui, Stallard R. F. , and Edmond J. M. , "Major ion chemistry of some large Chinese rivers," *Nature* 298, （1982）, pp. 550 – 553.

Ingraham N. L. , Matthews R. A. , "The importance of fog-drip water to vegetation: Point Reyes Peninsula, California," *Journal of Hydrology* 164, 1 （1995）, pp. 269 – 285.

Jochen Hoefs. , *Stable isotope geochemistry*, Berlin: Springer-Verlag,

2009.

Johnsen S. J. , Dansgaard W. , and White J. W. C. , "The origin of Arctic precipitation under present and glacial conditions," *Tellus B* 41, 4 (1989), pp. 452 – 468.

Kardoh M. B. K. , *The United Republic of Tanzania* (Beijing Foreign Studies University, 1976).

Kassas M. , "Desertification: a general review," *Journal of Arid Environments* 30, 2 (1995), pp. 115 – 128.

Kendall C. , "Tracing nitrogen sources and cycling in catchments," *Isotope tracers in catchment hydrology* 1 (1998), pp. 519 – 576.

Lewis W. M. , Saunders J. F. and III, "Concentration and transport of dissolved and suspended substances in the Orinoco River," *Biogeochemistry* 7, 3 (1989), pp. 203 – 240.

Liu Beiling, Phillips Fred, Hoines Susan, et al. , "Water movement in desert soil traced by hydrogen and oxygen isotopes, chloride, and chlorine – 36, southern Arizona," Journal of Hydrology 168, 1 (1995), pp. 91 – 110.

Ma J. Z. , Li D. , Zhang J. W. , et al. , "Groundwater recharge and climatic change during the last 1000 years from unsaturated zone of SE Badain Jaran Desert," *Chinese Science Bulletin* 48 (2003), pp. 1469 – 1474.

Ma J. Z. , Edmunds W. M. , "Groundwater and lake evolution in the Badain Jaran Desert ecosystem, Inner Mongolia," *Hydrogeology Journal* 14 (2006), pp. 1231 – 1243.

Meybeck M. , Helmer R. , "The quality of rivers: from pristine stage to global pollution," *Global and Planetary Change* 1, 4 (1989), pp. 283 – 309.

Montgolfier-Kouevi C. D. , Houerou H. N. L. , "Study on the economic viability of browse plantations in Africa," *Ussr Computational Mathematics & Mathematical Physics* 8, 1 (1968), pp. 307 – 315.

Mook W. G., "The dissolution-exchange model for dating groundwater with C – 14, interpretation of environmental and hydrochemical data in groundwater hydrology," *Vienna*: *IAEA* (1976), pp. 212 – 225.

Mook W. G., "Environmental Isotopes in the Hydrological Cycle: Atmospheric water," *Vienna*: *IHS of IAEA* (2001).

Nativ R., Riggio R., "Meteorologic and isotopic characteristics of precipitation events with implications for groundwater recharge, Southern High Plains," *Atmospheric Research* 23, 1 (1989), pp. 51 – 82.

Novikoff George, "Desertification by Overgrazing," *ambio* 12, 2 (1983), pp. 102 – 105.

Pachur H. J., Wiiemiemann B., and Zhang H., "Lake evolution in the Tengger Desert, Northwestern China, during the last 40 000 years," *Quaternary Research* 44 (1995), pp. 171 – 180.

Pearson F. J., "Use of C – 13/C – 12 ratios to correct radiocarbon ages of material initially diluted by limestone," *Proceedings of the 6th International Conference on Radiocarbon and Tritium Dating*, *Pulman*, *WA.* (1965).

Portnov B. A., Safriel U. N., "Combating desertification in the Negev: dryland agriculture vs. dryland urbanization," *Journal of Arid Environments* 56, 4 (2004), pp. 659 – 680.

Preger A. C., et al., "Carbon sequestration in secondary pasture soils: a chronosequence study in the South African Highveld," *european journal of soil science* 61, 4 (2010), pp. 551 – 562.

Price R. M., Top Z., Happell J. D., et al., "Use of tritium and helium to define groundwater flow conditions in Everglades National Park," *Water*

Resources Research 39（2003），pp. 1267 – 1282.

Rapp A. , Le Houérou H. N. , and Lundholm, B. , "A Review of Desertization in Africa: water, vegetation and man," *Stockholm, Secretariat for International Ecology*（1976）.

Reynolds J. F. , Virginia R. A. , and Schlesinger W. H. , "Defining functional types for models of desertification," *In: Smith T M, H H Shugart & F I Woodword.（eds.）Plant functional types: their relevance to ecosystem properties and global change. Cambridge UK: Cambridge Univ ersity Press*（1997），pp. 195 – 216.

Rozanski K. , "Deuterium and oxygen – 18 in European groundwaters— links to atmospheric circulation in the past," *Chemical Geology: Isotope Geoscience section* 52, 3（1985），pp. 349 – 363.

Rozanski K. , Luis Araguás – Araguás, Gonfiabtini R. , "Isotopic patterns in modern global precipitation," *In: Continental isotope indicators of climate, American geophysical union monograph*（1993）。

Sherbrooke W. C. and Paylore P. , "World Desertification: Cause and Effect, Arid Lands Resource Information Paper No. 3", Tucson: University of Arizona（1973）.

Siegenthaler U. , Oeschger H. , "Correlation of ^{18}O in precipitation with temperature and altitudes," *Nature* 285（1980），pp. 314 – 318.

Smethie W. M. , Solomon D. K. , Schiff S. L. , et al. , "Tracing groundwater flow in the Borden aquifer using Krypton – 85," *Journal of Hydrology* 130, 1（1992），pp. 279 – 297.

Stallard R. F. , "Major element geochemistry of the Amazon River system," *Massachusetts Institute of Technology*（1980）.

Sven Hedin, *Central Asia atlas, Memoir on maps*（Stockholm: Statens Etnografiska Museum 1980），pp. 94 – 100.

Tarmers M. A. "Radiocarbon ages of groundwater in an arid zone unconfined aquifer," *Geophysical Monograph Series* 11 (1967), pp. 143 – 152.

Thomas R. J., Turkelboom, F. , An Integrated Livelihoods – based Approach to Combat Desertification in Marginal Drylands. The Future of Drylands (2009).

Urey H. C., "The thermodynamic properties of isotopic substances," *Journal of the Chemical Society (Resumed)* (1947).

Wiiennemann B., Pachur H. J., Zhang H., "Climatic and environmental changes in the deserts of Inner Mongolia, China since the Late Pleistocene [A]. Alsharhan A. S., et al., Quaternary Deserts and Climatic Change," *Balkema* (1998), pp. 381 – 394.

Wood W. W., Sanford W. E., "Chemical and isotopic methods for quantifying groundwater recharge in a regional, semiarid environment," *Ground Water* 33, 3 (1995), pp. 458 – 468.

Wu Y., Wen X., and Zhang Y., "Analysis of the exehange of groundwater and river water by using Radon – 222 in the middle Heihe Basin of northwestern China," *Environmental Geology* 45, 5 (2004), pp. 647 – 653.

Yang Xiaoping, "Landscape evolution and palaeoclimate in the Deserts of northwestern China, with a special reference to Badain Jaran and Taklamakan," *Chinese Science Bulletin* 46 (2001), pp. 6 – 11.

Yang Xiaoping, Liu Tungsheng, and Xiao Honglang, "Evolution of megadunes and lakes in the Badain Jaran Desert, Inner Mongolia, China during the last 31, 000 years," *Quaternary International* 104 (2003), pp. 99 – 112.

Yang Xiaoping, "Chemistry and late Quaternary evolution of ground and surface waters in the area of Yabulai Mountains, western Inner Mongolia, China," *Catena* 66 (2006), pp. 135 – 144.

Yang Xiaoping, Ma Nina, Dong Jufeng, et al., "Recharge to the inter-dune lakes and Holocene climatic changes in the Badain Jaran Desert, western China," *Quaternary research* 73 (2010), pp. 10 – 19.

Yang Xiaoping, Scuderi Louis, Liu Tao, et al., "Formation of the highest sand dunes on Earth," *Geomorphology* 135 (2011), pp. 108 – 116.

Zentaro Furukawa, Noriyuki Yasufuku, and Ren Kameoka, "A study on effects and functions of developed Greening Soil Materials (GSM) for combating desertification," *Japanese Geotechnical Society Special Publication* 2, 56 (2016), pp. 1928 – 1933.

Zhang J., Letolle R., Martin J. M., et al., "Stable oxygen isotope distribution in the Huanghe (Yellow River) and the Changjiang (Yangtze River) estuarine systems," *Continental Shelf Research* 10, 4 (1990), pp. 369 – 384.

Zhao Liangju, Xiao Honglang, Dong Zhibao, et al., "Origins of groundwater inferred from isotopic patterns of the Badain Jaran Desert, Northwestern China," *Groundwater* 50, 5 (2012), pp. 715 – 725.

Zhou N., Wang Y., Lei J., et al., "Determination of the status of desertification in the capital of mauritania and development of a strategy for combating it," *Journal of Resources and Ecology* (2018).

Zhu C., "Estimate of recharge from radiocarbon dating of groundwater and numerical flow and transport modeling," *Water Resources Research* 36, 9 (2000), pp. 2607 – 2620.

后　记

　　光阴似箭，日月如梭，硕士、博士六年的光阴已悄然离去。值此书落笔之际，心中升起对良师益友的无限感激。首先，要感谢的就是我的博士生导师——兰州大学资源环境学院王乃昂教授，感谢王老师在此书写作过程中给予我的指导和帮助。先生以渊博的知识、严谨的治学之道、求真务实的工作精神、宽厚仁慈的胸怀和平易近人的待人之道，使我懂得更多的人生道理，成为我一生学习的良师。其次，我要感谢张建明老师、赵力强老师、王文瑞老师、张德忠老师等对本书提出的专业性建议和修改意见，使我的专业知识和技能都有了较大提高，书稿得以更加完善。

　　我还要感谢我的硕士生导师——宁夏大学资源环境学院李陇堂教授，感谢李老师在学习和生活中给予我的指导和帮助。先生严谨的治学作风、平易近人的态度、无私奉献的精神，使我终身受益。感谢在硕士三年的学习中给予我无私帮助的宁夏大学汪一鸣老师、米文宝老师、何彤慧老师、宋乃平老师、朱志玲老师、杨茂盛老师、杨蓉老师等对我的谆谆教导和关怀。在此本人向他们致以最深挚的敬意！

　　感谢张华安、陈立、陆莹、路俊伟、张振瑜、吕晓楠、沈士平、刘海洋、胡文峰、常金龙、宁凯、孙杰等同学，他们不仅进行了辛苦的野外采样工作，而且在我此书的撰写过程中提供了许多帮助，感谢牛振敏

280

和梁晓燕同学帮助完成部分实验工作，在与他们的合作和交流过程中，我得益甚多。

感谢中国科学院地理科学与资源研究所环境同位素实验室杨京蓉老师和陈静老师、中国地质科学院水文地质环境地质研究所（IHEG）郭华良老师在实验分析时给予的帮助，愿实验室的老师们工作顺利！身体健康！

感谢宁夏社会科学院领导给予我工作、生活中的帮助，感谢郑彦卿老师、李文庆老师和李霞老师在本书撰写过程中给予我的指导和帮助。感谢李禄胜老师，鲁忠慧老师，张治东老师，宋春玲、任婕等同志在我撰稿中给予的帮助与关怀。在此本人向他们致以最衷心的感谢！

最后，感谢我挚爱的双亲和家人们多年来对我学习和生活的鼓励，感谢他们一直给予我无私的爱，培养了我面对困难的勇气，使我学会笑对人生。在此，祝愿他们身体健康，心情愉快！

在此书即将完成之际，我再次向亲朋、良师、益友表示衷心的感谢！

最后，还要感谢业内专家学者的帮助和指导。在本书的写作过程中，学习借鉴了众多学者的研究成果，同时也难免会出现一些疏漏，在此深表歉意。另，由于个人能力和水平有限，文中肯定存在一些错误，真诚欢迎各位读者提出批评指正，希望在以后的研究中弥补这些不足。

吴月
2019 年 8 月于银川

图书在版编目（CIP）数据

沙漠地区水资源及其开发利用：基于阿拉善盟的研
究／吴月著．－－北京：社会科学文献出版社，2021.1
（宁夏社会科学院文库）
ISBN 978－7－5201－7018－5

Ⅰ.①沙…　Ⅱ.①吴…　Ⅲ.①沙漠－水资源开发－研
究－阿拉善盟②沙漠－水资源利用－研究－阿拉善盟
Ⅳ.①TV213

中国版本图书馆 CIP 数据核字（2021）第 016704 号

·宁夏社会科学院文库·

沙漠地区水资源及其开发利用
—— 基于阿拉善盟的研究

著　　者／吴　月

出 版 人／王利民
责任编辑／薛铭洁

出　　　版／社会科学文献出版社·皮书出版分社　（010）59367127
　　　　　　地址：北京市北三环中路甲 29 号院华龙大厦　邮编：100029
　　　　　　网址：www.ssap.com.cn
发　　　行／市场营销中心　（010）59367081　59367083
印　　　装／三河市尚艺印装有限公司

规　　　格／开　本：787mm×1092mm　1/16
　　　　　　印　张：18.75　字　数：256 千字
版　　　次／2021 年 1 月第 1 版　2021 年 1 月第 1 次印刷
书　　　号／ISBN 978－7－5201－7018－5
定　　　价／108.00 元